EUL VERLAG

Reihe: Wirtschaftsinformatik · Band 62

Herausgegeben von Prof. Dr. Dietrich Seibt, Köln, Prof. Dr. Hans-Georg Kemper, Stuttgart, Prof. Dr. Georg Herzwurm, Stuttgart, Prof. Dr. Dirk Stelzer, Ilmenau, und Prof. Dr. Detlef Schoder, Köln

Dr. Heiner Lasi

Aufbau eines IT-basierten Integrationskonzepts zur Unterstützung von Produktentwicklungs- und Produktionsprozessen

Mit einem Geleitwort von Prof. Dr. Hans-Georg Kemper, Universität Stuttgart

EUL VERLAG

Bibliographische Information der Deutschen Bibliothek

Die Deutsche Bibliothek verzeichnet diese Publikation in der Deutschen Nationalbibliothek; detaillierte bibliographische Daten sind im Internet über <http://dnb.ddb.de> abrufbar.

Dissertation, Universität Stuttgart, 2008

D 93

ISBN 978-3-89936-766-9
1. Auflage Februar 2009

JOSEF EUL VERLAG GmbH
Brandsberg 6
53797 Lohmar
Tel.: 0 22 05 / 90 10 6-6
Fax: 0 22 05 / 90 10 6-88
E-Mail: info@eul-verlag.de
http://www.eul-verlag.de

Bei der Herstellung unserer Bücher möchten wir die Umwelt schonen. Dieses Buch ist daher auf säurefreiem, 100% chlorfrei gebleichtem, alterungsbeständigem Papier nach DIN 6738 gedruckt.

Geleitwort

Deregulierung, Globalisierung und vor allem Innovationen im Bereich der Informationstechnologie haben in den letzten Jahren zu gravierenden Veränderungen in Unternehmen der industriellen Produktion geführt. So werden seit einigen Jahren unter dem Begriff „Digitale Fabrik" vermehrt IT-basierte, integrierte Ansätze zur ganzheitlichen Planung, Realisierung, Steuerung und kontinuierlichen Verbesserung von Produktplanungs-, Produktentwicklungs- und Serviceprozessen implementiert.

Die vorliegende Arbeit ist in diesem Anwendungsgebiet angesiedelt. Im Mittelpunkt des Werkes steht die Entwicklung eines IT-Konzeptes, mit dessen Hilfe relevantes kunden- und produktorientiertes Wissen in unterschiedlichen Unternehmensbereichen strukturiert erfasst, transformiert und bereichsübergreifend zur Verfügung gestellt werden kann. Zur Abgrenzung des Konzeptes hat Herr Heiner Lasi empirische Voruntersuchungen durchgeführt und sich hierbei sowohl qualitativer als auch quantitativer Methoden der Sozialforschung bedient. Auf Basis seiner empirischen Erkenntnisse und der Sekundäranalyse bzw. der Einbindung theoretischer Grundlagen konkretisierte er anschließend das IT-Konzept mit Hilfe objektorientierter Methodiken.

Zur Evaluierung seines Ansatzes erweiterte der Verfasser exemplarisch eine auf den industriellen Mittelstand ausgerichtete CRM-Lösung sowie eine CAD-Standardanwendung um sogenannte Kunden-Features, mit deren Hilfe das Wissen des Kunden strukturiert erfasst, dokumentiert und genutzt werden kann. Die abschließende Abgrenzung des Erprobungsszenarios und die in Teilschritten durchgeführte Szenariodokumentation runden die Arbeit ab und verdeutlichen eindrucksvoll die Potentiale einer medienbruchfreien Integration beider Systemwelten.

Hans-Georg Kemper Stuttgart, im Dezember 2008

Vorwort

soli deo gloria

Die vorliegende Arbeit entstand während meiner Tätigkeit als wissenschaftlicher Mitarbeiter am Lehrstuhl für ABWL und Wirtschaftsinformatik 1 der Universität Stuttgart.

Mein Dank gilt allen, die mich während der Entstehung dieser Arbeit begleitet und unterstützt haben. An erster Stelle ist dies mein Doktorvater, Prof. Dr. Hans-Georg Kemper. Die von ihm gegebenen akademischen Freiheiten und die wohlwollende Unterstützung bei der Durchführung meiner Ideen haben maßgeblich zum Gelingen beigetragen. Bei Prof. Dr. Georg Herzwurm bedanke ich mich für die Übernahme des Zweitgutachtens und bei Prof. Dr. Henry Schäfer für die Übernahme des Prüfungsvorsitzes.

Ebenso danke ich allen Kollegen am Lehrstuhl für ABWL und Wirtschaftsinformatik 1 an der Universität Stuttgart für die vielen wertvollen Anregungen und kritischen wissenschaftlichen Diskussionen sowie die hervorragende Arbeitsatmosphäre. Nicht unerwähnt bleiben sollen alle wissenschaftlichen Hilfskräfte, die durch ihre Unterstützung zum Gelingen dieser Arbeit beigetragen haben.

Schließlich gilt mein besonderer Dank allen Personen in meinem persönlichen Umfeld, die direkt und/oder indirekt die Erstellung dieser Arbeit ermöglicht haben. Allen voran meiner außergewöhnlichen Frau Sabine sowie meinen drei Söhnen Ari, Ben und Gad, die so manche Stunde ohne mich verbringen mussten. Des Weiteren meinen Eltern, die mir diesen Weg ermöglicht haben. Nicht zuletzt bin ich dem lebendigen Gott und seinem Sohn Jesus Christus unendlich dankbar, dass er mir Kraft, Gesundheit und Weisheit geschenkt und diesen Weg gesegnet hat. Danke schön!

Heiner Lasi — Stuttgart, im Dezember 2008

Zusammenfassung

Mit der Zunahme der durchgängigen Digitalisierung der Produktentwicklung und der Produktion (Digitale Fabrik) gewinnt die Einbeziehung von relevanten semantischen Produktinformationen, insbesondere in Form von produktorientiertem Kundenwissen, stark an Bedeutung.
Aktuelle Untersuchungen in diesem Kontext legen den Schluss nahe, dass erhebliche Informationslücken zwischen kundenorientierten und produktorientierten Unternehmensbereichen existieren. Diese Lücken haben zur Folge, dass relevante Kundeninformationen respektive Produktinformationen nicht in allen Unternehmensbereichen verfügbar sind.

Das Ziel der Arbeit ist die Entwicklung eines Fachkonzepts zur Schließung der Informationslücken zwischen den produktorientierten und den kundenorientierten Unternehmensbereichen.

Der Lösungsweg der Arbeit folgt einer mehrstufigen Vorgehensweise, die sowohl quantitative als auch qualitative empirische Untersuchungen beinhaltet. Aufbauend auf einer qualitativen Vorstudie sind die eingesetzten Methoden, die Prozesse sowie der Stand der IT-Unterstützung in den Bereichen Produktentwicklung, Produktion, Marketing, Vertrieb und Service empirisch untersucht worden. Hierbei konnte der isolierte Einsatz von Methoden und IT-Systemen erfasst sowie Anforderungen an ein Integrationskonzept erhoben werden.

Auf Basis der Erkenntnisse dieser Forschung wird als Hauptbestandteil der Arbeit ein Fachkonzept entwickelt, welches die Ebenen Prozesse, Methoden, IT-Systeme und Daten enthält. Die Prozess-Ebene umfasst eine Erweiterung der Produktentwicklungs-, Produktions-, Marketing-, Vertriebs- und Serviceprozesse um die strukturierte Erfassung, automatische Weitergabe und Nutzung von semantischen Objekten, welche relevantes Kunden- bzw. Produktwissen enthalten. Diese Wissens-Objekte sind im vorliegenden Konzept mit Hilfe der Feature-Technologie als semantische Features realisiert. Damit wird das Digitale Produktmodell als Träger geometrischer und semantischer Informationen um eine kundenorientierte Sicht erweitert. Die Integration auf Daten- und System-

Ebene erfolgt über die Extraktion dieser Sicht aus dem Digitalen Produktmodell und der Erweiterung sowohl produktorientierter als auch kundenorientierter Anwendungssysteme. Hierdurch wird es möglich, Kunden- und Produktwissen über bisher isoliert eingesetzte etablierte Methoden hinweg zu nutzen und zu entwickeln.

Die Anwendbarkeit des Fachkonzepts wird im Rahmen dieser Arbeit mit Hilfe einer prototypischen Realisierung untersucht. Als Basis hierfür dient ein partielles DV-Konzept, das vom Fachkonzept abgeleitet wurde. Die prototypische Umgebung besteht aus jeweils einem für den industriellen Mittelstand typischen Anwendungssystem aus den produktorientierten und den kundenorientierten Unternehmensbereichen. Der Prototyp umfasst damit ein erweitertes Standard-CAD-System und ein erweitertes Standard-CRM-System. Als etablierte Methode zur Zuordnung von Kundenanforderungen zu Konstruktionsmerkmalen kommt QFD zum Einsatz. In der prototypischen Umgebung lassen sich Kunden-Feature-Objekte erfassen und einerseits Produkten und Parts sowie andererseits Kunden, Verkaufschancen, Terminen etc. zuordnen. Die Darstellung der Kunden-Feature-Objekte erfolgt in der jeweils gewohnten Arbeitsoberfläche, d.h. z.B. im CAD-System in der geometrischen Bauteilansicht.

In einem letzten Schritt der Forschung ist die qualitative Erprobung des Konzepts erfolgt. Hierzu wurde Experten aus der Forschung und Praxis die prototypische Realisierung vorgestellt und mit diesen das dahinter liegende Konzept diskutiert. Die dabei gewonnenen Erkenntnisse sind in das Konzept mit aufgenommen worden. Des Weiteren wurde hierbei weiterer Forschungsbedarf identifiziert.

Die Erkenntnisse dieser Arbeit leisten damit einen Beitrag zur Diskussion über Möglichkeiten und Grenzen der Integration von produktorientiertem Kundenwissen in industriellen Unternehmen. Hierbei konnte gezeigt werden, dass mit Hilfe der Feature-Technologie und der Erweiterung etablierter Methoden, Prozesse und IT-Systeme ein bisher ungenutztes Potential erschlossen werden kann.

Abstract

The inclusion of relevant semantic product information, such as the knowledge of the customer, gains strongly meaning with the increase of the general digitalization of the product development and the production (digital factory).
Current research in this context suggests that considerable information gaps exist between customer oriented and product oriented business units. The consequence is an inadequate distribution of relevant customer information among corporate divisions.
The aim of the thesis is the development of a concept to close the information gap between product oriented and customer oriented business units. The approach of the work follows a multistage procedure which contains both quantitative and qualitative empirical studies. Building up on a qualitative prestudy, a subsequent empirical survey examinated the use of methods, processes as well as the state of the IT support in the areas of product development, production, marketing, sales, and service. The studies provide broad insights into the (isolated) use of methods and IT systems as well as about the characteristics of the applied IT systems.

Based on the findings of this research a concept is developed which includes *processes*, *methods*, *IT systems*, and *data*. *Processes* covers an enhancement of the product development, production, marketing, sales, and service processes by the structured recording, automated passing on and use of semantic objects which contain relevant customer or product knowledge. These knowledge objects are realized with the help of the feature technology as semantic features. Hence the digital product model as a strap of geometric information get extended by a customer oriented semantically view. The integration of relevant customer data is carried out via the extraction of this view from the digital product model and the enhancement of both product oriented and customer oriented application systems. This enables the use and development of customer and product knowledge across so far isolated methods.
The applicability of the concept is tested with a prototypical realization as part of this work. A partial IT concept is derived from the concept to serve as a base for the implementation. The prototype contains an extended standard CAD system

and an extended standard CRM system. The QFD method is used for the mapping of customer demands to design features.

Entering customer feature objects as well as assigning them to products and parts or to customers, sales opportunities, appointments etc. can be demonstrated within the prototypically environment. Thereby the representation of the customer feature objects occurs in the usual work screen, i.e. in the geometric component view of the CAD system.

Within a last step of the research the qualitative testing of the concept has been carried out. To this the prototypical realization was introduced to experts and the concept lying behind this was discussed with them. Through these additional findings has been included in the concept. Furthermore additional research need was identified.

The outcome of this work is a contribution to the discussion about possibilities and limits of the integration of product oriented customer knowledge in industrial enterprises. It could be displayed that with the help of the feature technology and the enhancement of established methods, processes and IT systems a till now unused potential could be achieved.

Gliederungsübersicht

Abbildungsverzeichnis XXI
Tabellenverzeichnis XXIV
Abkürzungsverzeichnis XXV
1. Einleitung und Problemstellung 1
2. Informationssysteme in Industriebetrieben 21
3. Anwendungssysteme an der Kundenschnittstelle 49
4. Anwendungssysteme in der Produktentwicklung und Produktion 65
5. Methodik der Empirie 91
6. Exploration: Stand des Customer Relationship Managements 99
7. Konzepterstellung 129
8. Umsetzung des Konzepts, Entwicklung und Erprobung eines Prototypen 179
9. Zusammenfassung und Ausblick 239
Literaturverzeichnis 247
Anhang 292

Inhalt

Abbildungsverzeichnis XXI
Tabellenverzeichnis XXIV
Abkürzungsverzeichnis XXV
1. Einleitung und Problemstellung 1
1.1 Motivation 1
1.2 Zielsetzung und Vorgehensweise 2
1.2.1 Forschungsfrage 3
1.2.2 Konzeptionalisierung 5
1.2.3 Einordnung der Arbeit 7
1.2.4 Aufbau der Arbeit 9
1.3 Analyse bestehender Ansätze 12
1.3.1 Etablierte Methoden 13
1.3.2 Generische Konzepte 14
1.3.3 Zusammenfassung und Darstellung der Forschungslücken 18
2. Informationssysteme in Industriebetrieben 21
2.1 Abgrenzung Industriebetrieb 21
2.2 Definition Industrieller Mittelstand 24
2.3 Der System-Begriff 25
2.4 Aufbauorganisation und Geschäftsprozesse in Industriebetrieben 27
2.5 Typisierung von Informations-, Kommunikations- und Anwendungssystemen 29
2.5.1 Aufgabenebene und Aufgabenträgerebene eines Informationssystems 31
2.5.2 Kommunikationssysteme 31
2.5.3 Anwendungssysteme 34
2.5.3.1 Operative Systeme 36
2.5.3.2 Dispositive Systeme 38
2.5.3.3 Querschnittssysteme 39
2.6 Aufbauorganisation, Geschäftsprozesse und Anwendungssysteme 40
2.7 Integration von Anwendungssystemen 43
2.7.1 Integrationsgegenstand 44

2.7.2 Integrationsrichtung 45
2.7.3 Automatisierungsgrad 45
2.7.4 Integrationsreichweite 46
3. Anwendungssysteme an der Kundenschnittstelle 49
3.1 Absatz, Marketing und Beziehungsmanagement 50
3.1.1 Marketing von Industriegütern (Industriegütermarketing) 54
3.1.2 Phasen von Transaktionsprozessen 57
3.2 Anwendungssysteme zur Unterstützung der Transaktionsphasen 59
4. Anwendungssysteme in der Produktentwicklung und Produktion 65
4.1 Relevante Konzepte und Methoden in der Produktentwicklung und Produktion 69
4.1.1 Digitale Fabrik und Digital-Mock-Up 69
4.1.2 Quality Function Deployment 71
4.1.3 Feature-Based Assembly Design 74
4.2 Anwendungssysteme im Produktentstehungsprozess 80
4.2.1 Computer Aided Design und Computer Aided Engineering 81
4.2.2 Computer Aided Planning 83
4.2.3 Computer Aided Manufacturing und Computer Aided Quality Assurance 84
4.2.4 Produktionsplanung und -steuerung 85
4.2.5 Computer Integrated Manufacturing 86
4.2.6 Produktdatenmanagement und Produkt Lifecycle Management 87
5. Methodik der Empirie 91
5.1 Forschungsdesign der Arbeit 92
5.2 Angewandte Forschungsmethoden 94
6. Exploration: Stand des Customer Relationship Managements 99
6.1 Untersuchungsdesign und theoretischer Bezugsrahmen der explorativen empirischen Untersuchung 99
6.2 Datenerhebung 104
6.2.1 Quantitative Online-Befragung 104
6.2.2 Qualitative Experteninterviews 107
6.3 Datenanalyse 109
6.3.1 Quantitative Online-Befragung 109
6.3.2 Statistische Grundlagen 110

6.3.3 Qualitative Experteninterviews 112
6.4 Zusammenfassung der Untersuchungserkenntnisse 114
6.4.1 Charakteristika der teilnehmenden Unternehmen 114
6.4.2 Ausprägungen von CRM-Systemen in industriellen KMUs 118
6.4.3 Einsatzzweck von CRM-Systemen 122
6.4.4 Integration von CRM-Systemen 123
6.4.5 Kernanforderungen an ein Integrationskonzept 126
7. Konzepterstellung 129
7.1 Fachkonzept Use Cases 132
7.1.1 Use Case I: Produktorientiertes Kundenwissen erfassen 134
7.1.2 Use Case II: Kundenorientierte Produktentwicklung 138
7.1.2.1 Use Case IIa: Kundenorientierte Neuentwicklung 138
7.1.2.2 Use Case IIb: Kundenorientierte Weiterentwicklung 139
7.1.3 Use Case III: Kundenorientierte Produktion 142
7.1.4 Use Case IV: Kundenorientiertes Produktwissen anwenden 144
7.1.5 Zusammenfassende Darstellung der Ergebnisse der Anforderungsanalyse 146
7.1.5.1 Generelle Anforderungen 146
7.1.5.2 Anforderungen an die kundenorientierten Anwendungssysteme 147
7.1.5.3 Anforderungen an die produktorientierten Anwendungssysteme 148
7.2 Fachkonzept Datensicht 149
7.2.1 Grundlagen des Datenmodells 149
7.2.1.1 Generisches Klassendiagramm kundenorientierter Anwendungssysteme 150
7.2.1.2 Generisches Klassendiagramm produktorientierter Anwendungssysteme 151
7.2.2 Erweitertes Datenmodell 153
7.2.2.1 Erweiterung der Datenstruktur von produktorientierten Anwendungssystemen 153
7.2.2.2 Erweiterung der Datenstruktur von kundenorientierten Anwendungssystemen 156

7.2.2.3 Erweiterte Gesamtdatenstruktur 158
7.3 Fachkonzept Prozesssicht 161
7.3.1 Erfassen von Kunden-Features 162
7.3.2 Kunden-Feature basierte Produktentwicklung 164
7.3.3 Kunden-Feature basierte Produktverbesserung 166
7.3.3.1 Lifecycle bedingte Produktverbesserung 167
7.3.3.2 Kunden-Feature getriggerte Produktverbesserung 168
7.3.4 Kunden-Feature basierte Produktion 169
7.3.5 Nutzung von Kunden-Features an der Kundenschnittstelle 171
7.4 Zusammenfassung Fachkonzept 174
8. Umsetzung des Konzepts, Entwicklung und Erprobung eines Prototypen 179
8.1 Erstellung DV-Konzept 179
8.1.1 DV-Konzept Datensicht 180
8.1.2 DV-Konzept Komponentenmodell 184
8.2 Auswahl von Anwendungssystemen 185
8.2.1 Auswahl eines CAD-Anwendungssystems 186
8.2.2 Auswahl eines CRM-Anwendungssystems 188
8.3 Prototypische Umsetzung 190
8.3.1 Prototypische Erweiterung des CRM-Anwendungssystems 194
8.3.2 Prototypische Erweiterung des CAD-Anwendungssystems 198
8.3.3 Prototypische Realisierung der Datenschnittstelle 203
8.4 Erprobung und Analyse der prototypischen Umsetzung 209
8.4.1 Darstellung des Erprobungsszenarios 210
8.4.2 Durchführung der Erprobung 213
8.4.2.1 Erprobungsszenario Schritt 1 213
8.4.2.2 Erprobungsszenario Schritt 2 217
8.4.2.3 Erprobungsszenario Schritt 3 220
8.4.2.4 Erprobungsszenario Schritt 4 223
8.4.2.5 Erprobungsszenario Schritt 5 226
8.4.2.6 Erprobungsszenario Schritt 6 228
8.4.3 Erkenntnisse aus der Erprobung 229
8.4.3.1 Organisatorische Implementierung des Konzepts 230
8.4.3.2 Ausdehnung des Konzepts auf die Supply-Chain 233

8.4.3.3 Weitere Vertiefung der zusätzlichen Analysemöglichkeiten ... 235
8.4.3.4 Übertragung auf immaterielle Produkte und Dienstleistungen ... 237
9. Zusammenfassung und Ausblick ... 239
9.1 Zusammenfassung ... 239
9.1.1 Ausgangspunkt und Zielsetzung ... 239
9.1.2 Lösungsweg ... 239
9.1.3 Erkenntnisse ... 240
9.2 Ausblick ... 243
Literaturverzeichnis ... 247
Anhang ... 292

Abbildungsverzeichnis

Abbildung 1: Einordnung der Forschungsfrage 4
Abbildung 2: Bezugsrahmen der Arbeit 6
Abbildung 3: Gang der Arbeit 10
Abbildung 4: Gliederung der Produktionswirtschaft und Zuordnung der Wirtschaftsbereiche 23
Abbildung 5: Beispiel einer Systemhierarchie 27
Abbildung 6: Unternehmensprozesse und Verrichtungseinheiten 28
Abbildung 7: Betriebliches Informationssystem 30
Abbildung 8: Einteilung betrieblicher Anwendungssysteme nach dem Verwendungszweck 36
Abbildung 9: Informationssysteme und Geschäftsprozesse in Industrieunternehmen 41
Abbildung 10: Leistungsprozess in industriellen Betrieben 49
Abbildung 11: Wertetreiber im Kundenbeziehungsmanagement 52
Abbildung 12: Funktionen des Marketing 53
Abbildung 13: Einsatzbereiche des Marketing 54
Abbildung 14: Merkmalsausprägungen von Konsum- und Investitionsgütermärkten 55
Abbildung 15: Transaktionsphasen im Industriegütermarketing 57
Abbildung 16: Komponenten eines CRM-Systems 60
Abbildung 17: Funktionen in der Produktentstehung 66
Abbildung 18: Phasen des QFD 72
Abbildung 19: Schematische Darstellung des *House of Quality* 73
Abbildung 20: Generisches *House of Quality* (Stufe 2) 74
Abbildung 21: Entwicklung der *Feature-Technologie* 75
Abbildung 22: Bestandteile eines Features 77
Abbildung 23: Form-Features und semantische Features 78
Abbildung 24: Digitales Produktmodell und *Feature-Technologie* 79
Abbildung 25: Anwendungssysteme im Produktentwicklungs- und Produktionsprozess 81
Abbildung 26: Bestandteile von PPS-Systemen 86

Abbildung 27: Zentrales Produktmodell im PDM/PLM-System 89
Abbildung 28: Detaillierter Untersuchungsbereich der Arbeit 92
Abbildung 29: Forschungsdesign der Arbeit 94
Abbildung 30: Detaillierung des heuristischen Forschungsdesigns der explorativen Studie 100
Abbildung 31: Heuristischer Bezugsrahmen der explorativen Untersuchung . 101
Abbildung 32: Datenerhebungsverfahren im Internet 105
Abbildung 33: Teilnehmer nach Wirtschaftszweigen 115
Abbildung 34: Teilnehmer nach Wirtschaftszweig und Unternehmensgröße . 116
Abbildung 35: Kundenstammgröße nach Wirtschaftszweigen 117
Abbildung 36: Stand von CRM-Systemen nach Wirtschaftszweigen 119
Abbildung 37: Geplante/eingesetzte CRM-Softwarelösung nach dem Stand von CRM 121
Abbildung 38: Ebenen des Integrationskonzepts 130
Abbildung 39: Use Cases des Fachkonzepts 133
Abbildung 40: Produktlebenszyklusorientierte Abfolge der Use Cases 134
Abbildung 41: Datenobjekte im Integrationskonzept 149
Abbildung 42: Erweiterte Datenstruktur produktorientierter Anwendungssysteme 154
Abbildung 43: Sichten des erweiterten Digitalen Produktmodells 155
Abbildung 44: Erweiterte Datenstruktur kundenorientierter Anwendungssysteme 157
Abbildung 45: Erweitertes Datenmodell 159
Abbildung 46: Aktivitätsdiagramm Übersicht Gesamtprozess 162
Abbildung 47: Teilaktivitätsdiagramm *Erfassung von produktorientiertem Kundenwissen* 164
Abbildung 48: Teilaktivitätsdiagramm *Kunden-Feature basierte Produktentwicklung* 165
Abbildung 49: Teilaktivitätsdiagramm *Kunden-Feature basierte Produktverbesserung* 167
Abbildung 50: Teilaktivitätsdiagramm *Lifecycle bedingte Produktverbesserung* 168
Abbildung 51: Teilaktivitätsdiagramm *Kunden-Feature getriggerte Produktverbesserung* 169

Abbildung 52: Teilaktivitätsdiagramm *Kunden-Feature basierte Produktion* .. 170
Abbildung 53: Teilaktivitätsdiagramm *Nutzung von Kunden-Features an der Kundenschnittstelle* ... 172
Abbildung 54: Aktivitätsdiagramm Gesamtprozess ... 173
Abbildung 55: Datensicht des DV-Konzepts ... 183
Abbildung 56: DV-Konzept Komponentenmodell ... 184
Abbildung 57: Konfigurationsszenario der prototypischen Realisierung ... 191
Abbildung 58: Technische Struktur der prototypischen Umsetzung ... 193
Abbildung 59: Arbeitsoberfläche *genesisWorld* ... 194
Abbildung 60: Erweiterte Schaltzentrale ... 195
Abbildung 61: Eingabemaske Kunden-Feature – TSMain ... 196
Abbildung 62: Eingabemaske Kunden-Feature - Journal ... 197
Abbildung 63: Eingabemaske Kunden-Feature - Akte ... 197
Abbildung 64: Arbeitsoberfläche Catia V5 ... 199
Abbildung 65: Oberfläche *cXFeatureware* ... 201
Abbildung 66: Beispielhaftes XML-Dokument ... 205
Abbildung 67: Import und Export von Kunden-Feature-Objekten in *genesisWorld* ... 207
Abbildung 68: Manuelle Synchronisation in *cXFeatureware* ... 208
Abbildung 69: Exportieren von Kunden-Feature-Objekten aus *cXFeatureware* ... 208
Abbildung 70: Importieren von Kunden-Feature-Objekten in *cXFeatureware* 209
Abbildung 71: Erprobungsszenario der prototypischen Realisierung ... 213
Abbildung 72: Kunden-Features auf Part-Ebene ... 214
Abbildung 73: Kunden-Features im 3D-Produkt-Explosionsmodell ... 216
Abbildung 74: Kunden-Feature Sicht in cXFeatureware ... 217
Abbildung 75: Synchronisation von Kunden-Feature-Objekten im Erprobungsszenario ... 218
Abbildung 76: Produktauswahl mit Hilfe von Kunden-Feature-Attributen ... 220
Abbildung 77: Erfassen von Kunden-Feature-Attributen und -Objekten ... 222
Abbildung 78: Synchronisation von Kunden-Feature-Objekten im Erprobungsszenario ... 224
Abbildung 79: Kundenorientierte Produktsicht des Stirnradgetriebes ... 225

Abbildung 80: Ansicht geänderter Kunden-Feature-Objekte im CRM-Anwendungssystem 228
Abbildung 81: Zusammenfassende Darstellung des Fachkonzepts 242
Abbildung 82: Ausblick vertiefende Forschung im Analysekontext 245

Tabellenverzeichnis

Tabelle 1: Bruttowertschöpfung nach Wirtschaftsbereichen 24
Tabelle 2: Quantitative Abgrenzungskriterien von KMU 25
Tabelle 3: Besucher und Teilnehmer der quantitativen Befragung 115
Tabelle 4: Relevante Prozesse im Fachkonzept 175
Tabelle 5: Relevante Methoden im Fachkonzept 175
Tabelle 6: Relevante IT-Systeme im Fachkonzept 176
Tabelle 7: Relevante Daten im Fachkonzept 176
Tabelle 8: CAD-Anwendungssystem Auswahlkriterien 187
Tabelle 9: CRM-Anwendungssystem Auswahlkriterien 189

Abkürzungsverzeichnis

aCRM .... analytisches CRM
ADM .... Außendienstmitarbeiter
AV .... Arbeitsvorbereitung
AZE .... Arbeitszeiterfassung
BDE .... Betriebsdatenerfassung
CAD .... Computer Aided Design
CAE .... Computer Aided Engineering
CAM .... Computer Aided Manufacturing
CAP .... Computer Aided Planning
CAPP .... Computer Aided Process Planning
CAS .... Computer Aided Selling
CAQ .... Computer Aided Quality Assurance
CAx .... Computer Aided (Systems)
CC-DWH .... Customer Centric Data Warehouse (kundenzentriertes DWH)
CIM .... Computer Integrated Manufacturing
CNC .... Computerized Numerical Control
CRM .... Customer Relationship Management
CKM .... Customer Knowledge Management
C-C-Kommunikation .... Computer-Computer-Kommunikation
DMU .... Digital Mock-up
DNC .... Distributed Numerical Control
DTP .... Desktop Publishing
DWH .... Data Warehouse
EAI .... Enterprise Application Integration
EDB .... Engineering Database
EDM .... Engineering Data Management
EDMS .... Engineering Data Management System
EPDM .... Enterprise Product Data Management
ERP .... Enterprise Resource Planning
ETL-Prozess .... Extraktions-, Transformations- und Ladeprozess
FEM .... Finite Elemente Methode

FFE .... Flexible Fertigungseinheit

FFI............................... Flexible Fertigungsinsel

FFS .... Flexibles Fertigungssystem

FFZ.............................. Flexible Fertigungszelle

FMEA .... Fehlermöglichkeits- und Einflussanalyse

F&E .... Forschung und Entwicklung

GBO .... Generisches Business Objekt

HTML .... Hypertext Markup Language

IdM .... Identity Management

IS................................. Informationssystem

IuK-System.................. Informations- und Kommunikationssystem

kCRM .... kommunikatives CRM

KMU .... kleine und mittelständische Unternehmen

MDE .... Maschinendatenerfassung

MSS .... Marketing Support Systems

MUS .... Managementunterstützungssystem

M-C-Kommunikation.... Mensch-Computer-Kommunikation

M-M-Kommunikation ... Mensch-Mensch-Kommunikation

NC .... Numerical Control

oCRM .... operatives CRM

OCX .... OLE Controls basierend auf dem Microsoft VBX-Standard

OLAP........................... Online Analytical Processing

OOA .... Object Oriented Analysis

OOSE.......................... Object Oriented Software Engineering

PDGL .... Part Design Graph Language

PDM .... Produkt Data Management (Produktdatenmanagement)

PIM.............................. Product Information Management

PDV............................. Produktdatenverwaltung

PLM............................. Produkt Lifecycle Management

PPS .... Produktionsplanungs- und –steuerungssystem

QDE .... Qualitätsdatenerfassung

QFD............................. Quality Function Deployment

SCM .... Supply Chain Management

SOA .... Service Orientierte Architektur
SOR-Modell .... Stimulus-Organism-Response-Modell
SR-Modell.................... Stimulus-Response-Modell
STEP .... Standard for the Exchange of Product data
TEBES .... Technische Elemente Beschreibungssprache
TIM .... Technical Information Management
TQM .... Total Quality Management
UML .... Unified Modeling Language
VBA .... Visual Basic for Applications
VBX .... Visual Basic Extension controls
VDI .... Verein Deutscher Ingenieure
VR .... Virtual Reality
WKWI .... Wissenschaftliche Kommission Wirtschaftsinformatik
WM .... Wissensmanagement
WWW .... World Wide Web
XML .... Extensible Markup Language

1. Einleitung und Problemstellung

1.1 Motivation

Die deutsche Wirtschaft ist durch einen großen Anteil an industrieller Produktion gekennzeichnet. Einige Branchen - wie z.B. der Maschinenbau - nehmen dabei eine besondere Rolle ein. Diese Branchen sind sehr exportorientiert und haben auf internationalen Märkten eine starke Position. Die Erhaltung dieser Position erfordert von den Unternehmen enorme Anstrengungen, da die Weltmärkte einer Vielzahl an Einflüssen und sich schnell verändernden Rahmenbedingungen unterliegen.[1]
Als Gründe für die erfolgreiche Position deutscher Unternehmen auf den turbulenten Absatzmärkten können u.a. die mittelständische Struktur vieler Betriebe sowie deren starke Orientierung auf Kunden und Märkte angesehen werden.[2]

Damit die Erstellung innovativer industrieller Produkte erfolgreich fortgeführt werden kann, müssen sich diese Unternehmen permanent an die Bedingungen des Marktes sowie der Kunden anpassen. Hierzu gehört eine systematische Voraussicht des Marktes zum frühzeitigen Antizipieren von zukünftigen Anforderungen. Dies ist erforderlich, um rechtzeitig kundenorientierte Produkte zu entwickeln, die dann erfolgreich abgesetzt werden können.[3]

Des Weiteren ist es für industrielle Unternehmen mittlerweile unabdingbar, den gesamten Lebenszyklus ihrer Produkte zu betrachten. Nur durch eine Begleitung über den gesamten Lebenszyklus hinweg ist es Betrieben möglich, Erkenntnisse über die Nutzungsphase zu erhalten, woraus wichtige Anhaltspunkte für Verbesserungen bei zukünftigen Produkten abgeleitet werden können.[4]
Hierzu ist es notwendig, gezielt dafür Sorge zu tragen, dass keine Informationsbarrieren innerhalb von Unternehmen sowie mit der Unternehmensumwelt bestehen. Dabei stellt die arbeitsteilige Organisation in den Betrieben eine beson-

[1] Vgl. E. Westkämper (2007), S.27.
[2] Weitere wichtige Faktoren, die den starken Export begründen, sind die Verfügbarkeit moderner Technologien im gleichen Kulturraum, starke wissenschaftliche Forschungseinrichtungen sowie gut ausgebildete und hoch qualifizierte Fachkräfte (vgl. E. Westkämper (2007), S26f.).
[3] Vgl. A. Ostertag (2004), S.30f. und M. Leibold, G. Probst und M. Gibbert (2002), S.18f.
[4] Vgl. E. Westkämper (2007), S.32.

dere Herausforderung dar. Diese führt vielfach zu Bereichsinseln, die eine Gesamtsicht des Produktlebenszykluses im Unternehmen erschwert.[5]

Zur Erhaltung und zum Ausbau der aktuellen Wettbewerbsposition ist es daher für industrielle Betriebe entscheidend, bestehende Informationslücken zwischen Unternehmensbereichen zu schließen. Hierdurch kann eine permanente Erhöhung der Kundenorientierung bei der Entwicklung, der Produktion sowie dem Vertrieb und dem Service von Produkten erreicht werden. Dazu sind neue Konzepte erforderlich, die organisatorische Maßnahmen, eine Erweiterung von Methoden sowie die Unterstützung adäquater IT-Systeme beinhalten.

1.2 Zielsetzung und Vorgehensweise

Die bestehenden Informationslücken zwischen produktorientierten und kundenorientierten Unternehmensbereichen führen in Betrieben zu Wissensinseln.[6] So wird in den kundenorientierten Bereichen vielfach Kundenwissen strukturiert erfasst und bereichsintern genutzt. Analog hierzu wird in den produktorientierten Unternehmensbereichen produktorientiertes Wissen bereichsintern verwendet. Produktorientiertes Kundenwissen[7] ist damit ebenso wie Produktwissen nur in Teilen des Unternehmens verfügbar. Durch eine zielorientierte Informationsweitergabe zwischen den produkt-, produktions- und vertriebsdefinierenden Bereichen, könnten erhebliche Zeit-, Kosten- und Qualitätsvorteile erreicht werden.[8]

Das Ziel der Arbeit ist die Erstellung eines Konzepts, das diese Informationslücke zwischen produktorientierten und kundenorientierten Unternehmensbereichen mit Hilfe integrierter IT-Systeme schließt.

[5] Vgl. K. Ehrlenspiel (2007), S.186 und E. Westkämper (2007), S.30.
[6] Vgl. Kapitel 6.
[7] Zur Abgrenzung von Kunden- und Produktwissen vgl. Abschnitt 1.3.2.
[8] Vgl. K. Ehrlenspiel (2007), S.188.

Durch das Umsetzen des Konzepts sollen industrielle Unternehmen[9] in die Lage versetzt werden,

- kundenorientiertes Produktwissen an der Kundenschnittstelle über den gesamten Produktlebenszyklus permanent strukturiert zu erfassen,
- dieses gezielt in produktorientierten Unternehmensbereichen zur Entwicklung und Herstellung kundenorientierter Produkte einzusetzen,
- das in den produktorientierten Unternehmensbereichen vorhandene kundenrelevante Produktwissen in kundenorientierten Bereichen zur Verfügung zu stellen und
- damit Marketing-, Vertriebs- und Serviceprozesse zu unterstützen.

Die betriebswirtschaftliche Zielsetzung besteht darin, Produkte sowie Produktions-, Marketing-, Vertriebs- und Serviceprozesse nachhaltig zu verbessern, um dadurch einen Wettbewerbsvorteil erzielen zu können.

1.2.1 Forschungsfrage

Aus der genannten Zielsetzung kann die diesem Forschungsvorhaben zu Grunde liegende ***Forschungsfrage*** abgeleitet und wie folgt formuliert werden:

> *Wie kann mit Hilfe einer Integration von IT-Systemen relevantes kundenorientiertes und produktorientiertes Wissen in unterschiedlichen Unternehmensbereichen strukturiert erfasst, transformiert und bereichsübergreifend zur Verfügung gestellt werden?* (vgl. Abbildung 1).

[9] Zur Definition eines industriellen Unternehmens vgl. Abschnitt 2.1.

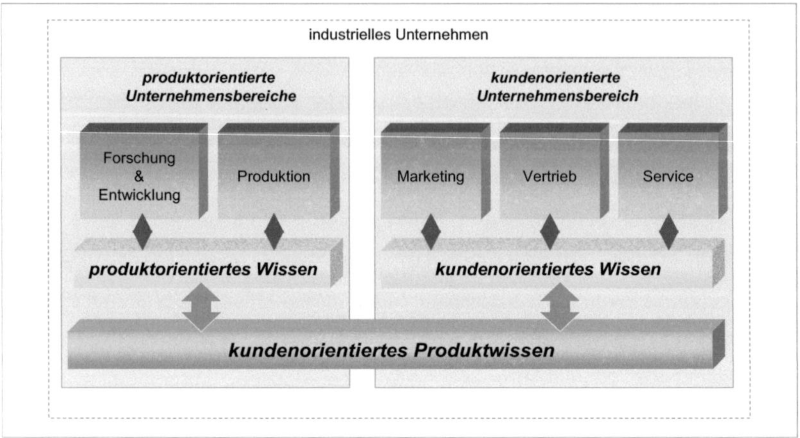

Abbildung 1: Einordnung der Forschungsfrage

Diese Forschungsfrage beinhaltet unterschiedliche Untersuchungsbereiche. Daher kann eine Detaillierung der Forschungsfrage in mehrere Teilfragen erfolgen:

- Wie kann produktorientiertes Kundenwissen an der Kundenschnittstelle mit Hilfe von IT-Systemen strukturiert erfasst werden?
- Mittels welcher Methoden kann eine Transformation von produktorientiertem Kundenwissen in kundenorientiertes Produktwissen erfolgen?
- Wie kann eine Unterstützung der Prozesse an der Kundenschnittstelle mittels kundenorientiertem Produktwissen erfolgen?
- Mittels welcher Methoden kann produktorientiertes Wissen in kundenorientiertes Produktwissen transformiert werden?
- Wie können Prozesse in der Produktentwicklung und Produktion durch kundenorientiertes Produktwissen unterstützt werden?
- Welche Rahmenbedingungen sind bei der Weitergabe von kundenorientiertem Produktwissen über Unternehmensbereiche hinweg zu beachten?

In einem ersten Schritt der Forschung ist es erforderlich, diese Teilfragen zu strukturieren. Dies erfolgt im Rahmen der sich anschließenden Konzeptionalisierung des Forschungsvorhabens.

1.2.2 Konzeptionalisierung

Der aus der Forschungsfrage bzw. deren Teilfragen abgeleitete Untersuchungsbereich ist in Abbildung 2 dargestellt. Dieser umfasst die produktorientierten sowie die kundenorientierten Unternehmensbereiche eines industriellen Unternehmens[10]. Um die Komplexität des Forschungsvorhabens auf ein handhabbares Maß zu reduzieren und dabei trotzdem ein für eine Unternehmensklasse generisches Konzept entwickeln zu können, wurden bei der Abgrenzung des Untersuchungsbereiches folgende Einschränkungen getroffen:

- Konzentration auf Unternehmen des industriellen Mittelstandes und
- Ausgrenzung des Unternehmensbereiches Beschaffung.

Die erste Einschränkung bezieht sich auf die Klasse der betrachteten Unternehmen. Industrielle Unternehmen können unterschiedlichen Branchen und Größenklassen angehören. Dies führt dazu, dass industrielle Unternehmen an sich eine sehr heterogene Grundgesamtheit der Forschung darstellen. Um ein generisches Konzept mit Anwendungsbezug entwickeln zu können, ist daher eine Einschränkung des Untersuchungsgegenstandes notwendig. In der vorliegenden Arbeit liegt der Fokus deshalb auf industriellen Betrieben, die der Unternehmensklasse ‚Mittelstand' zugeordnet werden können.[11]

Die zweite Einschränkung des Untersuchungsbereiches betrifft die betrachteten funktionalen Unternehmensbereiche. Wie aus der Zielsetzung dieser Arbeit hervorgeht, erfolgt im Rahmen dieser Forschung die Erstellung eines Konzepts, welches eine unternehmensinterne Integration beinhaltet.

[10] Voruntersuchungen des Autors haben ergeben, dass die dieser Arbeit zu Grunde liegende Forschungsfrage in Unternehmen des Wirtschaftszweiges Industrie eine besondere Relevanz besitzt. Daher ist eine Festlegung des Untersuchungsgegenstandes auf industrielle Unternehmen erfolgt. Zur Hinzunahme von Unternehmen anderer Wirtschaftszweige in den Untersuchungsbereich vgl. Abschnitt 8.4.3.4.
[11] Vgl. Abschnitt 2.2.

Unternehmensübergreifende Prozesse werden daher nicht weiter betrachtet.[12] Deshalb ist der Unternehmensbereich *Beschaffung* nicht im Untersuchungsbereich dieser Arbeit enthalten.

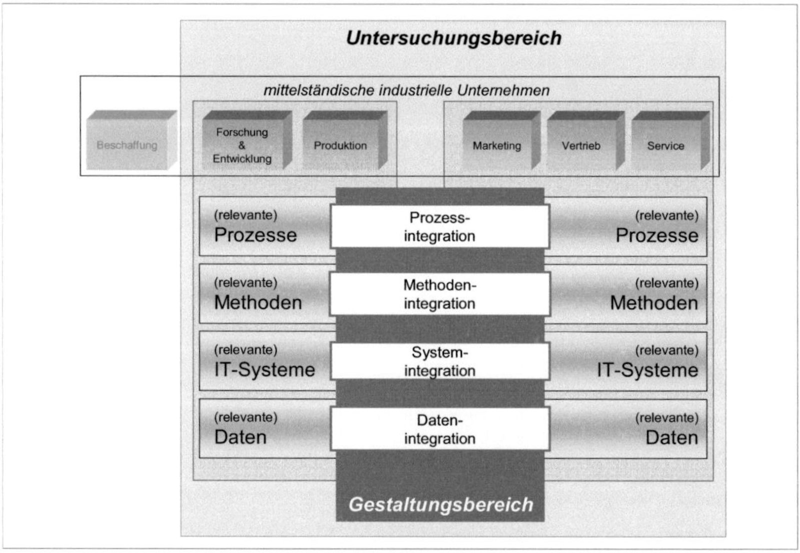

Abbildung 2: Bezugsrahmen der Arbeit

Die Zielsetzung der Arbeit sieht vor, ein Integrationskonzept zu erstellen. Zur Erreichung dieser Zielsetzung ist es notwendig, die in den betrachteten Unternehmensbereichen vorhandenen Prozesse, Methoden, IT-Systeme und Daten (Integrationsobjekte[13]) zu untersuchen. Hierbei sind diejenigen Objekte von Relevanz, die in einem Zusammenhang mit kundenorientiertem Produktwissen stehen. Diese stellen somit die fokussierten Objekte im Untersuchungsbereich dar. Rein transaktionsorientierte Objekte werden im Rahmen dieser Arbeit daher nicht weiter betrachtet.[14]

[12] Die Betrachtung unternehmensübergreifender Prozesse würde eine Berücksichtigung der IT-Systeme von Lieferanten beinhalten. Auf Grund einer möglichen Vielzahl unterschiedlicher IT-Systeme auf Lieferantenseite müsste das Konzept die Integration einer komplexen heterogenen IT-Landschaft über die Supply Chain hinweg beinhalten. Dies ist im Rahmen dieser Forschungsarbeit nicht leistbar.

[13] Vgl. Abschnitt 2.7.1.

[14] Vgl. Abschnitt 2.6.

Die Erreichung des Zieles erfolgt durch eine Zusammenführung der relevanten Objekte auf den in Abbildung 2 gezeigten Integrationsebenen. Daraus ergibt sich der Gestaltungsbereich dieser Arbeit.

1.2.3 Einordnung der Arbeit

Diese Arbeit ist der Wirtschaftsinformatik als betriebswirtschaftlicher Disziplin zuzuordnen.[15]

Das Ziel der Wirtschaftsinformatik besteht in der Erklärung und Gestaltung von Informations- und Kommunikationssystemen (IuK) der Wirtschaft und der Verwaltung.[16] Den Forschungsgegenstand der Wirtschaftsinformatik stellen daher betriebliche Informations- und Kommunikationssysteme, die komplexe sozio-technische Systeme mit unterschiedlichen Ebenen sind, dar.[17] Der Gestaltungsbereich umfasst die Entwicklung von Konzepten, Modellen und Methoden für den Aufbau, die Umsetzung, die Einführung sowie den Betrieb von IuK-Systemen.[18] Der Fokus liegt hierbei auf der Automatisierung bzw. der Unterstützung betrieblicher Prozesse.[19]

Die in dieser Arbeit betrachtete Thematik der Integration von Anwendungssystemen stellt eine klassische Domäne der Wirtschaftsinformatik dar. Sowohl der Untersuchungs- als auch der Gestaltungsbereich dieser Arbeit beziehen sich auf die zentralen Felder der Wirtschaftsinformatik. Diese sind das Zusammenwirken von Informationstechnologie, Organisation, Funktion und Daten.[20]

Die Einordnung dieser Arbeit im Rahmen der Betriebswirtschaftslehre kann zum einen über den Betrachtungsgegenstand erfolgen. Dieser umfasst die betriebli-

---

[15] Zum Verständnis der Wirtschaftsinformatik als betriebswirtschaftliche Disziplin vgl. P. Stahlknecht und U. Hasenkamp (2005), S.8f. und 516f. und P. Mertens u.a. (2005), S.5f.

[16] Vgl. A. Fink, G. Schneidereit und S. Voß (2005), S.6f. und P. Mertens u.a. (2005), S.3ff. Diese Abgrenzung basiert auf der *Gegenstandsabgrenzung der Wissenschaftlichen Kommission Wirtschaftsinformatik (WKWI)* im Verband der Hochschullehrer für Betriebswirtschaft e.V. (Vgl. WKWI (1994), nachzulesen in A. Fink, G. Schneidereit und S. Voß (2005), S.6).

[17] Vgl. O. K. Ferstl und E. J. Sinz (2001), S.3ff. Eine Detaillierung und Abgrenzung von Informations-, Kommunikations- und Anwendungssystem erfolgt in Abschnitt 2.5.

[18] Vgl. A. Fink, G. Schneidereit und S. Voß (2005), S.6.

[19] Vgl. P. Mertens u.a. (2005), S.4.

[20] Vgl. A.-W. Scheer (1995), S.10ff. und A. Fink, G. Schneidereit und S. Voß (2005), S.7.

chen Funktionen der Forschung und Entwicklung, der Produktion sowie des Absatzes eines wirtschaftenden Betriebes.[21]

Zum anderen lässt sich die Forschungsfrage dieser Arbeit in Bezug auf die betriebswirtschaftlichen Erkenntnis- und Gestaltungsziele[22] wie folgt einordnen:

- Das betriebswirtschaftliche Erkenntnisziel dieser Arbeit liegt in der Untersuchung der Realität zum Einsatz von Anwendungssystemen in unterschiedlichen Unternehmensbereichen unter besonderer Berücksichtigung von vorhandenen Informationslücken.
- Das Gestaltungsziel dieser Arbeit ist die Erstellung eines Konzepts, das auf Basis der Integration von Anwendungssystemen eine Schließung von Informationslücken zwischen unterschiedlichen Unternehmensbereichen ermöglicht.

Die in dieser Arbeit durchgeführte betriebswirtschaftliche Forschung umfasst folgende Ansätze:

- *Explorativer Forschungsansatz*

  Der Einsatz von Anwendungssystemen in industriellen Unternehmen ist bereits Bestandteil etlicher Untersuchungen. Vor allem im Bereich der Anwendungssysteme in den Bereichen Forschung und Entwicklung sowie Produktion kann in dieser Arbeit auf bestehende Forschungsergebnisse aufgebaut werden.[23] Der Einsatz von Anwendungssystemen in den Bereichen Marketing, Vertrieb und Service in industriellen Unternehmen stellt hingegen noch eine Forschungslücke dar.[24] Des Weiteren betrachten die vorliegenden Forschungen überwiegend bereichsinterne Aspekte. Die Untersuchung von bereichsübergreifenden Aspekten weist ebenfalls noch erhebliche Lücken auf. Daher werden als Bestandteile dieser Arbeit zunächst der Einsatz von Anwendungssystemen in den kundenorientierten Unternehmensbereichen sowie der Integrationsstand von Anwendungssystemen unterschiedlicher Unternehmensbereiche untersucht.

[21] Vgl. Abschnitt 1.2.2.
[22] Die Betriebswirtschaftslehre umfasst nach WÖHE und DÖRING ein Erkenntnisziel und ein Gestaltungsziel. Das Erkenntnisziel ist dabei das Verstehen der (betriebswirtschaftlichen) Realität. Unter dem Gestaltungsziel wird das Einwirken auf diese Realität verstanden (vgl. G. Wöhe und U. Döring (2002), S.19f.).
[23] Vgl. Abschnitt 2.2.
[24] Vgl. Abschnitt 2.1.

Diese Forschung erfolgt als quantitative und qualitative Exploration, um ein breites Stimmungsbild des Ist-Zustandes zu erhalten.[25]

- *Konstruktionsorientierter Ansatz*

  Die Wahl eines konstruktionsorientierten Ansatzes[26] im Rahmen dieser Arbeit basiert auf der Zielsetzung, welche neben einer Untersuchung der Informationslücken und der Erstellung eines Konzepts zu deren Schließung, die Erstellung einer prototypischen Umsetzung beinhaltet.

  Die Wahl des konstruktionsorientierten Ansatzes hat folgende Auswirkungen bei der Durchführung der Forschung:

  - Die der Arbeit zu Grunde liegende Problemstellung ist mit Hilfe von Erkenntnissen sowohl aus der Wissenschaft als auch aus der betrieblichen Praxis formuliert worden.
  - Das im Rahmen der Forschung entwickelte Konzept wurde prototypisch realisiert, um die Umsetzbarkeit testen zu können.
  - Eine Erprobung des Konzepts konnte mit Hilfe der prototypischen Umsetzung unter Einbezug von Experten aus der Wissenschaft und aus der Praxis durchgeführt werden. Die dabei gewonnenen Erkenntnisse trugen zu einer Weiterentwicklung des Konzepts bei.

  Durch die Anwendung des konstruktionsorientierten Forschungsansatzes konnten damit neben der wissenschaftlichen Durchdringung des Untersuchungsbereiches sowie der Erstellung eines theoretischen Integrationskonzepts Erkenntnisse bezüglich der Wirksamkeit gewonnen werden.

1.2.4 Aufbau der Arbeit

Der Gang dieser Arbeit, der sich an dem in Abbildung 2 dargestellten Bezugsrahmen sowie den gewählten Forschungsmethoden orientiert, ist in Abbildung 3 dargestellt. Dieser besteht aus den drei thematischen Blöcken *technische und betriebswirtschaftliche Grundlagen*, *Konzeptionalisierung und Durchführung der Untersuchung zum Stand von Anwendungssystemen im industriellen Mittelstand* und *Konzept zur Integration von kunden- und produktorientierten An-*

[25] Vgl. Abschnitt 5.1.

[26] Dem *konstruktionsorientierten Forschungsansatz* liegt in der Wirtschaftsinformatik kein einheitliches Begriffsverständnis zu Grunde (vgl. P. Loos und P. Fettke (2007), S.35). Im Rahmen dieser Arbeit wird unter konstruktionsorientierter Forschung ein Ansatz verstanden, welcher im Rahmen der empirischen Forschung mit Hilfe von prototypischen Realisierungen ein Gestaltungsziel verfolgt. Vgl. P. Loos und P. Fettke (2007), S.35f.

wendungssystemen. Die Gliederung der Hauptkapitel stellt dabei eine Detaillierung dieses Forschungsverlaufes dar.

Abbildung 3: Gang der Arbeit

In den sich anschließenden Kapiteln 2 bis 4 werden zunächst die theoretischen Grundlagen dargestellt. Diese bestehen im Kontext dieser Arbeit aus technischen und betriebswirtschaftlichen Sachverhalten, die für den weiteren Verlauf der Arbeit als wesentlich erachtet werden. Das Kapitel 2 beginnt mit der Einordnung und Abgrenzung des Untersuchungsgegenstandes ‚Informationssysteme in der Industrie'. Daran anschließend erfolgt in Kapitel 3 und Kapitel 4 eine detaillierte Betrachtung von Anwendungssystemen getrennt nach kundenorientierten und produktorientierten Unternehmensbereichen. Ein weiterer Bestandteil dieser Kapitel ist die Betrachtung des jeweiligen Standes der Forschung. Hieraus werden in den entsprechenden Kapiteln die Forschungslücken aufgezeigt, die im weiteren Verlauf der Arbeit geschlossen werden müssen.

Auf dieser deskriptiven Grundlage erfolgt in den Kapiteln 5 und 6 die Konzeptionalisierung und Durchführung einer Untersuchung. Mit Hilfe dieser Empirie werden noch nicht ausreichend erforschte Bereiche zum Stand von Anwendungssystemen im industriellen Mittelstand untersucht. Das Ziel der Exploration ist, auf Basis des ermittelten Ist-Zustandes Möglichkeiten zur Schließung von Informationslücken zu identifizieren. Hierzu werden zunächst in Kapitel 5 die grundlegenden Aspekte in Bezug auf das Forschungsdesign sowie die angewandten Forschungsmethoden erläutert. Hiernach erfolgen in Kapitel 6 die Darstellung der Durchführung der explorativen Untersuchung, die Erläuterung und Diskussion der Erkenntnisse sowie die Ableitung von Kernanforderungen an ein Integrationskonzept.

Die Kapitel 7 und 8 stellen den Schwerpunkt der Arbeit dar. Aufbauend auf den Erkenntnissen der vorausgehenden Forschung erfolgt in Kapitel 7 die Herleitung des Fachkonzepts zur Schließung von Informationslücken. Methodisch basiert die Ableitung des Fachkonzepts auf der Anwendung der *Object Oriented Analysis (OOA)*. Die Untergliederung dieses Kapitels orientiert sich daher am Ablauf der OOA. In Abschnitt 7.1 erfolgen die Erstellung und Diskussion von Use Cases sowie die Durchführung der Anforderungsanalyse. Daran anschließend wird in Abschnitt 7.2 die Datensicht des Fachkonzepts ausführlich erörtert. Die Herleitung und Beschreibung der Prozesssicht ist Inhalt von Abschnitt 7.3. Abgeschlossen wird Kapitel 7 mit einer zusammenfassenden Darstellung des Fachkonzepts in Abschnitt 7.4.

An die Erstellung des Fachkonzepts schließen sich die prototypische Realisierung und die Erprobung des Integrationskonzepts an (Kapitel 8). Hierbei wird zunächst aus dem Fachkonzept ein partielles DV-Konzept abgeleitet (Abschnitt 8.1). Die Umsetzung des DV-Konzepts erfolgt über die Erweiterung bestehender Anwendungssysteme. Hierzu muss zunächst eine Auswahl von Standard-Anwendungssystemen erfolgen. Die Durchführung des Auswahlprozesses wird in Abschnitt 8.2 dargestellt. Darauf folgend wird in Abschnitt 8.3 die Durchführung der prototypischen Umsetzung erläutert. Abschnitt 8.4 widmet sich der Erprobung des Konzepts. Hierbei werden zunächst die Vorgehensweise der Erprobung erläutert und die Erprobungsszenarien dargestellt. Danach werden die Erkenntnisse aus der Erprobung detailliert erörtert und kritisch diskutiert. Mit dem Abschluss von Kapitel 8 sind die Ziele 2 und 3 der Arbeit, nämlich die Erstellung eines Konzepts zur Schließung von Informationslücken sowie die Erprobung der Umsetzbarkeit und Gewinnung zusätzlicher Erkenntnisse, erreicht.

In dem die Arbeit abschließenden Kapitel 9 werden die gewonnenen Erkenntnisse zunächst zusammengefasst. In einer darauf folgenden kritischen Würdigung wird der weitere Forschungsbedarf thematisiert sowie ein Ausblick auf mögliche zukünftige Entwicklungen gegeben.

1.3 Analyse bestehender Ansätze

Der Forschungskontext dieser Arbeit stellt kein neues Gebiet dar. Zur Schließung von Informationslücken zwischen produkt- und kundenorientierten Unternehmensbereichen bestehen bereits zahlreiche Ansätze.[27] Die Bandbreite der in der Literatur und Praxis vorzufindenden Ansätze reicht dabei von speziellen Werkzeugen zur Lösung konkreter Frage- und Aufgabenstellungen bis hin zu generischen Konzepten, die abstrakte Lösungsansätze darstellen.[28]
Die weitere Darstellung basiert daher auf einer groben Strukturierung anhand der Unterscheidung nach etablierten Methoden[29] und generischen Konzepten[30].[31]

---

[27] Einen Überblick sowie eine vergleichende Darstellung von Methoden zur Integration von Kundenwissen in produktorientierte Prozesse findet sich z.B. in A. Hemetsberger und J. Füller (2006), S.408ff., E. Dahan und J. Hauser (2002), S.184ff. und G. Hertel und W. Virt (2000), S. 23ff.

[28] Vgl. A. Hemetsberger und J. Füller (2006), S.401ff.

[29] Unter einer etablierten Methode wird in Anlehnung an SCHILLING eine „[...] *erprobte, überlegte und übertragbare Vorgehensweise zur Erledigung bestimmter Aufgaben und Zielvorgaben*", verstanden (J. Schilling (1997), S.65). Vgl. auch H. Balzert (2001), S.36.

[30] Ein Konzept wird im Allgemeinen als „*ein Handlungsmodell, in welchem die Ziele, die Inhalte, die Methoden und die Verfahren in einen sinnhaften Zusammenhang gebracht sind*" verstanden (K. A. Geißler und M. Hege (2007), S.20). Bei diesem Verständnis stellen Methoden Teilaspakte von Konzepten dar.

[31] In der Literatur finden sich eine Reihe unterschiedlicher Frameworks, welche eine Hilfestellung bei der Klassifikation darstellen sollen. Als Dimensionen der Klassifikationsschemata werden z.B. im Longitudinal/Lateral Framework nach KAULIO die Verwertbarkeit von Methoden anhand der Phasen des Innovationsprozesses (longitudinal) und der Intensität der Kundenintegration (lateral) verwendet. Nach REICHWALD u.a. werden im CIC-Schemata die drei Dimensionen Innovationsphase, Kundenbeitrag und Kundeneigenschaften unterschieden. Weitere Klassifikationsansätze verwenden zusätzliche Dimensionen wie z.B. die Art des Kundenwissens. Eine Übersicht hierzu gibt A. Hemetsberger und J. Füller (2006), S.401ff.
Die im Rahmen dieser Arbeit vorgenommene grobe Einordnung erfolgt anhand einer Literaturrecherche des Autors. Eine eindeutige und überschneidungsfreie Zuordnung ist hierbei nicht immer möglich. Des Weitern erhebt die Darstellung keinen Anspruch auf Vollständigkeit.

1.3.1 Etablierte Methoden

Sowohl in der Literatur wie auch in der Praxis existiert eine Vielzahl an konkreten Methoden, die zur Schließung der Informationslücke zwischen kundenorientierten und produktorientierten Unternehmensbereichen beitragen sollen.[32] Das Ziel dieser Methoden ist es überwiegend, eine Kundenintegration in Innovationsprozesse herbeizuführen.[33] In Anlehnung an FLEISCHER und KLINKEL lassen sich diese Methoden in zwei Kategorien einteilen:[34]

- direkte Schließung der Informationslücke
- indirekte Schließung der Informationslücke.

Eine ***direkte Schließung*** der Informationslücke erfolgt über die unmittelbare Einbindung von Kunden in die in den produktorientierten Unternehmensbereichen ablaufenden Prozesse, wie z.B. den Produktentwicklungsprozess. Ansätze hierzu werden auch als Anwender-Hersteller Kooperationen bezeichnet.[35] Zu diesen Ansätzen zählt z.B. die Lead User-Methode[36] sowie das Mass Customization[37].

Methoden, die eine ***indirekte Schließung*** von Informationslücken herbeiführen, sind dadurch gekennzeichnet, dass sie eine Trennung der *Erfassung* und der *Nutzung* von Kundenwissen[38] beinhalten. Hierzu zählen bspw. das Quality

---

[32] Eine Aufzählung etablierter Methoden findet sich u.a. in A. Töpfer und S. Günther (2007), S.31.

[33] Dem Erreichen weiterer Ziele, wie z.B. die Stärkung der Kundenbindung durch Interaktion mit dem Kunden, wird im Rahmen dieser Arbeit nicht weiter nachgegangen. Vgl. hierzu u.a. A. Hemetsberger und J. Füller (2006), S.406f.

[34] Vgl. J. Fleischer und S. Klinkel (2003), S.98 und A. Ostertag (2004), S.77ff. Eine Übersicht über die Zuordnung von Methoden gibt J. Fleischer und S. Klinkel (2003), S.99.

[35] Einen vertiefenden Einblick in Anwender-Hersteller Kooperationen gibt u.a. U. R. Biegel (1986), S.49ff.

[36] Das Lead User-Konzept nach HIPPEL beinhaltet die Einbindung von sog. Lead Usern in den Innovationsprozess als Quellen der Innovation (vgl. E. Hippel (2005), S.22ff., M. Beise (2006), S.16 und A. Ostertag (2004), S.79f.). Zur Abgrenzung von Lead Usern sowie deren Identifikation vgl. E. Hippel (2005), S.22ff.

[37] Unter Mass Customization wird nach PILLER „[...] *die Produktion von Gütern und Leistungen, welche die unterschiedlichen Bedürfnisse jedes einzelnen Nachfragers dieser Produkte treffen, mit der Effizienz einer vergleichbaren Massen- bzw. Serienproduktion [verstanden]. Grundlage des Wertschöpfungsprozesses ist dabei ein Co-Design-Prozess zur Definition der individuellen Leistung in Interaktion zwischen Anbieter und Nutzer*" (F. T. Piller (2006), S.161). Die direkte Interaktion ist hierbei im Co-Design-Prozess beinhaltet.

[38] Vgl. Abschnitt 1.3.2.

Function Deployment (QFD)[39], die Conjoint Analyse[40], das Target Costing[41] sowie die Fehlermöglichkeits- und Einflussanalyse (FMEA)[42].
Diese Methoden beschränken sich in der Regel auf die Nutzung von Kundenwissen. Zur Erfassung von Kundenwissen wird hierbei der Einsatz weiterer Methoden vorausgesetzt. Hierfür werden in der Literatur die Methoden der empirischen Sozialforschung[43] bzw. der Marktforschung wie z.B. die Befragung, die Beobachtung oder Workshops genannt.[44]

1.3.2 Generische Konzepte

Die in Abschnitt 1.3.1 erläuterten Methoden stellen Ansätze dar, die sich zur Lösung spezieller Frage- und Aufgabenstellungen eignen.[45] Hierdurch muss eine Vielfalt an Methoden zum Einsatz kommen, um die unterschiedlichen Aufgabenstellungen erledigen zu können.[46] Dies führt in der Praxis häufig zu einer unkoordinierten Methodenvielfalt, die sich zum einen auf den Einsatz von Methoden zur Anwendung von Kundenwissen als auch zum anderen auf den Einsatz von Methoden zur Erfassung von Kundenwissen bezieht. Damit ist weder eine konsistente Basis der Analysen noch eine bereichsübergreifende Anwendung gewährleistet. Die Konsequenzen hiervon sind unterschiedliche Ergebnisse und damit abweichende Entscheidungsgrundlagen in unterschiedlichen Bereichen sowie erhebliche Mehraufwände auf Grund einer redundanten Anwendung von Methoden.[47]

---

[39] Vgl. Abschnitt 4.1.2.

[40] Die Zielsetzung der Conjoint Analyse ist, die Präferenz von Kunden für verschiedene Kombinationen von Produkteigenschaften und -preisen zu erklären und zu prognostizieren (vgl. J. O. Fischer (2008), S.61). Einen vertiefenden Einblick in die Conjoint Analyse gibt A. Gustafsson, A. Herrmann und F. Huber (2007), S.3ff.

[41] Die Methode des Target Costings unterstützt primär die zielkostenorientierte Entwicklung neuer Produkte (vgl. J. O. Fischer (2008), S.59). Zur Vertiefung des Target Costings vgl. u.a. J. O. Fischer (2008), S.59ff. und G. F. Kamiske und J.-P. Brauer (1999), S.190f.

[42] Die FMEA ist eine Methodik, um in der Produktentwicklung potenzielle Fehler systematisch aufzudecken und zu vermeiden (vgl. A. Haffner (2005), S.22). Einen vertiefenden Einblick in die FMEA gibt R. Kämpf (2007), S.1110ff., A. Haffner (2005), S.22ff., A. Vogt (2004), S.244ff. und DIN (2006).

[43] Zur Vertiefung qualitativer und quantitativer Methoden der Datenerhebung vgl. J. Bortz und N. Döring (2003), S.137ff., H. Kromrey (2002), S.309f. und W. Laatz (1993), S.45ff. sowie Abschnitt 5.2.

[44] Vgl. A. Hemetsberger und J. Füller (2006), S.402 und H. A. Dethlefsen (2000), S.319f.

[45] Vgl. A. Hemetsberger und J. Füller (2006), S.401.

[46] Vgl. A. Töpfer und S. Günther (2007), S.29f.

[47] Vgl. M. Korell (2007), S.1 und A. Töpfer und S. Günther (2007), S.29f. Zwei vom Autor im Rahmen der Voruntersuchung durchgeführte Experteninterviews mit Auditoren des TÜV-Süd, welche nach eigenen Angaben einen Großteil der Audits zur Zertifizierung nach ISO 9001:2000 in industriellen KMUs im Gebiet des TÜV-Süd durchführen, haben diese Erkenntnis bestätigt.

Daher erfährt der Themenbereich der strukturierten Erfassung und Anwendung von Kundenwissen aktuell eine hohe Aufmerksamkeit. Die in der Literatur und Praxis hieraus entstandenen Ansätze lassen sich in zwei Kategorien unterscheiden:

- Konzepte, die einen koordinierten Einsatz etablierter Methoden gewährleisten sollen, sowie
- Konzepte mit dem Fokus auf einer unternehmensweiten Erfassung, Transformation und Verteilung von Wissen.

Die erstgenannte Kategorie beinhaltet Konzepte, die einen koordinierten Einsatz sowie eine Verzahnung und Erweiterung bestehender Methoden verfolgen. Diese Konzepte sind bisher überwiegend in der Praxis vorzufinden und werden vor allem durch diese vorangetrieben.[48] Einer der bedeutendsten Vertreter hiervon ist Six Sigma[49]. In der Wissenschaft finden aktuell Konzepte der zweiten Kategorie eine wesentlich höhere Beachtung, weshalb im Folgenden auf diese detailliert eingegangen wird.[50]

Unter dem Begriff des *Customer Knowledge Management* (CKM) hat sich in der Wissenschaft und Praxis ein Forschungsfeld etabliert, das die Erschließung, Entwicklung, Bewahrung, Verbreitung, Bereitstellung und Nutzung von Kundenwissen fokussiert.[51] Dieses noch junge Forschungsfeld basiert auf der Spezialisierung des Wissensmanagements[52] in Bezug auf die Ausrichtung der Wis-

---

[48] Vgl. A. Töpfer und S. Günther (2007), S.30.

[49] Einen detaillierten Einblick in die Zielsetzung sowie in die in Six Sigma beinhalteten Methoden gibt u.a. A. Töpfer und S. Günther (2007), S.29ff. und S. Lunau (2007), S.7ff.

[50] Vgl. A. Töpfer und S. Günther (2007), S.30.

[51] Vgl. M. Gibbert, M. Leibold und G. Probst (2002), S.272, und M. Korell (2007), S.4. Zur Abgrenzung von Wissensmanagement und Customer Knowledge Management vgl. H. Nohr (2004), S.12f., A. Ostertag (2004), S.68f. und M. Gibbert, M. Leibold und G. Probst (2002), S.274.

[52] Der Begriff des Wissensmanagements (WM) wird in der Literatur uneinheitlich abgegrenzt. Im Bereich der Betriebswirtschaftslehre hat sich ein Verständnis nach PROBST, RAUB und ROMHARDT etabliert, welches das Wissensmanagement anhand der ihm zugeordneten Bestandteile *Wissensidentifikation*, *Wissenserwerb*, *Wissensentwicklung*, *Wissensverteilung*; *Wissensnutzung* und *Wissensbewahrung* abgrenzt (vgl. G. Probst, S. Raub und K. Romhardt (2006), S.27ff., M. Korell (2007), S.18ff., S. Meyer (2007), S.66ff., A. Ostertag (2004), S.37f., E. Bucherer (2004), S.208ff. und K. North (2002), S.3f. Eine detaillierte Übersicht unterschiedlicher Begriffsabgrenzungen findet sich u.a. bei W. Wiater (2007), S.62ff. und S. Meyer (2007), S.61ff. Im Bereich der Wirtschaftsinformatik findet sich häufig ein technisch geprägtes Begriffsverständnis, welches unter WM *„Anwendungen zum Erfassen, Speichern, Verteilen und Nutzen von Wissen"* versteht (S. Meyer (2007)), S.61. Im Rahmen dieser Arbeit wird Wissensmanagement als ein generisches Konzept in Anlehnung an PROBST, RAUB und ROMHARDT. aufgefasst.

sensbasis auf *Kundenwissen*.[53] Das Kundenwissen stellt hierbei einen Teil der Gesamtmenge Wissen[54] dar.[55] Die Abgrenzung dieser Wissenskategorie erfolgt in der Literatur anhand des Objektbezuges auf den Kunden[56]. Kundenwissen beschreibt demnach Wissen, *„welches mit einem oder mehreren Kunden in Verbindung steht*"[57].

Nach STAUSS kann dieses in die folgenden drei Formen unterteilt werden:[58]

- Wissen *über* den Kunden,
- Wissen *des* Kunden und
- Wissen *für* den Kunden.

Die erste Form umfasst Wissen, das der Charakterisierung von Kunden aus Unternehmenssicht dient. Hierzu zählt z.B. das aus der Vernetzung von Kundeninformationen wie der Kaufhistorie oder der Bonität abgeleitete Wissen *über* den Kunden. Die Generierung und Nutzung dieses Wissens erfolgt in der Regel mit Hilfe von CRM-Systemen und dient der Unterstützung von Marketing-, Ver-

---

[53] Vgl. M. Gibbert, M. Leibold und G. Probst (2002), S.274, M. Korell (2007), S.3f. und H. Nohr (2004), S.13.

[54] Für den Wissensbegriff existiert in unterschiedlichen Disziplinen sowie innerhalb der Wirtschaftswissenschaften selbst eine Vielzahl an Definitionsansätzen. Einen Überblick über unterschiedliche Abgrenzungen gibt u.a. S. Meyer (2007), S.43f. sowie R. Reinhardt (2002), S.25f. In der aktuellen Diskussion erfährt der Ansatz nach NORTH (sog. ‚Wissenstreppe'), wonach Wissen aus der zweckdienlichen Vernetzung (Verarbeitung) von Informationen entsteht, eine starke Beachtung. Informationen werden hierbei definiert als „[...] *Daten, welche in einem Bedeutungskontext stehen und aus betriebswirtschaftlicher Sicht zur Vorbereitung von Entscheidungen und Handlungen dienen*" (K. North (2002), S.38). Vgl. hierzu auch K. North (2002), S.38ff., M. Korell (2007), S.5f., S. Meyer (2007), S.35f., G. Probst, S. Raub und K. Romhardt (2006), S.15f., R. Maier, T. Hädrich und R. Peinl (2005), S.4f. und H. Nohr (2003), S.38ff. Dem Begriffsverständnis dieser Arbeit liegt daher der Abgrenzungsansatz nach NORTH zu Grunde.
Zu Möglichkeiten der Klassifizierung von Wissen z.B. nach den Kategorien explizit/implizit, strukturiert/unstrukturiert und kollektiv/privat vgl. u.a. U. Hannig (2002), S.15f., I. Nonaka und H. Takeuchi (1997), S.18f. und R. Maier, T. Hädrich und R. Peinl (2005), S.6. Eine umfangreiche Übersicht über Klassifizierungskriterien findet sich in R. Maier (2004), S.65f.

[55] Vgl. M. Korell (2007), S.5.

[56] Unter ‚Kunde' werden im Allgemeinen alle potentiellen Abnehmer aus Sicht eines Unternehmens verstanden. Dies können sowohl einzelne Individuen als auch Unternehmen sein. Vgl. hierzu u.a. M. Korell (2007), S.6. Auf Grund des Fokus auf Unternehmen des industriellen Mittelstandes stellen Kunden im Kontext dieser Arbeit industrielle Abnehmer von Produkten und Dienstleistungen dar (vgl. Abschnitt 1.2.2).

[57] M. Korell (2007), S.7.

[58] Vgl. B. Stauss (2002), S.276 sowie M. Gibbert, M. Leibold und G. Probst (2002), S.271, M. Korell (2007), S.8f. und M. Korell und D. Spath (2003b), S.14ff., J. Fleischer und S. Klinkel (2003), S.93f. sowie R. E. Schmid, V. Bach und H. Österle (2000), S.27f.
Diese drei Formen des Kundenwissens lassen sich mit den allg. Kriterien zur Klassifikation von Wissen (vgl. Fußnote Nr. 54) kombinieren. So gibt es z.B. sowohl internes wie auch externes und implizites wie explizites Wissen über den Kunden. Vgl. hierzu u.a. M. Korell und D. Spath (2003b), S.17f.

triebs- und Serviceprozessen. Wissensträger dieser Wissensform ist das Unternehmen.[59]

Bei der zweiten Form, dem Wissen *des* Kunden, ist der Kunde selbst Träger des Wissens. Diese Wissensform umfasst sämtliches Wissen, welches der (potentielle) Kunde aus Erfahrung mit Unternehmen sowie deren Produkten bzw. Dienstleistungen hat. Hierzu zählen z.B. Kundenbedürfnisse und Kundenerwartungen ebenso wie das Erfahrungswissen über Produkteigenschaften. Dieses Wissen stellt zum einen die Grundlage für zukünftiges Kaufverhalten dar. Zum anderen beinhaltet dieses Wissen relevante Informationen darüber, was aus Sicht des Kunden zu einem Erfolg/Misserfolg eines Produktes beiträgt. Daher ist es für Unternehmen entscheidend, dieses Wissen zu erwerben und zu nutzen.[60]

Der dritten Form von Kundenwissen wird Wissen zugeordnet, das eine Relevanz für Kunden besitzt. Die Träger dieses Wissens sind Unternehmen. Daher stellt dies häufig eine Wissenslücke des Kunden dar. Zu diesem Wissen für den Kunden gehört z.B. Wissen über den Leistungsumfang oder die Qualität von Produkten. Da es sich im Kontext dieser Arbeit bei dieser Form von Wissen fast ausschließlich um Wissen über Produkte, das sich aus Konstruktionsmerkmalen ergibt, handelt, wird in der vorliegenden Arbeit für diese Form des Wissens der Terminus *kundenorientiertes Produktwissen*[61] verwendet. Das Ziel muss es für Unternehmen sein, den Kunden dieses Wissen zugänglich zu machen, um bestehende Wissensdefizite auf Kundenseite zu minimieren.[62]

---

[59] Vgl. B. Stauss (2002), S.276f. sowie M. Gibbert, M. Leibold und G. Probst (2002), S.271, M. Korell (2007), S.8f. und M. Korell und D. Spath (2003b), S.14ff.

[60] Vgl. B. Stauss (2002), S.277 sowie M. Gibbert, M. Leibold und G. Probst (2002), S.271, M. Korell (2007), S.8f. und M. Korell und D. Spath (2003b), S.14ff. Einen Überblick über den Nutzen für Unternehmen durch Kundenwissen im Innovationsprozess gibt u.a. J. Fleischer und S. Klinkel (2003), S.94.

[61] Die Wahl des Terminus ‚kundenorientiertes Produktwissen' ergibt sich in Analogie zur Abgrenzung des Terminus ‚Kundenwissen' (vgl. Fußnote Nr. 56). Demnach wird Produktwissen definiert als Wissen, welches über einen Objektbezug zu Produkten verfügt, d.h. in Verbindung mit einem oder mehreren Produkten steht. Dies kann beispielsweise die Auswirkung der Umgebungsbedingungen auf das Einsatzverhalten eines Produktes sein. Besitzt dieses Wissen eine Relevanz für Kunden (Wissen für den Kunden, s.o.), so wird es im Rahmen dieser Arbeit als ‚kundenorientiertes Produktwissen' bezeichnet.

[62] Vgl. B. Stauss (2002), S.276f. sowie M. Gibbert, M. Leibold und G. Probst (2002), S.271, M. Korell (2007), S.8f. und M. Korell und D. Spath (2003b), S.14ff.

Bei den in der Literatur dargestellten CKM-Ansätzen handelt es sich bislang in der Regel um generische Konzepte, die in der Praxis lediglich partiell mit Hilfe moderner Anwendungssysteme implementiert sind.[63] Solche Lösungen stellen z.B. Skill Management-Systeme, Groupware-Lösungen, Text- oder Web-Mining-Anwendungen, Web 2.0 Anwendungen[64] und Content Management-Systeme dar. Mit Hilfe derer erfolgt die Sozialisation, Externalisierung, Internalisierung und Kombination von Kundenwissen in einzelnen Anwendungsbereichen.[65]

1.3.3 Zusammenfassung und Darstellung der Forschungslücken

In den vorausgegangenen Abschnitten wurden etablierte Methoden und generische Konzepte dargestellt, die das Ziel verfolgen, die Informationslücke zwischen kundenorientierten und produktorientierten Unternehmensbereichen zu schließen.

Die Untersuchung dieser bestehenden Ansätze hat gezeigt, dass bereits eine große Anzahl an Methoden zur Verfügung steht, um konkrete Frage- und Aufgabenstellungen zu bewältigen. Des Weiteren exisitieren unter der Bezeichnung des Customer Knowledge Managements zumeist generische Konzepte, die mit Hilfe von modernen Anwendungssystemen zunehmend partiell implementiert werden. Gerade dieser Teilbereich des Wissensmanagements erfährt aktuell eine hohe Beachtung in der Forschung und der Praxis.

Eine nähere Analyse der aktuell auf diesem Gebiet laufenden Forschung zeigt jedoch auch, dass weitere, bisher wenig betrachtete Forschungslücken existieren:

- FLEISCHER und KLINKEL kommen zu dem Ergebnis, dass die unternehmensinterne Schnittstelle zwischen Forschung und Entwicklung und Marketing in der Literatur vielfach betrachtet wird. Eine Aussage darüber,

---

[63] Als einen wesentlichen Grund hierfür wird in der Literatur genannt, dass bei den Wissensprozessen eine Anbindung an die Geschäftsprozesse fehlt. Vgl. A. Ostertag (2004), S.40f.

[64] Unter Web 2.0 Anwendungen werden in diesem Kontext webbasierte Anwendungen verstanden, welche eine bidirektionale Kommunikation mit Usern auf Basis moderner Internettechnologie beinhalten. Beispiele hierfür sind Diskussionsforen, Wikis, Communitys, Chat und virtuelle Welten. Vgl. E. Bucherer (2004), S.137ff.

[65] Vgl. R. Völker, S. Sauer und M. Simon (2007), S.2, J. Fleischer und S. Klinkel (2003), S.99, M. Korell und D. Spath (2003a), S.8, M. Korell und D. Spath (2003b), S.23 sowie H. Nohr (2004), S.7ff.

wie Kundenwissen direkt aufgenommen und genutzt werden kann, erfolgt jedoch nicht.[66]

- Des Weiteren stellen sie fest, „[...] *dass es im Bereich der kundenorientierten Innovationen zwar Ansätze gibt, die sich mit der Möglichkeit der Integration von Kundenwissen in den Innovationsprozess beschäftigen. Eine systematische Nutzung des Kundenwissens hier i.d.R. jedoch noch nicht gewährleistet wird* [...]“.[67]
- Für PROBST u.a. besteht nach wie vor die Herausforderung für Unternehmen darin, ein umsetzbares Konzept zu finden, das es ermöglicht, die in den jeweiligen Bereichen anfallenden Informationen sowie darauf aufbauendes Wissen systematisch zu erfassen und zielgerichtet in den Innovationsprozess einzubringen.[68]
- VÖLKER u.a. stellen fest, dass sich die bestehenden Methoden und Konzepte überwiegend auf Großunternehmen beziehen und spezifische Gegebenheiten von mittelständischen Unternehmen nicht berücksichtigt werden.[69]
- Die Implementierung von CKM erfolgt in der Praxis häufig durch den Einsatz zusätzlicher partieller Anwendungssysteme wie z.B. Dokumentenmanagement-Systemen. In aktuellen Forschungsprojekten wird daher untersucht, mittels welcher zusätzlicher Anwendungssysteme eine weitere Unterstützung des CKM ermöglicht werden könnte. Die Untersuchung der Fragestellung nach einer Unterstützung durch die Integration bestehender Systeme ist dabei nicht im Fokus.[70]
- Nach HEMETSBERGER und FÜLLER werden in Unternehmen vorwiegend Methoden eingesetzt, die eine Anwendung des Wissens darstellen. Die Erfassung und Transformation erfolgt dabei weitgehend unstrukturiert und in Form unabhängiger persönlicher Befragungen.[71]
- Die Konzepte des WM sowie des CKM fokussieren bislang Wissensprozesse, die überwiegend losgelöst von den Geschäftsprozessen betrach-

[66] Vgl. J. Fleischer und S. Klinkel (2003), S.95.
[67] J. Fleischer und S. Klinkel (2003), S.99.
[68] Vgl. G. Probst, S. Raub und K. Romhardt (2006), S.28ff.
[69] Vgl. R. Völker, S. Sauer und M. Simon (2007), S.2.
[70] Vgl. M. Korell und D. Spath (2003b), S.11.
[71] Vgl. A. Hemetsberger und J. Füller (2006), S.427f.

tet werden. Hieraus entsteht nach OSTERTAG „[...] *zwischen Theorie und Praxis des Wissensmanagements eine Lücke, die die Einführung von Wissensmanagement in Unternehmen erheblich erschwert*".[72]

- Eine eigene, vom Autor im Rahmen der Voruntersuchung durchgeführte Untersuchung legt ebenfalls den Schluss nahe, dass etablierte Methoden zur Nutzung von Kundenwissen in mittelständischen Industrieunternehmen eingesetzt werden, jedoch praxistaugliche Konzepte zur permanenten, strukturierten Erfassung und Wiederverwendung von dafür notwendigem Wissen des Kunden bisher nur unzureichend existieren.[73]

Wie aus der Zielsetzung und dem Untersuchungs- und Gestaltungsbereich dieser Arbeit ersichtlich ist, fokussiert sie diese Forschungslücken und versucht damit, an diesen Stellen einen Beitrag zur aktuellen Forschung zu leisten.[74]

Die in den vorhergehenden Abschnitten dargestellten und erläuterten etablierten Methoden (vgl. Abschnitt 1.3.1) sowie generischen Konzepte (vgl. Abschnitt 1.3.2) werden im weiteren Gang der Arbeit berücksichtigt. Hierbei wird aus der Vielzahl an etablierten Methoden die in der Praxis am weitesten verbreitete Methode des Quality Function Deployment (QFD)[75] ausgewählt.[76]

[72] A. Ostertag (2004), S.41.

[73] Diese Erkenntnis basiert auf zwei Experteninterviews mit Auditoren des TÜV-Süd, welche nach eigenen Angaben einen Großteil der Audits zur Zertifizierung nach ISO 9001:2000 in industriellen KMUs im Gebiet des TÜV-Süd durchführen. Diese Interviews waren Bestandteil der vom Autor durchgeführten Voruntersuchung.

[74] Vgl. Abschnitt 1.2.

[75] Vgl. Abschnitt 4.2.

[76] Vgl. A. Hemetsberger und J. Füller (2006), S.402 sowie Fußnote 342.

2. Informationssysteme in Industriebetrieben

Grundlegend für diese Arbeit ist die Betrachtung von Informationssystemen, wie sie in Betrieben[77] zum Einsatz kommen. Auf Grund der vielfältigen Anforderungen und Einsatzmöglichkeiten in unterschiedlichen Wirtschaftszweigen wird gemäß dem Untersuchungsbereich im weiteren Verlauf dieser Arbeit der Fokus auf Informationssysteme in Betrieben der Industrie gelegt.

Zunächst werden in diesem Kapitel die für die in dieser Forschungsarbeit grundlegenden Begrifflichkeiten abgegrenzt. Nach einer Präzisierung des Begriffes *Industriebetrieb* und *Industrieller Mittelstand* werden in Abschnitt 2.3 die Begrifflichkeiten *System*, *Informationssystem* und *Anwendungssystem* erläutert. Abschnitt 2.6 widmet sich der Unterstützung von Geschäftsprozessen durch Anwendungssysteme unter Berücksichtigung der Aufbauorganisation. Hierzu werden vorbereitend in Abschnitt 2.4 die für einen Industriebetrieb charakterisierenden Merkmale der Aufbauorganisation und der Geschäftsprozesse betrachtet. Des Weiteren erfolgt in Abschnitt 2.5 eine grundsätzliche Typisierung von IT-Systemen. Abschließend werden in Abschnitt 2.7 die Grundlagen der Integration von Anwendungssystemen erläutert.

2.1 Abgrenzung Industriebetrieb

Betriebe als Erfahrungsobjekte der Betriebswirtschaftslehre lassen sich nach verschiedenen Merkmalen gruppieren.[78] Eine Einteilung kann nach Wöhe und Döring hierbei unter folgenden Gesichtspunkten erfolgen:[79]

- nach dem Wirtschaftszweig,
- nach der Betriebsgröße,
- nach der Art der erstellten Leistung,
- nach der Art der Leistungserstellung,

[77] Der Begriff *Betrieb* wird in Anlehnung an G. Wöhe und U. Döring (2002), S.2, als *„eine planvoll organisierte Wirtschaftseinheit“* verstanden, in *„der Sachgüter und Dienstleistungen erstellt und abgesetzt werden“*. Zur Abgrenzung von *Betrieb* und *Unternehmung* vgl. G. Wöhe und U. Döring (2002), S.6f., W. Busse von Colbe und G. Laßmann (1991), S.15f., M. Schweitzer (2004), S.38ff. und H. Schierenbeck (2003), S.23.

[78] Vgl. G. Wöhe und U. Döring (2002), S.2ff. und W. Busse von Colbe und G. Laßmann (1991), S.16.

[79] Vgl. K.-W. Hansmann (2001), S.7 und G. Wöhe und U. Döring (2002), S.14ff. Auf Grund der großen Anzahl an Gliederungsmöglichkeiten sind nur die wichtigsten Kriterien dargestellt.

- nach dem vorherrschenden Produktionsfaktor,
- nach der Standortabhängigkeit,
- nach der Beweglichkeit und
- nach der Rechtsform.

Im Rahmen dieser Arbeit wird als wesentliches Merkmal zur Differenzierung die Gliederung nach Wirtschaftszweigen angewendet. Diese Gruppenbildung ist sehr grob, beinhaltet jedoch bereits die wesentlichsten Unterschiede in den betrieblichen Hauptfunktionen, z. B. Beschaffung, Produktion und Marketing.[80]

Der Begriff *Industrie* umfasst im Allgemeinen die gewerbliche Gewinnung von Rohstoffen, die Bearbeitung, Verarbeitung und Veredelung von Rohstoffen, Halbfabrikaten und Sachgütern sowie deren Montage und Reparatur.[81]
Ein *Industriebetrieb* ist nach SCHWEITZER dadurch charakterisiert, dass Sachleistungen erbracht werden (Industriebetrieb im weiteren Sinne, vgl. Abbildung 4).[82] Das Kriterium der Sachgüterproduktion unterscheidet daher Industrieunternehmen von Dienstleistungsunternehmen, bei denen die Erbringung von Verrichtungen, Finanz- oder Informationsleistungen im Mittelpunkt der Werteerzeugung stehen.[83]
Industriebetriebe im engeren Sinne sind Sachleistungsbetriebe, die folgende, zusätzliche Merkmale erfüllen:[84]

- Verwirklichung der Trennung von operativen und dispositiven Tätigkeiten,
- starke Arbeitsteilung bei ausführenden Tätigkeiten und Spezialisierung der Beschäftigten,
- hoher Mechanisierungsgrad, d.h. vorherrschender Einsatz von Maschinen, und
- Bedienung großer Märkte.

---

[80] Vgl. G. Wöhe und U. Döring (2002), S.14. Nach WÖHE und DÖRING sind die Unterschiede in den Betriebsbedingungen der einzelnen Gruppen noch so erheblich, dass ein Vergleich von Unternehmen auf dieser Ebene nicht möglich ist. Diesem Aspekt wird dadurch begegnet, dass ab Abschnitt 3 dieser Arbeit eine weitere Gruppenbildung anhand der Unternehmensgröße und der Art der produzierten Güter vorgenommen wird.
[81] Vgl. Meyer (2001), S.192 und Gabler (2004), S.1451.
[82] Vgl. M. Schweitzer (2004), S.34 und H. Schierenbeck (2003), S.38.
[83] Vgl. E. Dichtl und O. Issing (1993), S.948.
[84] Vgl. K.-W. Hansmann (2001), S.3f. und H. Schierenbeck (2003), S.38.

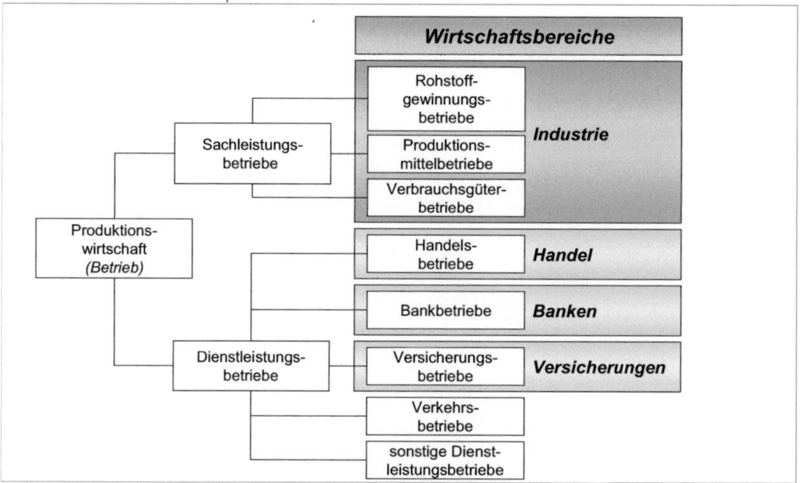

Abbildung 4: Gliederung der Produktionswirtschaft und Zuordnung der Wirtschaftsbereiche[85]

Betriebe der Land- und Forstwirtschaft werden nicht zu den Industriebetrieben im engeren Sinne gezählt, auch wenn sie im Einzelfall obige Merkmale erfüllen sollten. Uneinheitlich ist die Zuordnung von Handwerksbetrieben.[86] Im Rahmen dieser Arbeit werden sie den Industriebetrieben im engeren Sinne zugeordnet, soweit es sich nicht um Kleinstbetriebe[87] handelt.

Innerhalb der deutschen Volkswirtschaft zählt das produzierende Gewerbe, d.h. die Kategorie der Industriebetriebe i.w.S., zu den Bedeutendsten.[88] Wie aus Tabelle 1 hervorgeht, trägt das produzierende Gewerbe ohne Baugewerbe den zweitgrößten Teil zur Bruttowertschöpfung Deutschlands bei. [89]

In Baden-Württemberg hat das produzierende Gewerbe bezogen auf die Ebene Bundesland ohne Baugewerbe die stärkste Ausprägung im relativen Vergleich der Wirtschaftsbereiche. Dies ergibt sich aus der regionalen Struktur in Baden-

---

[85] Verändert übernommen aus G. Wöhe und U. Döring (2002), S.16.
[86] Vgl. H. Schierenbeck (2003), S.38, K.-W. Hansmann (2001), S.4, G. Wöhe und U. Döring (2002), S.18.
[87] Kleinstbetriebe im Sinne der EU-Kommission sind Betriebe mit weniger als 10 Beschäftigten und einem Umsatz bzw. einer Bilanzsumme kleiner/gleich zwei Millionen Euro. Vgl. EU-Kommission (2003), S.14.
[88] Vgl. H. Schierenbeck (2003), S.38.
[89] Vgl. hierzu auch K.-W. Hansmann (2001), S.4f. und G. Wöhe und U. Döring (2002), S.14.

Württemberg, die durch einen starken Mittelstand, vor allem im Bereich des Maschinen- und Anlagenbaus, gekennzeichnet ist.[90]

Land	Insgesamt	Land- und Forst-wirtschaft, Fischerei	Produ-zierendes Gewerbe ohne Baugewerbe	Baugewerbe	Handel, Gastgewerbe und Verkehr	Finanzierung, Vermietung und Unternehmens-dienstleister	Öffentliche und private Dienstleister
	in jeweiligen Preisen [Mrd. EUR]						
Jahr/Monat/Stichtag	2005						
Baden-Württemberg	298,61	1,96	102,70	12,47	48,52	77,86	55,11
Bayern	364,52	3,60	99,24	13,82	60,11	113,15	74,60
Berlin	71,87	0,11	11,10	2,25	11,66	24,47	22,28
Brandenburg	43,39	0,85	8,52	2,27	8,41	11,16	12,18
Bremen	22,10	0,06	5,43	0,53	5,80	5,96	4,31
Hamburg	72,19	0,11	11,14	1,54	18,62	27,28	13,51
Hessen	178,54	0,82	38,91	5,87	33,01	66,26	33,67
Mecklenburg-Vorpommern	28,25	0,83	3,83	1,63	5,84	6,96	9,15
Niedersachsen	170,12	2,79	44,66	7,32	32,06	42,75	40,55
Nordrhein-Westfalen	441,59	2,49	115,26	14,47	80,64	128,14	100,59
Rheinland-Pfalz	88,00	1,04	25,20	3,37	15,21	21,86	21,31
Saarland	24,79	0,06	7,60	1,01	3,71	6,91	5,51
Sachsen	77,48	0,79	17,92	4,58	12,57	20,98	20,64
Sachsen-Anhalt	43,45	0,74	9,97	2,39	9,03	8,99	12,33
Schleswig-Holstein	62,28	0,99	11,59	2,20	13,78	18,13	15,58
Thüringen	40,33	0,62	10,55	2,34	6,47	9,32	11,03
Deutschland	**2.027,50**	**17,84**	**523,62**	**78,07**	**365,42**	**590,20**	**452,35**

Tabelle 1: Bruttowertschöpfung nach Wirtschaftsbereichen[91]

2.2 Definition Industrieller Mittelstand

Bei dem Begriff *Mittelstand* handelt es sich um einen fast ausschließlich im deutschen Sprachgebrauch verwendeten Terminus. International hat sich der Begriff *KMU* für *kleine und mittlere Unternehmen* etabliert.[92] Die der Definition von KMU zu Grunde liegenden Abgrenzungsmerkmale werden in der Theorie und Praxis sehr uneinheitlich angewendet.[93]

Im Rahmen dieser Arbeit erfolgt die Abgrenzung in Anlehnung an das IFM BONN anhand der quantitativen Kriterien *Anzahl Beschäftigte* und *Jahresumsatz* (vgl. Tabelle 2).[94]

---

[90] Vgl. Statistisches Landesamt Baden-Württemberg (2006), S.4f.

[91] Statistische Ämter des Bundes und der Länder (2006).

[92] Im angloamerikanischen Sprachraum wird hierfür synonym der Begriff SME (Small and Medium Sized Enterprises) verwendet. Im Rahmen dieser Arbeit werden die Begrifflichkeiten ‚Mittelstand', ‚KMU' und ‚SME' synonym verwendet.

[93] Zur Problematik der Abgrenzung von KMU vgl. u.a. H. Schierenbeck (2003), S.37f., H.-J. Wolter und H.-E. Hauser (2001), S.29ff., M. Lehnen (2002), S.7f. sowie M. Hoch (1989), S.5f., wo auf über 200 unterschiedliche Definitionsansätze in der Literatur verwiesen wird.

[94] Vgl. IfM Bonn (2007), URL siehe Literaturverzeichnis. Um eine objektive und nachvollziehbare Abgrenzung zu gewährleisten, werden im Rahmen dieser Arbeit die qualitativen Abgrenzungskriterien nicht berücksichtigt. Zur vertiefenden Diskussion der qualitativen Kriterien sowie deren praktische Handhabbarkeit vgl. H.-J. Wolter und H.-E. Hauser (2001) S.29ff.

Institution	Anzahl Beschäftigte	Jahresumsatz
IfM Bonn	**bis 500**	**bis 50 Mio. €**
EU-Kommission	bis 250	bis 50 Mio. €

Tabelle 2: Quantitative Abgrenzungskriterien von KMU[95]

Dementsprechend werden in dieser Arbeit unter *industriellen KMU* diejenigen Betriebe verstanden, die unter 500 Beschäftigte und einen Umsatz unter 50 Millionen Euro haben sowie die Merkmale von Industriebtrieben im engeren Sinne erfüllen.[96]

2.3 Der System-Begriff

Der Begriff *System* wird im Rahmen dieser Arbeit in dem Kontext der *Systemtheorie*[97] verstanden.[98] Bei der allgemeinen Systemtheorie handelt es sich um eine generalisierte, auf unterschiedlichste Disziplinen anwendbare Theorie, die in unterschiedlichen Wissenschaftsbereichen angewendet werden kann. Mit Hilfe der allgemeinen Systemtheorie können mit einer einheitlichen Methodik und Terminologie komplexe Strukturen und Ursache-Wirkungs-Zusammenhänge erfasst, beschrieben und untersucht werden.[99]

Unter einem *System* wird im Folgenden eine geordnete Gesamtheit oder eine abgrenzbare Menge von Elementen[100] oder Teilsystemen[101] verstanden, zwi-

[95] Eigene Darstellung.

[96] Eine weitere Eingrenzung des Untersuchungsbereiches anhand der Eigenschaften der zu vermarktenden Leistungen erfolgt in Abschnitt 3.1.1.

[97] Der allgemeine systemtheoretische Ansatz eignet sich nach Ulrich u.a. zur Erkenntnisgewinnung und zur Konstruktion von Gestaltungsmodellen, weshalb er im Rahmen dieser Arbeit angewendet wird. Zur Verwendung des Systemansatzes in der Betriebswirtschaftslehre vgl. H. Ulrich (1970), S.133ff., M. A. Kaplan (1972), S. 9ff. und L. v. Bertalanffy (1972), S. 17ff.

[98] Zu weiteren Bedeutungen des Begriffes System z.B. im Sinne der Systematik vgl. B. Hassenstein (1972), S.29f.

[99] Vgl. O. K. Ferstl und E. J. Sinz (2001), S.11 und L. v. Bertalanffy (1972), S.20f.

[100] *Elemente* sind dabei jene Bestandteile eines Systems, die nicht weiter zerlegt werden können oder sollen. Hierbei bestimmt die Zweckmäßigkeit, was als Teilsystem und was als Element zu betrachten ist. Vgl. hierzu Ahlert u.a. (1991), S.106f. und J. Biethahn, H. Mucksch und W. Ruf (1992), S.33.

[101] *Teilsysteme* (*Subsysteme*) sind Bestandteile eines Systems, die grundsätzlich weiter zerlegt werden können, aus Gründen der Zweckmäßigkeit (häufig der Komplexitätsreduzierung) aber noch nicht weiter zerlegt werden. Vgl. hierzu Ahlert u.a. (1991), S.107 und J. Biethahn, H. Mucksch und W. Ruf (1992), S.33.

schen denen zum Zwecke einer Zielerreichung Beziehungen[102] bestehen oder hergestellt werden können.[103] Bestehen Beziehungen zur Systemumwelt (Ein- und Ausgangsgrößen), so handelt es sich um ein *offenes System*.[104]

Bei Systemen kann zwischen dem *Ziel* und dem *Zweck* unterschieden werden. Der *Zweck* eines Systems ergibt sich nach ULRICH aus den *„Funktionen, welche ein System in seiner Umwelt ausübt bzw. ausüben soll*"[105]. Unter dem *Ziel* eines Systems werden *„die vom System selbst angestrebten Verhaltensweisen und Zustände irgendwelcher Outputgrößen*"[106] bezeichnet.

Die Festlegung der Systemgrenzen erfolgt gemäß EHRLENSPIEL nach dem *Zweck* der Modellbildung. Systemgrenzen können hierbei folgende Funktionen übernehmen:

- Abgrenzung der zu betrachtenden Einheit,
- Definition von Schnittstellen zu anderen Systemen,
- Reglementierung des Verantwortungs-, Kompetenz- und Lieferbereiches und
- Komplexitätsminderung durch Abstraktion vorhandener Systeme (sog. Black Box Systeme).[107]

Ausgehend von dem Supersystem Umwelt kann ein System Unternehmung[108] gebildet werden (vgl. Abbildung 5). Innerhalb einer Unternehmung lassen sich gedankliche Subsysteme durch Zusammenfassung von Systemelementen erzeugen. Wird z.B. die Gesamtheit aller Organisationseinheiten, die mit der In-

---

[102] Beziehungen zwischen Elementen und/oder Teilsystemen werden in materielle und informationelle Beziehungen unterschieden. Vgl. hierzu J. Biethahn, H. Mucksch und W. Ruf (1992), S.34. Im Rahmen dieser Arbeit werden primär die informationellen Beziehungen fokussiert.

[103] Vgl. L. v. Bertalanffy (1972), S.18, H. Ulrich (1970), S.105, G. Ebert (1994), S.77, D. Ahlert u.a. (1991), S.106f. und K. Ehrlenspiel (2007), S.20f.

[104] Vgl. B. Hassenstein (1972), S.37 und K. Ehrlenspiel (2007), S.20.

[105] H. Ulrich (1970), S.114, vgl. hierzu auch K. Ehrlenspiel (2007), S.21.

[106] Vgl. H. Ulrich (1970), S.114.

[107] Vgl. K. Ehrlenspiel (2007), S.22.

[108] Die ‚Unternehmung' kann im Kontext der Systemtheorie als ein *„zielgerichtetes, offenes, dynamisches, kompliziertes, probabilistisches, sozio-technisches und künstliches System"* gesehen werden. (D. Ahlert u.a. (1991), S.108) Vgl. hierzu auch O. K. Ferstl und E. J. Sinz (2001), S.58ff.

formationsgewinnung und -verarbeitung befasst sind, zusammengefasst, so entsteht das Subsystem *Informationssystem.*[109]

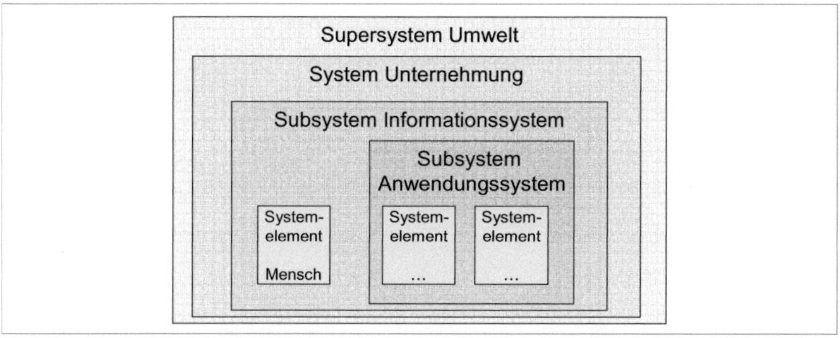

Abbildung 5: Beispiel einer Systemhierarchie[110]

2.4 Aufbauorganisation und Geschäftsprozesse in Industriebetrieben

In Anlehnung an die in Abschnitt 2.3 dargestellte Herleitung des Systems *Unternehmung* lassen sich innerhalb dieses Systems anhand von unterschiedlichen Systematisierungen verschiedene Subsysteme bilden. Eine weit verbreitete Einteilung ist die Bildung von *funktionalen Subsystemen.*[111] Hierbei können alle Elemente bzw. Subsysteme einer Unternehmung zusammengefasst werden, die an der Verrichtung eines vom Unternehmungsprozess ausgehenden Teilprozesses beteiligt sind. Wird dieser Systematisierung eine Unternehmensprozessstruktur gemäß Abbildung 6 zu Grunde gelegt, entstehen als Subsysteme Funktionsbereiche, wie z.B. Beschaffung, Produktion und Absatz.[112] Im Umfeld von industriellen Betrieben entsprechen die organisatorischen Einheiten der Aufbauorganisation häufig den hier hergeleiteten funktionalen Subsystemen.[113] Klassische Organisationseinheiten eines Industriebetriebes sind daher

[109] Vgl. D. Ahlert u.a. (1991), S.107.
[110] Verändert übernommen aus D. Ahlert u.a. (1991), S.107.
[111] Vgl. D. Ahlert u.a. (1991), S.113 und O. K. Ferstl und E. J. Sinz (2001), S.58.
[112] Vgl. D. Ahlert u.a. (1991), S.111f. und O. K. Ferstl und E. J. Sinz (2001), S.58.
[113] Vgl. W. Krüger (2005), S.196, F. X. Bea und E. Göbel (2002), S.321, H. Schierenbeck (2003), S.115, P. Mertens (2005), S.6ff., u.a.

die Verrichtungsbereiche Beschaffung, Forschung und Entwicklung, Produktion und Absatz.[114]

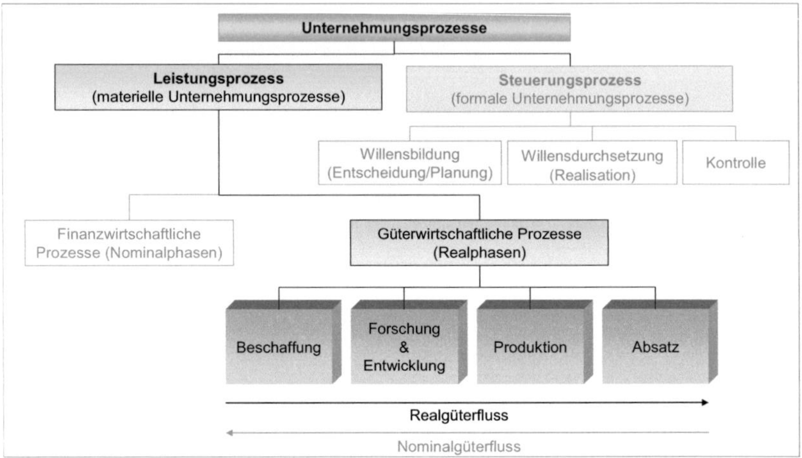

Abbildung 6: Unternehmensprozesse und Verrichtungseinheiten[115]

Neuere Ansätze in der Organisationslehre fokussieren die mit der unternehmerischen Wertschöpfung verbundene Ablauforganisation, d.h. die *Geschäftsprozesse*[116].[117] Neben den in Abbildung 6 dargestellten strukturellen Merkmalen haben Geschäftsprozesse nach STAHLKNECHT und HASENKAMP weitere wesentliche Eigenschaften:[118]

- Prozesse laufen in der Regel bereichsübergreifend, d.h. horizontal über mehrere betriebliche Funktionsbereiche bzw. Organisationseinheiten, ab. Nur in Ausnahmefällen beschränken sich Geschäftsprozesse auf einzelne Funktionsbereiche.

---

[114] Vgl. F. X. Bea und E. Göbel (2002), S.321.

[115] In Anlehnung an D. Ahlert u.a. (1991), S.111.

[116] Der *Geschäftsprozess* (Unternehmensprozess) wird im Rahmen dieser Arbeit in Anlehnung an M. Hammer und J. Champy als ein *„Bündel von Aktivitäten, für das ein oder mehrere unterschiedliche Inputs benötigt werden und das für* [das Unternehmen einen Beitrag zur Wertschöpfung und für] *den Kunden ein Ergebnis von Wert erzeugt"* verstanden. (M. Hammer und J. Champy (1994), S.52).

[117] Vgl. K.-W. Hansmann (2001), S.263, D. Ahlert u.a. (1991), S.133ff. und P. Stahlknecht und U. Hasenkamp (2005), S.206f.

[118] Vgl. P. Stahlknecht und U. Hasenkamp (2005), S.206f. Diese Aufzählung erhebt nicht den Anspruch auf Vollständigkeit, sondern fokussiert die im Rahmen dieser Arbeit wichtigen Merkmale.

- Geschäftsprozesse sind ein ‚Bündel' und keine ‚Folge' an Aktivitäten. Daraus ergibt sich, dass die Aktivitäten innerhalb eines Geschäftsprozesses nicht zwangsläufig sequenziell nacheinander, sondern z.B. auch parallel, alternativ oder wiederholt ablaufen können.
- Geschäftsprozesse werden durch einen Auslöser (z.B. eine Kundenanfrage) gestartet und mit einem Ergebnis (z.B. ein Angebot) beendet. Jeder Geschäftsprozess hat daher einen definierten Anfang und ein definiertes Ende.

Wie in Abschnitt 1.2 dargestellt liegt der Fokus dieser Arbeit (Untersuchungsbereich) auf den Funktionsbereichen *Forschung und Entwicklung*, *Produktion* und *Absatz*. Die in diesen Bereichen ablaufenden Geschäftsprozesse sind damit wesentliche Untersuchungs- und Gestaltungsbereiche dieser Forschungsarbeit. Eine detaillierte Abgrenzung der relevanten Funktionsbereiche sowie der relevanten Geschäftsprozesse erfolgt in den Kapiteln 3 und 4.

2.5 Typisierung von Informations-, Kommunikations- und Anwendungssystemen

In der Wirtschaftsinformatik findet sich keine einheitliche Verwendung des Begriffes *Informationssystem*.[119] Exemplarisch werden im Folgenden einige unterschiedliche Ansätze zur Abgrenzungen des Begriffes Informationssystem dargestellt.

Dem systemtheoretischen Ansatz folgend definieren KRCMAR sowie HANSEN und NEUMANN Informationssysteme als sozio-technische (Mensch-Maschine-) Systeme, die menschliche und maschinelle Komponenten (Teilsysteme) umfassen und die durch Kommunikationsbeziehungen miteinander verbunden sind. Auf Grund der großen Anzahl von Elementen und Beziehungen gelten Informationssysteme als ‚komplex'. Weiterhin sind sie auf Grund ihrer Kommunikation mit der Umwelt ‚offen' und, da sich die Eigenschaften der Elemente durch Interaktion verändern, auch ‚dynamisch'.[120]

---

[119] Vgl. O. K. Ferstl und E. J. Sinz (2001), S.8f. In der Literatur werden teilweise die Begrifflichkeiten ‚Informationssystem' und ‚Anwendungssystem' synonym verwendet, z.B. H. Balzert (2001), S.44, L. J. Heinrich (2001), S.14, P. Mertens (2005), S.1 sowie P. Stahlknecht und U. Hasenkamp (2005), S.204f.

[120] Vgl. H. Krcmar (2004), S.25f. und H. R. Hansen und G. Neumann (2001), S.132.

Ausgehend von einem Begriffsverständnis der Information als Tätigkeit (‚informieren') verwenden einige Autoren den Begriff Informationssystem als Oberbegriff für Administrations-, Dispositions-, Management-Informations- und Planungssysteme, wobei auf Grund der schwierigen Abgrenzung Administrations- und Dispositionssysteme teilweise zusammengefasst werden.[121]

Eine weitere Auffassung versteht Information als ‚Objektart' (Informationsverarbeitung).[122] Unter Informationssystemen werden dann Systeme verstanden, die Informationen durch den Einsatz der Informationstechnik (teilweise) automatisiert erfassen, speichern, übertragen, transformieren und bereitstellen, d.h. die Objektart Information verarbeiten.[123]
Im Rahmen dieser Arbeit wird der Begriff Informationssystem als ein umfassendes, sozio-technisches System verstanden, welches das gesamte informationsverarbeitende Teilsystem eines Betriebes darstellt (siehe Abbildung 7).[124]

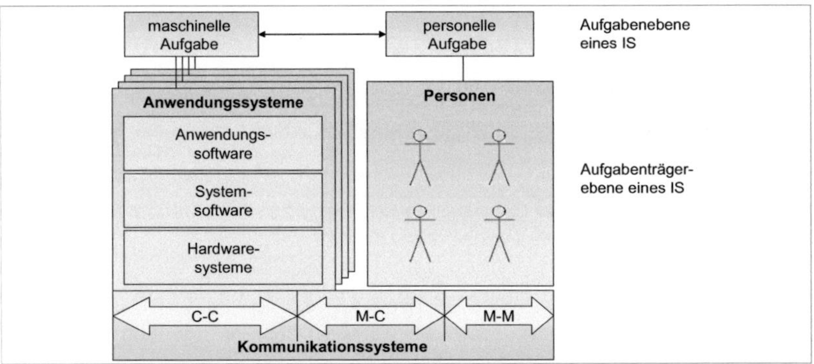

Abbildung 7: Betriebliches Informationssystem[125]

Informationssysteme bestehen gemäß Abbildung 7 aus mehreren Teilsystemen und Elementen und lassen eine Betrachtung aus verschiedenen Ebenen zu.[126]

[121] Vgl. A.-W. Scheer (1988), S.2, O. K. Ferstl und E. J. Sinz (2001), S.8f., P. Stahlknecht und U. Hasenkamp (2005), S.204f. und S.383f.
[122] Vgl. O. K. Ferstl und E. J. Sinz (2001), S.8.
[123] Vgl. H. Balzert,(2001), S.25, H. R. Hansen und G. Neumann (2001), S.134, J. Biethahn, H. Mucksch und W. Ruf (1992), S.6 sowie O. K. Ferstl und E. J. Sinz (2001), S.1.
[124] Vgl. O. K. Ferstl und E. J. Sinz (2001), S.1.
[125] In Anlehnung an O. K. Ferstl und E. J. Sinz (2001), S.3.
[126] Vgl. O. K. Ferstl und E. J. Sinz (2001), S.3ff.

Nachfolgend werden die folgenden Bestandteile und Ebenen eines Informationssystems näher erläutert:

- Aufgabenebene und Aufgabenträgerebene
- Kommunikationssystem und
- Anwendungssystem.

2.5.1 Aufgabenebene und Aufgabenträgerebene eines Informationssystems

Das Ziel von Informationssystemen ist die Unterstützung der Leistungsprozesse in Betrieben sowie zwischen Betrieben und ihrer Umwelt. Dies geschieht durch eine nach wirtschaftlichen Kriterien optimale Befriedigung der Informationsbedürfnisse der Aufgabenträger. Erstellt der Betrieb Dienstleistungen in Form von Informationen, so ist das Informationssystem (zusätzlich) an der betrieblichen Leistungserstellung beteiligt.[127]

Da Aufgaben immer von Aufgabenträgern ausgeführt werden, besteht eine Zuordnungsbeziehung von Aufgaben zu Aufgabenträgern. Im Kontext von Informationssystemen kann hierbei zwischen maschinellen und personellen Aufgabenträgern unterschieden werden. Werden Aufgaben von maschinellen Aufgabenträgern ausgeführt, handelt es sich um so genannte ‚automatisierte Aufgaben'. Maschinelle Aufgabenträger lassen sich weiter in Anwendungs- und Kommunikationssysteme aufteilen. Unter ‚nichtautomatisierten Aufgaben' werden Aufgaben verstanden, die von personellen Aufgabenträgern ausgeführt werden. Die Gesamtheit an Aufgabenträgern eines Informationssystems bildet die Aufgabenträgerebene.[128]

2.5.2 Kommunikationssysteme

Zur Ausführung von Aufgaben, bei denen Informationsbeziehungen untereinander bestehen, diese aber unterschiedlichen Aufgabenträgern zugeordnet sind,

[127] Vgl. J. Biethahn, H. Mucksch und W. Ruf (1992), S.6, H. R. Hansen und G. Neumann (2001), S.133f., H. Krcmar (2004), S.25, L. J. Heinrich (2001), S.17 sowie O. K. Ferstl und E. J. Sinz (2001), S.2.

[128] Vgl. O. K. Ferstl und E. J. Sinz (2001), S.2f. und L. J. Heinrich (2001), S.16.

werden Kommunikationssysteme benötigt.[129] Kommunikationssysteme haben die Funktion, den Prozess der Kommunikation, also das zur Verfügung stellen von Informationen eines Aufgabenträgers an andere Aufgabenträger, zu unterstützen. Kommunikationssysteme sind daher spezielle Aufgabenträger, die Nachrichten über einen Kommunikationskanal zu einem Empfänger senden.[130] Der Begriff Kommunikationssystem umfasst somit *„die Gesamtheit aller Einrichtungen (Geräte, Netze, Übertragungsverfahren, Protokolle usw.), welche die Übertragung von Informationen ermöglichen“* [131]. Im Rahmen dieser Arbeit werden nur Kommunikationssysteme betrachtet, welche die Individualkommunikation[132] unterstützen und bei denen Nachrichten auf elektronischem Wege[133] übermittelt werden. Kommunikationssysteme in diesem Sinne verfügen über mindestens zwei Datenstationen, die an einen Datenübertragungsweg gekoppelt sind.[134] Unter Datenstationen werden hierbei Geräte verstanden, die Nachrichten senden oder empfangen (z.B. Telefonapparat, Faxgerät oder Computer).[135] Datenübertragungswege sind Kommunikationsnetze, über die codierte Informationen durch elektronische, elektromagnetische oder optische Signale übertragen werden.[136]

Nach FERSTL und SINZ sowie STAHLKNECHT und HASENKAMP lassen sich drei Kategorien von Kommunikationssystemen unterscheiden:[137]

- Kommunikationssysteme für die Kommunikation von Maschinen (Computer-Computer (C-C)),

[129] Vgl. O. K. Ferstl und E. J. Sinz (2001).
[130] Vgl. R. Gabriel u.a. (2002), S.6f, P. Stahlknecht und U. Hasenkamp (2005), S.85, L. J. Heinrich (2001), S.132f. und O. K. Ferstl und E. J. Sinz (2001), S.5f.
[131] P. Stahlknecht und U. Hasenkamp (2005), S.85.
[132] Um Individualkommunikation handelt es sich, *„wenn die Kommunikation zwischen einer beschränkten Anzahl von Partnern über gezielt aufgebaute Verbindungen stattfindet. Im Gegensatz dazu steht die Massenkommunikation, bei der eine Quelle eine unbegrenzte Anzahl von Empfängern mit denselben Informationen, zu denen jedermann Zugang hat, versorgt. Typische Beispiele hierfür sind Hörfunk und Fernsehen.“* (P. Stahlknecht und U. Hasenkamp (2005), S.86).
[133] Zu den ‚elektronischen Wegen' werden im Rahmen dieser Arbeit auch elektromagnetische und optoelektronische Übertragungsverfahren gezählt.
[134] Vgl. H. R. Hansen und G. Neumann (2001), S.411.
[135] P. Stahlknecht und U. Hasenkamp (2005), S.89.
[136] Vgl. H. R. Hansen und G. Neumann (2001), S.411ff. und P. Stahlknecht und U. Hasenkamp (2005), S.89.
[137] Vgl. O. K. Ferstl und E. J. Sinz (2001), S.5f. D. Abts und W. Mülder (2004), S.13 und P. Stahlknecht und U. Hasenkamp (2005), S.85.

- Kommunikationssysteme für die Mensch-Maschine-Kommunikation (Mensch-Computer (M-C)) und
- Kommunikationssysteme für die Mensch-Mensch-Kommunikation (M-M).

Zu den Kommunikationssystemen für die Mensch-Mensch-Kommunikation zählen vor allem *voice-Systeme*, bei denen Sprache übertragen wird (z.B. klassisches Telefon), sowie E-Mail, Chat und Videokonferenzsysteme.[138] Bei den letztgenannten Kommunikationssystemen handelt es sich um so genannte maschinenunterstützte Mensch-Mensch-Kommunikationssysteme, die in der Literatur auch als Mensch-Maschine-Mensch-Kommunikationssysteme bezeichnet werden.[139] Im Rahmen dieser Arbeit wird auf diese Systeme nicht näher eingegangen.

Kommunikationssysteme für die Mensch-Maschine-Kommunikation (Mensch-Computer) werden benötigt, wenn betriebliche Aufgaben durch Anwendungssysteme unterstützt werden. Diese Kommunikationssysteme befinden sich an den Schnittstellen[140], an denen Daten zwischen Benutzern und Anwendungssystemen ausgetauscht werden, d.h. eine Datenerfassung oder eine Datenausgabe stattfindet. Hierbei handelt es sich klassisch um *non voice-Systeme*. Relevante Formen des Nachrichtenaustausches sind in diesem Kontext die Daten-, Text- und Bildkommunikation.[141] Aufgabe dieser Kommunikationssysteme ist es, den Nachrichtenaustausch aufgaben- und adressatengerecht zu unterstützen.[142] Auf die unterschiedlichen Aufgaben und Adressaten der Mensch-Computer-Kommunikationssysteme innerhalb industrieller Unternehmen wird in den Kapiteln 3 und 4 näher eingegangen.

---

[138] Vgl. H. R. Hansen und G. Neumann (2001), S.419ff. Zur weiteren Abgrenzung von synchronen und asynchronen Kommunikationssystemen vgl. H. R. Hansen und G. Neumann (2001), S.419ff. und R. Gabriel u.a. (2002), S.13ff.

[139] Vgl. L. J. Heinrich (2001), S.133f.

[140] Eine Schnittstelle wird allgemein als ‚Übergangspunkt' zwischen mindestens zwei unterschiedlichen Systemen oder Elementen verstanden. In diesem speziellen Kontext wird in der Literatur häufig der Begriff ‚Benutzerschnittstelle' verwendet. Vgl. hierzu z.B. P. Mertens u.a. (2005), S.22, J. Fischer (1999), S.105.

[141] Vgl. P. Stahlknecht und U. Hasenkamp (2005), S.85. Nicht näher thematisiert werden an dieser Stelle neue Technologien, welche die Datenein- sowie die Datenausgabe über Sprache unterstützen (z.B. Spracherkennung).

[142] Vgl. L. J. Heinrich (2001), S.195 und J. Fischer (1999), S.105.

Unter Kommunikationssystemen zwischen Maschinen (Computer-Computer) wird ein Komplex aus Netzstrukturen, Hardwarekomponenten, Übertragungswegen und Steuerungssoftware verstanden.[143] In Betrieben, bei denen mehrere Anwendungssysteme im Einsatz sind, ergibt sich die Notwendigkeit des Nachrichtenaustausches zwischen den unterschiedlichen Anwendungssystemen. Maschine-Maschine-Kommunkationssysteme ermöglichen diesen Nachrichtenaustausch.[144] Findet zwischen unterschiedlichen Anwendungssystemen ein Nachrichtenaustausch mittels C-C-Kommunikationssystemen statt, so handelt es sich um so genannte ‚integrierte Anwendungssysteme'.[145] Auf Maschine-Maschine-Kommunikationssysteme zur Integration von Anwendungssystemen wird im Rahmen dieser Arbeit in den Kapiteln 3 und 4 näher eingegangen.

2.5.3 Anwendungssysteme

Unter einem Anwendungssystem *im weiteren Sinne* versteht man die Gesamtheit aller Programme (Anwendungssoftware), die zugehörigen Daten sowie die für die Nutzung der Anwendungssoftware benötigte Hard- und Systemsoftware, die für die Ausführung einer konkreten betrieblichen Aufgabe / eines Aufgabenbereiches eingesetzt werden.[146] Die Zusammenstellung der Programme wird hierbei als Softwarekonfiguration, die Zusammenstellung der Hardware als Hardwarekonfiguration bezeichnet. In der Literatur wird die Softwarekonfiguration häufig synonym mit dem Begriff Anwendungssystem *im engeren Sinne* verwendet.[147]

Der Einsatz von Anwendungssystemen erfolgt heute in nahezu allen betrieblichen Arbeitsgebieten in Unternehmen jeder Größe sowie in allen Branchen. Anwendungssysteme unterstützen dabei die primären Prozesse in der Wert-

---

[143] Vgl. P. Stahlknecht und U. Hasenkamp (2005), S.86f. Zur Vertiefung von Netzwerkarchitekturen, Netzwerkgeräten, Leitungen und Verfahren wird auf A. S. Tanenbaum (2000) verwiesen.
[144] Vgl. L. J. Heinrich (2001), S.134 und O. K. Ferstl und E. J. Sinz (2001), S.4ff.
[145] Vgl. P. Mertens (2005), S.1f. Eine detaillierte Betrachtung der Integrationsausprägungen erfolgt in Abschnitt 2.7 dieser Arbeit.
[146] Vgl. P. Stahlknecht und U. Hasenkamp (2005), S.204f. und S.326, L. J. Heinrich (2001), S.14 sowie O. K. Ferstl und E. J. Sinz (2001), S.5f.
[147] Vgl. P. Stahlknecht und U. Hasenkamp (2005), S.204f. und S.326f.

schöpfungskette, wie z.B. Produktion und Vertrieb, ebenso wie die sekundären Prozesse (z.B. Finanzbuchhaltung).[148]

Anwendungssysteme können in unternehmensinterne und außenwirksame Systeme untergliedert werden.[149] Unternehmensinterne Anwendungssysteme unterstützen die innerbetrieblichen Aufgaben. Hierzu gehören z.B. CAD-Systeme in der Produktentwicklung. Bei Anwendungssystemen, die an den Unternehmensschnittstellen zu Lieferanten oder Kunden zum Einsatz kommen, gibt es die Tendenz, diese nach außen zu öffnen. Durch die Öffnung entstehen außenwirksame Anwendungssysteme, die die zwischenbetrieblichen Aufgaben unterstützen und sich an interne und externe Benutzer richten.[150]

Eine weitere Einteilung von Anwendungssystemen kann nach dem Verwendungszweck, d.h. der auszuführenden (betriebswirtschaftlichen) Aufgabe, vorgenommen werden. In Anlehnung an STAHLKNECHT und HASENKAMP lassen sich Anwendungssysteme in

- operative Systeme (Administrations- und Dispositionssysteme),
- dispositive Systeme (Führungssysteme) und
- Querschnittssysteme

untergliedern.[151] Ein Überblick über operative und dispositive Anwendungs- sowie Querschnittssysteme in Betrieben gibt Abbildung 8.

Weitere Klassifikationskriterien für Anwendungssysteme sind z.B. die Einordnung gemäß der Branchenzugehörigkeit oder nach der benötigten Rechnerkategorie.[152] Auf diese und weitere Klassifikationskriterien wird im Rahmen dieser Arbeit jedoch nicht näher eingegangen.

---

148 Vgl. P. Stahlknecht und U. Hasenkamp (2005), S.326 und J. Biethahn, H. Mucksch und W. Ruf (1992), S.6.

149 Vgl. H. R. Hansen und G. Neumann (2001), S.138ff.

150 Vgl. H. R. Hansen und G. Neumann (2001), S.138 und S.143. Für eine weitergehende Unterscheidung in Konsumenten-, Business-to-Business- und Business-to-Government-Systeme vgl. H. R. Hansen und G. Neumann (2001), S.561.

151 Vgl. P. Stahlknecht und U. Hasenkamp (2005), S.326 und H.-G. Kemper, C. Unger und W. Mehanna (2006), S.13f. In der Literatur finden sich unterschiedliche Begrifflichkeiten und Zuordnungen, z.B. bei P. Mertens (2005), S.1f., O. K. Ferstl und E. J. Sinz (2001), S.33f. und A.-W. Scheer (1995), S.4f.

152 Vgl. J. Biethahn, H. Mucksch und W. Ruf (1992), S.10.

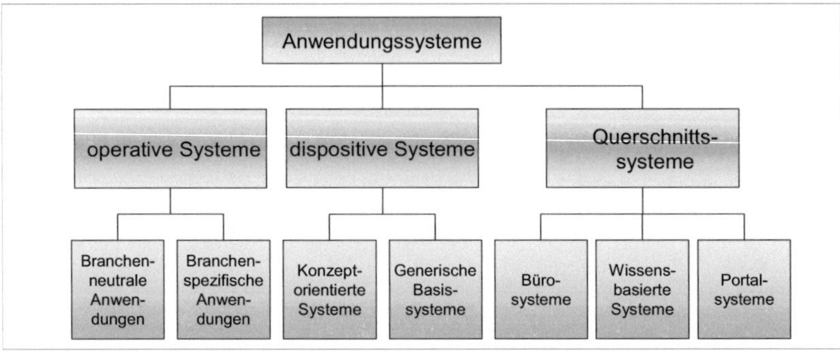

Abbildung 8: Einteilung betrieblicher Anwendungssysteme nach dem Verwendungszweck[153]

Auf die aus informationstechnischer Sicht bei den Teilsystemen *Anwendungssoftware*, *Systemsoftware* und *Hardware* zu berücksichtigenden Aspekte wird in den Kapiteln 3 und 4 näher eingegangen.[154]

2.5.3.1 Operative Systeme

Zu den *operativen Systemen* gehören alle Systeme, die Prozesse, welche eng mit der Leistungserstellung verbunden sind, mengenorientiert abbilden sowie wertorientierte Systeme, die die betriebswirtschaftlichen Konsequenzen sichtbar werden lassen. Mengenorientierte Systeme werden dabei als Administrationssysteme und wertorientierte Systeme als Dispositionssysteme bezeichnet.[155] Eine solche Abgrenzung zwischen mengen- und wertorientierten Systemen ist auf Grund der engen Verflechtung der Systeme häufig nicht mehr möglich.[156]

Administrationssysteme unterstützen die operativen Prozesse in allen Bereichen eines Betriebes durch die rationelle Verarbeitung und Speicherung von Massendaten, wie z.B. bei der Auftragsabwicklung oder der Verwaltung von (mengenorientierten) Lagerbeständen.[157] Das Ziel von Administrationssystemen ist die Rationalisierung der Massendatenverarbeitung.[158]

---

[153] In Anlehnung an P. Stahlknecht und U. Hasenkamp (2005), S.327.
[154] P. Stahlknecht und U. Hasenkamp (2005), S.333f.
[155] Vgl. A.-W. Scheer (1995), S.4f. und P. Mertens (2005), S.12.
[156] Vgl. A.-W. Scheer (1995), S.4.
[157] Vgl. A.-W. Scheer (1995), S.4., J. Biethahn, H. Mucksch und W. Ruf (1992), S.7f, P. Stahlknecht und U. Hasenkamp (2005), S.328f. und P. Mertens (2005), S.12.
[158] Vgl. P. Mertens (2005), S.12.

Dispositionssysteme unterstützen die Entscheidungsfindung des unteren und mittleren Managements bei Routineentscheidungen wie z.B. der Bestelldisposition von Fremdgütern, der Festlegung von Losgrößen oder der Produktionsplanung. Bei gut strukturierten Abläufen können Dispositionssysteme automatisiert entscheiden und somit Prozesse automatisch steuern. Ziel der Dispositionssysteme ist es, durch eine teilweise oder vollständige Automatisierung von Routineentscheidungen, die Entscheidungsprozesse zu rationalisieren.[159]

Operative Systeme können weiter in branchenunabhängige und branchenspezifische Anwendungssysteme aufgeteilt werden.[160] Zu den branchenunabhängigen Anwendungssystemen zählen vor allem Systeme für das Finanz- und Rechnungswesen, das Personalwesen sowie die Fakturierung und den Vertrieb.

Branchenspezifische[161] Anwendungssysteme werden überwiegend zur Unterstützung der je nach Wirtschaftsbereich unterschiedlichen Leistungserstellungsprozesse eingesetzt. Unterschieden wird daher häufig nach Systemen für die in Abbildung 4 dargestellten Wirtschaftsbereiche Industrie, Handel, Banken und Versicherungen.[162]

Unterstützt ein Anwendungssystem alle der wesentlichen Funktionen die den operativen Systemen zugeordnet werden, so spricht man von einem ERP (Enterprise Resource Planning)-System.[163]

---

[159] Vgl. A.-W. Scheer (1995), S.4f. und J. Biethahn, H. Mucksch und W. Ruf (1992), S.7f. und P. Mertens (2005), S.12f.

[160] Vgl. H. Krcmar (2004), S.26 und P. Stahlknecht und U. Hasenkamp (2005), S.330.

[161] Der Begriff *Branche* hat sich im Rahmen der ‚branchenspezifischen Anwendungen' etabliert, obwohl es sich nicht um Branchen im volkswirtschaftlichen Sinne, sondern um Wirtschaftsbereiche handelt. Da der Begriff *Branche* jedoch etabliert ist, wird im Rahmen dieser Arbeit der Begriff im Sinne von Wirtschaftsbereich verwendet. Vgl. hierzu auch P. Stahlknecht und U. Hasenkamp (2005), S.330.

[162] Vgl. P. Stahlknecht und U. Hasenkamp (2005), S.331f.

[163] Vgl. P. Stahlknecht und U. Hasenkamp (2005), S.326f. In der Literatur besteht keine einheitliche Auffassung darüber, ob Planungs- und Kontrollsysteme ebenfalls Bestandteile eines ERP-Systems darstellen oder nicht.

2.5.3.2 Dispositive Systeme

In Anlehnung an die Unterscheidung von objektbezogener und dispositiver Arbeitsleistung nach GUTENBERG lassen sich Anwendungssysteme ebenfalls nach der Art der unterstützten Arbeitsinhalte in operative und dispositive Systeme unterteilen.[164] Analog zur dispositiven Arbeit werden Systeme, die mit der *„Leitung und Lenkung der betrieblichen Vorgänge in Zusammenhang stehen“*[165], als dispositive Anwendungssysteme bezeichnet.[166] Aufgabe dieser Systeme ist es, Führungsinformationen für alle Managementebenen bereitzustellen, um damit Entscheidungsprozesse zu unterstützen.[167] Dispositive Systeme erfordern so genannte dispositive Daten. Diese werden mittels Extraktion aus den Daten der operativen Systeme mit teilweiser Hinzunahme von externen Daten gewonnen.[168]

In jüngerer Zeit hat sich für die Gesamtheit an implementierten dispositiven Systemen in einem Unternehmen auch der Begriff *Business Intelligence-System* (BI-System) etabliert.[169]

Während operative Systeme in der Regel nach der Zuordnung zu den funktionalen Bereichen entlang der Wertschöpfungskette unterschieden werden (z.B. Beschaffung, Produktion und Vertrieb), ist dies bei dispositiven Systemen wenig sinnvoll. Diese Systeme werden daher nach der funktionalen Ausrichtung in *generische Basissysteme* und *konzeptorientierte Systeme* unterschieden.[170]

[164] Vgl. H.-G. Kemper u.a. (2006), S.13.
[165] E. Gutenberg (1983), S.12.
[166] Vgl. H.-G. Kemper u.a. (2006), S.13. In der Literatur existiert hierzu keine einheitliche Begrifflichkeit. Weitere gängige Begriffe sind ‚Führungssysteme', ‚analytische Informationssysteme' und ‚Planungs- und Kontrollsysteme'. Vgl. hierzu z.B. P. Stahlknecht und U. Hasenkamp (2005), S.333, A.-W. Scheer (1995), S.4, D. Abts und W. Mülder (2004), S.232 und P. Mertens (2005), S.12. Im Rahmen dieser Arbeit werden diese Begriffe synonym zu dem Begriff ‚dispositive Systeme' verwendet.
[167] Vgl. P. Stahlknecht und U. Hasenkamp (2005), S.332, A.-W. Scheer (1995), S.4.
[168] Vgl. P. Stahlknecht und U. Hasenkamp (2005), S.327f. und H.-G. Kemper u.a. (2006), S.13ff.
[169] Vgl. H.-G. Kemper u.a. (2004), S.3ff.
[170] Vgl. P. Mertens u.a. (2005), S.83f., A.-W. Scheer (1995), S.4f. und H.-G. Kemper u.a. (2006), S.82f. Im Rahmen dieser Arbeit ist eine tiefere Betrachtung der BI-Systeme nicht erforderlich. Als weiterführende Literatur zu generischen Basissystemen und konzeptorientierten Systemen vgl. H.-G. Kemper u.a. (2006), S.82f.

2.5.3.3 Querschnittssysteme

Querschnittssysteme sind Anwendungssysteme, die unabhängig von der funktionalen und hierarchischen Einordnung an allen bzw. vielen betrieblichen Arbeitsplätzen eingesetzt werden (können).[171]

Querschnittssysteme lassen sich in *Bürosysteme*, *wissensbasierte Systeme* und *Portalsysteme* unterteilen.[172]

Bürosysteme

Zu den bedeutendsten Bürosystemen gehören Anwendungssysteme, welche die Erzeugung und Bearbeitung von Dokumenten[173] unterstützen. Die wesentlichen Anwendungsbereiche sind die Textverarbeitung, die Tabellenkalkulation, das Desktop Publishing (DTP) sowie Grafik- und Präsentationsanwendungen.[174]

Ein weiterer Anwendungsbereich von Bürosystemen ist die Verwaltung und Archivierung von Dokumenten. Systeme, die diese Aufgaben unterstützen, werden als Dokumentenmanagement-Systeme bezeichnet.[175]

Workflow-Management-Systeme bilden die dritte Gruppe innerhalb der Bürosysteme. Aufgabe der Workflow-Management-Systeme ist es, die Vorgangsbearbeitung routinemäßiger Geschäftsprozesse bzw. Vorgangsketten anhand von hinterlegten Regeln zu automatisieren.[176]

[171] Vgl. P. Stahlknecht und U. Hasenkamp (2005), S.331f. und D. Abts und W. Mülder (2004), S.187.

[172] Vgl. P. Stahlknecht und U. Hasenkamp (2005), S.331f. und D. Abts und W. Mülder (2004), S.187. In der Literatur ist hier eine sehr uneinheitliche Einteilung vorzufinden. In einigen Werken sind ‚Multimedia-Systeme' bzw. ‚Kommunikationssysteme' Bestandteil der Querschnittssysteme. Im Rahmen dieser Arbeit werden diese jedoch generell den ‚Kommunikationssystemen' gemäß Abschnitt 2.5.2 zugeordnet.

[173] Ein Dokument ist aus datentechnischer Sicht eine Datei, welche unterschiedliche Informationsarten wie z.B. Text, Grafiken, Bilder oder Audiodaten enthalten kann. Vgl. D. Abts und W. Mülder (2004), S.198.

[174] Vgl. D. Abts und W. Mülder (2004), S.192ff.

[175] Vgl. D. Abts und W. Mülder (2004), S.192ff.

[176] Vgl. P. Stahlknecht und U. Hasenkamp (2005), S.411f., O. K. Ferstl und E. J. Sinz (2001), S.102 und D. Abts und W. Mülder (2004), S.210.

Wissensbasierte Systeme

Zu den wissensbasierten Systemen zählen vor allem die Wissensmanagementsysteme. Aufgabe solcher Systeme ist es, den gesamten Prozess der systematischen Gewinnung, Strukturierung, Darstellung, Verteilung, Suche und Speicherung von (Experten-)Wissen[177] zu unterstützen. Das Ziel hierbei ist, das betriebliche Wissen für eine große Anzahl an Mitarbeitern nutzbar zu machen.[178] Auf weitere wissensbasierte Systeme wie Expertensysteme, Deduktionssysteme u.a. wird im Rahmen dieser Arbeit nicht näher eingegangen.[179]

Portalsysteme

Unter Portalsystemen werden Systeme verstanden, die Benutzern einen personalisierten und individualisierten (rollenbezogenen) Zugang zu Informationen, Anwendungen und Diensten ermöglichen.[180] Im Rahmen dieser Arbeit liegt der Fokus auf Mitarbeiterportalen[181], welche die Schnittstelle zwischen den Prozessen und Systemen der täglichen Arbeit und dem Mitarbeiter[182] darstellen.

2.6 Aufbauorganisation, Geschäftsprozesse und Anwendungssysteme

Anwendungssysteme sind, wie in Abschnitt 2.5 dargestellt, *Aufgabenträger betrieblicher Aufgaben*. Beim Auftreten der *Elektronischen Datenverarbeitung* (EDV) in den 1950er Jahren war das organisatorische Gliederungsprinzip überwiegend funktionsorientiert. Dies hat dazu geführt, dass Anwendungssysteme als Aufgabenträger der funktionalen Organisation gefolgt sind. So entstanden Anwendungssysteme zur Unterstützung der Funktionsbereiche, wie z.B. der Personalbuchhaltung, des Rechnungswesens, der Produktion, der Be-

[177] Wissen als *„die Gesamtheit der Kenntnisse und Fähigkeiten, die Individuen zur Lösung von Problemen einsetzen“*. (G. Probst u.a. (2006), S.22). Zur Verwendung des Wissensbegriffs in dieser Arbeit vgl. Abschnitt 1.3.2.

[178] Vgl. P. Stahlknecht und U. Hasenkamp (2005), S.431 und D. Abts und W. Mülder (2004), S.217f.

[179] Zur weiterführenden Vertiefung von *wissensbasierten Systemen* vgl. z.B. P. Stahlknecht und U. Hasenkamp (2005), S.431ff. und G. Probst u.a. (2006), S.233ff.

[180] Vgl. D. Abts und W. Mülder (2004), S.222f.

[181] Portale lassen sich allgemein in externe Unternehmensportale (Kunden- und Lieferantenportale) und interne Mitarbeiterportale unterscheiden. Vgl. hierzu u.a. T. Gurzki und N. Özcan (2003), S.10.

[182] Vgl. T. Gurzki und N. Özcan (2003), S.10.

schaffung, des Vertriebs etc.[183] In Abbildung 9 wird dies deutlich gemacht, indem jeder operativen Funktion ein entsprechendes wertorientiertes Abrechnungssystem zugeordnet wird. Neuere Untersuchungen haben gezeigt, dass in industriellen Betrieben nach wie vor aufbauorganisatorische Organisationseinheiten für Funktionseinheiten gebildet sind.[184] Daher ist es auch verständlich, dass die Implementierung und der Einsatz von operativen Anwendungssystemen vielfach noch innerhalb der funktionalen Abgrenzung stattfindet.[185]

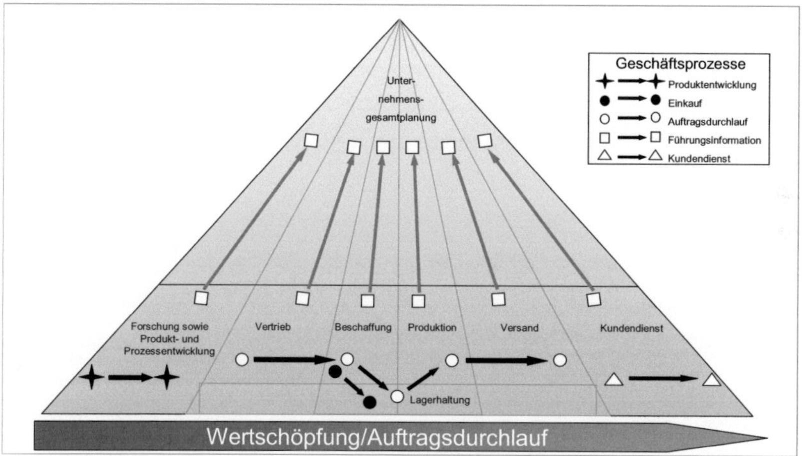

Abbildung 9: Informationssysteme und Geschäftsprozesse in Industrieunternehmen[186]

Die so entstandenen funktionsorientierten operativen Anwendungssysteme sind in der Regel vollständig separate Systeme, die über eigene Datenbasen verfügen. Hieraus sind in einer Vielzahl von Betrieben die bekannten *funktionsorientierten Dateninseln* entstanden.[187]

Die Erkenntnis, dass die isoliert geplanten und realisierten Anwendungssysteme mit Redundanzen, Medienbrüchen und Fehlermöglichkeiten behaftet sind und den Anforderungen nach innerbetrieblicher und zwischenbetrieblicher Pro-

[183] Vgl. L. J. Heinrich (2001), S.182ff. und A.-W. Scheer (1995), S.7f.
[184] Vgl. Abschnitt 2.4.
[185] Vgl. A.-W. Scheer (1995), S.7f.
[186] In Anlehnung an P. Mertens (2005), S.6.
[187] Vgl. A.-W. Scheer (1995), S.7f. und L. J. Heinrich (2001), S.182ff.

zessunterstützung nicht gerecht werden und deshalb zu ganzheitlichen Anwendungssystemen zusammengefügt werden müssen, besteht schon lange.[188]

Seit den 1970er Jahren wird bereits die *Integration*[189] von partiellen Anwendungssystemen zu größeren, integrierten Informationssystemen in der Wissenschaft und Praxis diskutiert. In dieser Zeit wurde schon der Ansatz zur Schaffung eines unternehmensweiten Informationssystems, das alle betrieblichen Funktionen und Prozesse sowie alle Ebenen der Unternehmenshierarchie umfasst, erörtert.[190]
Dieses Ziel gilt allerdings als so aufwändig, umfangreich und zu komplex, dass es nach heutiger Sicht nicht mit einer betriebswirtschaftlich vertretbaren Aufwand-/Nutzenrelation erreicht werden kann.[191]

Mit dem Aufkommen der prozessorientierten Sicht in den 1980er und 1990er Jahren wurde die horizontale Integration von operativen Anwendungssystemen zunehmend beachtet und vorangetrieben.[192] Seit dieser Zeit besteht im operativen Bereich ein starker Trend zu komponentenbasierten, integrierten *Enterprise Resource Planning*-Anwendungssystemen (ERP-Systeme)[193], die anhand einer zentralen Datenbasis die Unterstützung von Geschäftsprozessen ermöglichen.[194] Die Integration erfolgt hierbei vor allem in Form der Datenintegration, d.h. unterschiedliche funktionale Komponenten (Anwendungssysteme) benutzen dieselbe Datenbank. ERP-Systeme decken überwiegend die kaufmännischen Funktionen ab, so dass die technischen Aufgaben, wie z.B. die Konstruktion in der Produktentwicklung, in der Regel nicht integriert sind.[195] Daher bestehen nach wie vor *Systeminseln* innerhalb von industriellen Betrieben.

---

[188] Vgl. J. Biethahn, H. Mucksch und W. Ruf (1992), S.10 und A.-W. Scheer (1995), S.7f.
[189] Unter *Integration* wird im Rahmen dieser Arbeit das in der Wirtschaftsinformatik verbreitete Begriffsverständnis *der Wiederherstellung eines Ganzen unter Einbeziehung des Menschen, der Aufgaben sowie der Technik* verstanden. Vgl. P. Mertens (2005), S.1, D. Abts und W. Mülder (2004), S.176f., M. Kaib (2002), S.10 und M. Meyer und S. Weingärtner (2002), S.200f.
[190] Vgl. L. J. Heinrich (2001), S.184.
[191] Vgl. L. J. Heinrich (2001), S.184.
[192] Vgl. A.-W. Scheer (1995), S.7 und L. J. Heinrich (2001), S.182ff.
[193] Einen vertiefenden Einblick in ERP-Systeme gibt u.a. P. Stahlknecht und U. Hasenkamp (2005), S.327ff. und D. Abts und W. Mülder (2004), S.164ff.
[194] Vgl. H. R. Hansen und G. Neumann (2001), S. 523.
[195] Vgl. L. J. Heinrich (2001), S.184.

Im Folgenden wird daher die Integration von Anwendungssystemen näher betrachtet, wobei der Fokus auf der Zusammenführung von nicht-transaktionsorientierten operativen Anwendungssystemen in den Bereichen Forschung und Entwicklung und Produktion mit Anwendungssystemen in den Bereichen Marketing, Vertrieb und Service liegt.[196]

2.7 Integration von Anwendungssystemen

Aus Sicht einer ganzen Unternehmung führen Systeminseln zu künstlichen Grenzen zwischen Unternehmensbereichen und Prozessen. Ziel der Integration[197] ist es, diese Grenzen aufzulösen, um deren negative Auswirkungen aufzuheben.[198]

Bei der Zusammenführung von heterogenen Anwendungssystemen sind in Anlehnung an MERTENS folgende Ausprägungen zu unterscheiden:[199]

- der Integrationsgegenstand,
- die Integrationsrichtung,
- die Integrationsreichweite und
- der Automatisierungsgrad.

Diese werden im Folgenden näher erläutert und in den Forschungskontext dieser Arbeit eingeordnet.

---

[196] Diese Kategorie von Anwendungssystemen in produktorientierten Unternehmensbereichen wird im Kontext als relevant erachtet und in dem Kapitel 4 näher betrachtet. Auf überwiegend transaktionsorientierte Anwendungssysteme wie ERP-Systeme wird daher im Folgenden nicht näher eingegangen.

[197] Vgl. Fußnote Nr. 189.

[198] Vgl. P. Mertens (2005), S.9.

[199] Vgl. P. Mertens (2005), S.2. Im Kontext der Integration von Anwendungssystemen ist in der Literatur kein einheitliches Begriffsverständnis vorhanden. So unterscheidet z.B. MEYER drei Formen der Integration (*Integration unter einer Benutzeroberfläche, Integration auf Datenebene und Integration auf Funktionsebene*), CONRAD u.a. differenziert in drei Integrationsebenen (*Datenbankintegration, Applikationsintegration und Präsentationsintegration*) und MERTENS charakterisiert Ausprägungen der Integration anhand der oben genannten Dimensionen und Merkmale. (vgl. u.a. S. Conrad, W. Hasselbring, A. Koschel und R. Tritsch (2006), S.17f., K. Walser (2006), S.42f., P. Mertens (2005), S.1ff., und M. Meyer (2004), S.140f.). Im Rahmen dieser Arbeit wird die Charakterisierung nach MERTENS verwendet, da diese eine detaillierte Untergliederung von Integrationsaspekten bietet. Eine vergleichende Darstellung unterschiedlicher Integrationsmerkmale gibt H. Linß (1995), S.7ff.

2.7.1 Integrationsgegenstand

Der Integrationsgegenstand spezifiziert, auf welchen Ebenen eine Integration erfolgt. Hierbei können folgende Ebenen unterschieden werden:[200]

- *Datenintegration:* Die Integration auf der Datenebene beinhaltet, dass unterschiedliche Anwendungen gemeinsame Datenbestände nutzen. Dies kann durch einen Austausch von Daten zwischen unterschiedlichen Anwendungssystemen oder durch die Nutzung gemeinsamer Datenbanken erfolgen.[201]
- *Prozessintegration*: Die Prozessintegration bezieht sich auf die Aufgaben, die im Unternehmen ausgeführt werden. Bei der Integration auf dieser Ebene werden zusammengehörende Aktivitäten bzw. Prozesse miteinander verbunden bzw. zusammengeführt.[202]
- *Methodenintegration*: Unter der Methodenintegration wird die Abstimmung und Kombination der benutzten Methoden verstanden.[203]
- *Systemintegration*: Die Systemintegration stellt die Abstimmung einzelner Anwendungssysteme und deren enthaltenen Funktionen dar. Eine Systemintegration kann technisch mittels Point-to-Point-Schnittstellen[204], Service Orientierter Architekturen (SOA)[205], der Implementierung von Middleware[206] sowie Portallösungen[207] erreicht werden.[208]

---

[200] Vgl. P. Mertens (2005), S.1ff. sowie H. R. Hansen und G. Neumann (2001), S.136 und L. J. Heinrich (2001), S.184. In Anlehnung an ABTS und MÜLDER und CONRAD u.a. wurden die Funktions- und die Programmintegration zusammengefasst. Vgl. D. Abts und W. Mülder (2004), S.178. und S. Conrad, W. Hasselbring, A. Koschel und R. Tritsch (2006), S.18. Im Rahmen dieser Arbeit wird diese Ebene als Systemintegration bezeichnet.

[201] Vgl. P. Mertens (2005), S.1, D. Abts und W. Mülder (2004), S.180 und M. Meyer und S. Weingärtner (2002), S.209f. Scheer unterscheidet bei der Datenintegration zwischen der manuellen Datenweitergabe unverbundener Systeme, der automatischen Datenweitergabe über Schnittstellen, dem Zugriff auf gemeinsame Datenbestände sowie der Abbildung eines unternehmensweiten Datenmodells (vgl. A.-W. Scheer (1990), S.164f.).

[202] Vgl. P. Mertens (2005), S.1, M. Merzenich (2005), S.151f., M. Meyer und S. Weingärtner (2002), S.210. und H. Linß (1995), S.17.

[203] Vgl. P. Mertens (2005), S.2

[204] Zu Point-to-Point-Schnittstellen vgl. S. Conrad u.a. (2006), S.84.

[205] Zu SOA vgl. R. Huetschi (2007), S.21ff.

[206] Einen vertiefenden Einblick in Middleware gibt A. Schill und T. Springer (2007), S.208ff. sowie M. Meyer und S. Weingärtner (2002), S.219ff. Eine detaillierte Ausführung zu Middleware als Bestandteil von EAI gibt M. Kaib (2002), S.102ff.

[207] Zu Präsentationsintegration über Portale vgl. M. Kaib (2002), S.62f.

[208] Vgl. S. Conrad u.a. (2006), S.4ff., P. Mertens (2005), S.3, J. Biethahn, H. Mucksch und W. Ruf (1992), S.10 sowie A.-W. Scheer (1995), S.4ff. Bei der Wahl der Integrationsform ist eine wesentliche Einflussgröße, ob die Integration zeitlich vor oder nach einer Implementierung stattfindet. Einen detaillierten Einblick in die Unterscheidung von Ex-post- und Ex-ante-Integration gibt H. Linß (1995), S.21ff.

Werden diese Gegenstände bei der Integration von Anwendungssystemen adäquat berücksichtigt, so handelt es sich nach MERTENS um eine *integrierte Informationsverarbeitung*.[209] Anhand des Integrationsgrades kann weiter zwischen einer einfachen Integration ausschließlich auf der Datenebene bis hin zu einer hohen Integration, die alle Ebenen beinhaltet, unterschieden werden.[210]
Die im Rahmen dieser Arbeit durchgeführte Erstellung eines Fachkonzepts, das eine Integration unterschiedlicher Anwendungssysteme beinhaltet, basiert auf der Abgrenzung dieser Integrationsebenen. Die Ausgestaltung der einzelnen Ebenen ist Inhalt von Kapitel 7.

2.7.2 Integrationsrichtung

Bei der Integrationsrichtung kann anhand der betroffenen Organisationseinheiten zwischen der horizontalen und der vertikalen Integration unterschieden werden (vgl. Abbildung 9). Erfolgt die Integration durch das Verbinden von operativen Anwendungssystemen entlang der Wertschöpfung, so entspricht dies einer horizontalen Integration.[211]
Die vertikale Integration bezieht sich auf die Verbindung von operativen und dispositiven Anwendungssystemen sowie dispositiver Systeme unterschiedlicher Managementebenen.[212]
Das Ziel dieser Arbeit besteht in der Integration operativer Anwendungssysteme unterschiedlicher Unternehmensbereiche. Der Fokus liegt daher auf der horizontalen Integration.

2.7.3 Automatisierungsgrad

Ein weiteres Merkmal zur Charakterisierung der Integration ist der Automatisierungsgrad. Hierbei kann zwischen einer vollautomatischen und einer teilautomatischen Verkettung unterschieden werden.
Bei der vollautomatischen Lösung stoßen Ereignisse, die in einem Teilsystem auftreten, automatisch Prozesse in anderen Teilsystemen an.
Teilautomatische Lösungen sind dadurch gekennzeichnet, dass Anwender-Anwendungssystem-Dialoge Bestandteile des integrierten Systems sind.[213]

209 Vgl. P. Mertens (2005), S.1.
210 Vgl. H. Linß (1995), S.18.
211 Vgl. P. Mertens (2005), S.5f., H. Linß (1995), S18 und A.-W. Scheer (1995), S.5ff.
212 Vgl. P. Mertens (2005), S.5f. und D. Abts und W. Mülder (2004), S.179f.

Dies kann sowohl technisch bedingt als auch aus organisatorischen Gründen gewollt sein.[214]

Im Rahmen dieser Arbeit werden in den Bereichen, in denen sowohl eine technische Machbarkeit als auch eine fachliche Stimmigkeit besteht, vollautomatisierte Lösungen angestrebt. An den Stellen, an denen aus fachlicher Sicht Interaktionen z.B. zur Qualitätssicherung von Attributen notwendig sind, oder eine technische Machbarkeit nicht gegeben ist, werden im Konzept teilautomatisierte Lösungen eingesetzt.

2.7.4 Integrationsreichweite

Mit der Integrationsreichweite kann die Ausdehnung der Integration klassifiziert werden. Gängige Klassen sind hierbei die bereichsinterne[215], die bereichsübergreifende[216], die unternehmensweite[217] sowie die unternehmensübergreifende[218] Integration.[219]

Der Untersuchungs- und Gestaltungsbereich dieser Arbeit beinhaltet die Unternehmensbereiche Forschung und Entwicklung, Produktion, Marketing, Vertrieb und Service. Das im Rahmen dieser Arbeit erstellte Konzept umfasst die Zusammenführung von Integrationsgegenständen innerhalb dieser Bereiche sowie über diese Bereiche hinweg. Eine Integration in andere Unternehmensbereiche oder über die Unternehmensgrenzen hinaus ist nicht Bestandteil dieser Arbeit (vgl. Abschnitt 1.2.2).

---

[213] Vgl. P. Mertens (2005), S.8f. und D. Abts und W. Mülder (2004), S.181.

[214] Vgl. P. Mertens (2005), S.8f. Gewollte Interaktionen lassen sich in *Kritiksysteme Computer-Mensch*, *Filter- und Navigationshilfen* und *Kritiksysteme Mensch-Computer* unterscheiden. Einen vertiefenden Einblick hierzu gibt P. Mertens (2005), S.8f.

[215] Die bereichsinterne Integration umfasst die Zusammenführung von Integrationsgegenständen innerhalb eines Unternehmensbereiches. Vgl. P. Mertens (2005), S.6.

[216] Unter der bereichsübergreifenden Integration wird die Zusammenführung von Integrationsgegenständen über zwei oder mehrere Unternehmensbereiche hinweg verstanden. (Vgl. P. Mertens (2005), S.7.)

[217] Unter der unternehmensweiten Integration wird eine Zusammenführung von Integrationsgegenständen über alle Unternehmensbereiche hinweg verstanden. Vgl. P. Mertens (2005), S.7.

[218] Die unternehmensübergreifende Integration beinhaltet eine Zusammenführung von Integrationsgegenständen zwischen zwei oder mehreren Unternehmen. Vgl. P. Mertens (2005), S.7f.

[219] Vgl. P. Mertens (2005), S6f., D. Abts und W. Mülder (2004), S.181 und M. Kaib (2002) S.19f. Einen vertiefenden Einblick in die Kategorien gibt P. Mertens (2005), S6f.

Im weiteren Gang dieser Arbeit folgt die Darstellung der sich im Untersuchungsbereich dieser Arbeit befindenden relevanten Integrationsgegenstände. Diese werden in den folgenden Kapiteln 3 und 4 getrennt nach den produktorientierten und den kundenorientierten Unternehmensbereichen dargestellt.

3. Anwendungssysteme an der Kundenschnittstelle

Wie in Abschnitt 2.2 dieser Arbeit dargestellt ist jeder Betrieb eingebettet in ein *Supersystem* von Märkten. Auf Beschaffungsmärkten sowie dem Geld- und Kapitalmarkt treten Industriebetriebe in der Regel als Nachfrager von Arbeitskräften, Betriebsmitteln, Werkstoffen und Kapital auf. Innerhalb der Betriebe fließt der Realgüterfluss vom Beschaffungsmarkt durch die Produktion zum Absatzmarkt. Auf dem Absatzmarkt agieren Industriebetriebe als Anbieter von Gütern und Dienstleistungen.[220] Mit dem Absatz, d.h. der entgeltlichen Verwertung der produzierten Güter und dem damit verbundenen Geldzufluss, ist funktional gesehen der betriebliche Leistungsprozess abgeschlossen (vgl. Abbildung 10).[221] In marktwirtschaftlichen Systemen ist die Absatzphase für Betriebe von entscheidender Bedeutung, da der betriebswirtschaftliche Erfolg heute in der Regel vom Absatzmarkt her determiniert wird.[222]

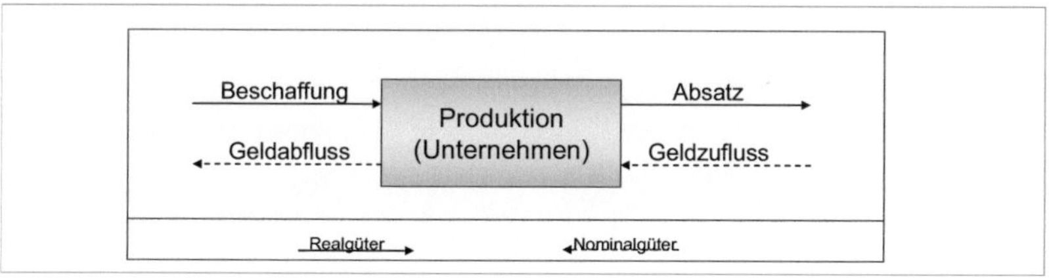

Abbildung 10: Leistungsprozess in industriellen Betrieben[223]

Für industrielle Betriebe war der Absatz von Gütern lange Zeit unproblematisch, da die Absatzmärkte ungesättigten Verkäufermärkten entsprachen und die Produktionskapazität den Engpassfaktor darstellte.[224] Durch die zunehmende Industrialisierung, die Globalisierung der Märkte sowie einem Wertewandel der Konsumenten[225] hat sich ein Wechsel vom Verkäufer- zum Käufermarkt erge-

---

[220] Vgl. E. Gutenberg (1984), S.1ff., S.7, W. Busse von Colbe und G. Laßmann (1991), S.20, D. Ahlert u.a. (2000), S.140 sowie H. Schierenbeck (2003), S.265.
[221] Vgl. M. Schweitzer (2006), S.7, W. Busse von Colbe und G. Laßmann (1991), S.20, D. Ahlert u.a. (2000), S.140 sowie H. Schierenbeck (2003), S.265.
[222] Vgl. E. Gutenberg (1984), S.7ff., D. Ahlert u.a. (2000), S.140f., H. Grimm-Curtius (1994), S.17 und R. Helm (2006), S.253.
[223] F. X. Bea, B. Friedl und M. Schweitzer (2006), S.2.
[224] Vgl. R. Helm (2006), S.254f. sowie R. Nieschlag u.a. (2002), S.3.
[225] Vgl. hierzu J. Zentes (1998), S.331.

ben, so dass heute häufig der Absatz den Engpassfaktor darstellt und einer besonderen Beachtung der Unternehmen bedarf.[226]

Inhalt dieses Kapitels ist zunächst die Abgrenzung und Einordnung der in diesem Kontext relevanten Begrifflichkeiten (Abschnitt 3.1). Darauf folgt in Abschnitt 3.2 eine deskriptive Darstellung der in den kundenorientierten Unternehmensbereichen beinhalteten Untersuchungsgegenstände.

3.1 Absatz, Marketing und Beziehungsmanagement

Der Begriff *Absatz* wird traditionell funktional, d.h. im Sinne einer betrieblichen Hauptfunktion, verwendet.[227] So verstanden beinhaltet der Begriff lediglich die ‚entgeltliche Abgabe' von durch die Produktion geschaffenen Leistungen an die Nachfrager (Kommunikations- und Verteilungsfunktion).[228] In Betrieben mit funktionsorientierten aufbauorganisatorischen Einheiten existiert daher neben Bereichen wie der Beschaffung oder der Produktion der Bereich Absatz.[229] Durch den bereits dargestellten Wandel der Absatzmärkte von Verkäufer- zu Käufermärkten und der damit verbundenen Neuausrichtung aller Leistungsprozesse auf dem Absatzmarkt ergibt sich eine Erweiterung der zum Absatz gehörenden Funktionen.[230] In diesem Kontext spricht man daher heute im Allgemeinen nicht mehr von ‚Absatz', sondern von ‚Marketing'.[231]

---

[226] Vgl. H. R. Hansen und G. Neumann (2001), S.540f., H. Schierenbeck (2003), S.265 und R. Helm (2006), S.255. Diese Entwicklung hin zu Käufermärkten hat sich sowohl bei den Konsumentenmärkten wie auch bei den Industriegütermärkten vollzogen. Vgl. hierzu K. Backhaus und M. Voeth (2004), S.5.

[227] Vgl. E. Gutenberg (1984), S.1ff., H. Grimm-Curtius (1994), S.17, G. Wöhe und U. Döring (2002), S. 461 und W. Busse von Colbe und G. Laßmann (1991), S.20. Nach E. Gutenberg (1984), S.1, wird im engeren Sinne unter dem Begriff Absatz „*nur die Veräußerung von Sachgütern*" verstanden.

[228] Vgl. R. Helm (2006), S.253 und D. Ahlert u.a. (2000), S.140.

[229] Vgl. A.-W. Scheer (1995), S.7f.

[230] Vgl. H. Schierenbeck (2003), S.265.

[231] Vgl. H. Schierenbeck (2003), S.265 und H. Grimm-Curtius (1994), S.17.

Für den im betriebswirtschaftlichen Schrifttum bereits etablierten Begriff des *Marketing* herrscht jedoch kein einheitliches Verständnis.[232] Nach WÖHE und DÖRING lassen sich im Wesentlichen drei Interpretationen differenzieren:[233]

- In Anlehnung an die traditionelle Lehre von GUTENBERG wird Marketing als *„die Lehre von der optimalen Gestaltung des Absatzbereichs"*[234] gesehen. Der Begriff Marketing umschreibt hierbei die Vermarktung von Gütern unter Berücksichtigung einer konsequenten Kundenorientierung sowie der systematischen Ausrichtung aller betrieblichen Leistungsprozesse am (Engpassfaktor) Absatzmarkt.[235]
- Marketing umfasst den systembasierten Ansatz unter Einbeziehung aller Interaktionen eines Betriebes sowohl auf den Beschaffungs- als auch den Absatzmärkten. Diese Interpretation versteht Marketing als *(marktbezogene) Betriebswirtschaftslehre*[236].[237]
- In der weitesten Interpretation wird *Marketing als selbständige Wissenschaft*[238] verstanden. Dieses allgemeine Marketingkonzept beinhaltet über den Absatz- und Unternehmensbereich hinaus noch zwischenmenschliche und gesellschaftliche Prozesse.[239]

Im Rahmen dieser Arbeit wird Marketing im Sinne der engsten Version verstanden.

Die bereits dargestellten Veränderungen auf den Absatzmärkten haben in vielen Unternehmen zu einer Neuorientierung geführt. Die bis dahin gängige Fokussierung auf einmalige Transaktionen (Transaktionsmarketing) wurde durch

---

[232] Vgl. z.B. D. J. Dalrymple und L. J. Parsons (1980), S.2, H. Grimm-Curtius (1994), S.17, P. Kotler u.a. (2003), S.38f., R. Helm (2006), S.254, J. Zentes (1998), S.332 sowie D. Ahlert u.a. (2000), S.140. Eine Aufstellung ausgewählter Definitionen findet sich bei K. Backhaus und M. Voeth (2007), S.13.
[233] Vgl. G. Wöhe und U. Döring (2002), S.464.
[234] G. Wöhe und U. Döring (2002), S.464.
[235] Vgl. G. Wöhe und U. Döring (2002), S.464, R. Helm (2006), S.254 und F. X. Bea, B. Friedl und M. Schweitzer (2006), S.6.
[236] G. Wöhe und U. Döring (2002), S.464.
[237] Vgl. H. Meffert (2005), S.8f.
[238] G. Wöhe und U. Döring (2002), S.464.
[239] Vgl. G. Wöhe und U. Döring (2002), S.464 und Nieschlag u.a. (2002) S.13f.

das Bestreben, langfristige Geschäftsbeziehungen zu etablieren, abgelöst (Beziehungsmanagement[240])[241].

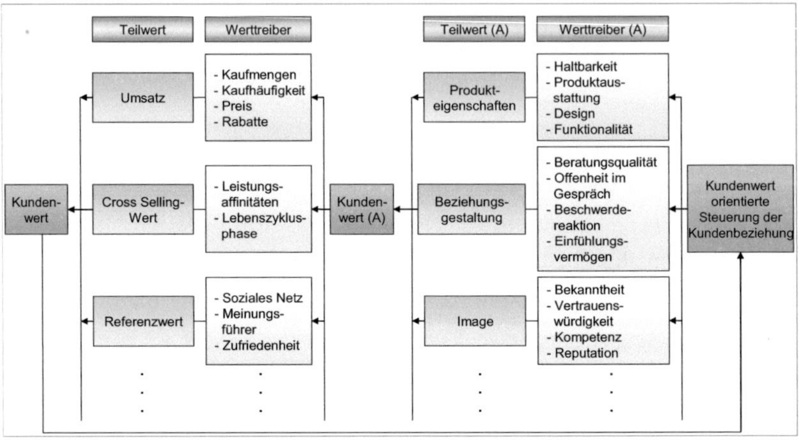

Abbildung 11: Wertetreiber im Kundenbeziehungsmanagement[242]

Das Ziel des Kunden-Beziehungsmanagements[243] (Customer Relationship Management) ist, durch ein ganzheitliches Führungskonzept sowie der Ausrichtung aller Aktivitäten am Kunden, eine möglichst hohe Kundenbindung zu erreichen, um so eine lang andauernde, profitable Kundenbeziehung zu etablieren

[240] Im Rahmen dieser Arbeit werden die Begrifflichkeiten *Beziehungsmarketing* und *Beziehungsmanagement* (ebenso *Relationship Marketing* und *Relationship Management*) synonym verwendet. Zur Vertiefung möglicher Abgrenzungen vgl. u.a. H. Hippner (2006), S.19.

[241] Die betriebswirtschaftliche Begründung hierfür liegt in der Tatsache, dass es in der Regel fünf- bis siebenmal teurer ist, einen Neukunden zu gewinnen, als einen bestehenden Kunden zu halten. Vgl. hierzu H.R. Hansen und G. Neumann (2001), S.540, J. Schulze (2000), S.9f. sowie eine kritische Betrachtung dieses Sachverhaltes bei M. Krafft (2002), S.149ff. Des Weiteren steigt im Normalfall die Profitabilität eines Kunden mit der Dauer der Kundenbeziehung. Vgl. hierzu u.a. G. Stokburger und M. Pufahl (2002), S.98 und H. Diller (2006), S.111f.

[242] In Anlehnung an H. Hippner (2006), S.24.

[243] Der Begriff des *Customer Relationship Managements* wird in zahlreichen Monographien, Herausgeberschaften und Zeitschriftenpublikationen unterschiedlichst definiert. Zum Überblick über das Spektrum an CRM-Definitionen vgl. u.a. ECCS (2006), M. Merzenich (2005), S.7f. sowie H. Hippner (2006), S.17f.
Dieser Arbeit liegt folgende Definition in Anlehnung an HIPPNER und WILDE sowie DUFFNER und HENN zu Grunde: *Customer Relationship Management (CRM) ist eine ganzheitliche, kundenorientierte Unternehmensstrategie. Zielsetzung von CRM ist die gemeinsame Schaffung von Mehrwerten auf Kunden- und Lieferantenseite über den Lebenszyklen von Geschäftsbeziehungen mit Hilfe moderner Anwendungssysteme, welche alle kundenbezogenen Prozesse in Marketing, Vertrieb, Kundendienst und F&E unterstützen.* (vgl. A. Duffner und H. Henn (2001), S.49 sowie H. Hippner (2006), S.18).

(Maximierung des *Kundenwertes*[244]).[245] Einen Überblick über die im Rahmen des Kundenbeziehungsmanagements zu gestaltenden ‚value drivers' gibt Abbildung 11.

Im Marketingverständnis dieser Arbeit sind im Sinne des Kundenbeziehungsmanagement-Ansatzes die Aufgaben des Vertriebs und des Service mit eingeschlossen. In den noch überwiegend funktional ausgerichteten Aufbauorganisationen von industriellen Betrieben sind diese Bereiche häufig als eigenständige Funktionsbereiche Marketing, Vertrieb und Service vorzufinden.[246]

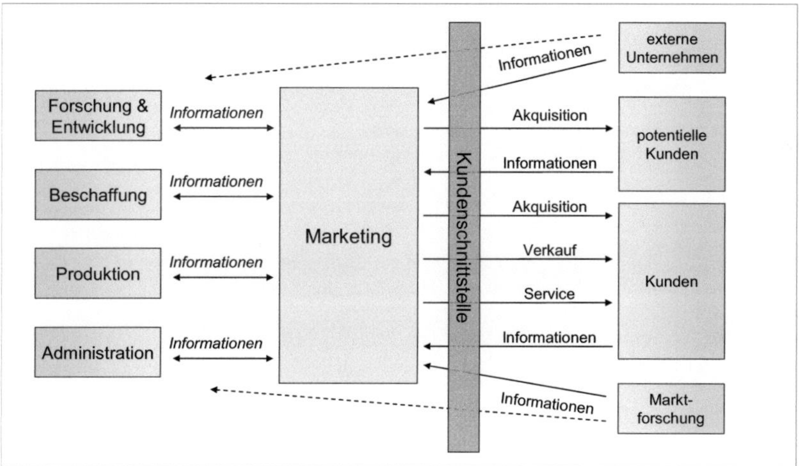

Abbildung 12: Funktionen des Marketing[247]

Im Rahmen dieser Arbeit wird deshalb die Bezeichnung *Kundenschnittstelle*[248] als eine generische Einheit verwendet, in der die Funktionen des Marketing

---

[244] Zur Methode des *Customer Lifetime Value (CLV)* vgl. T. Gawlik, J. Kellner und D. Seiffert (2002), S.17ff. sowie G. Raab und N. Werner (2005), S.124ff. Für eine weitere Detaillierung der Abgrenzung von *Kundenwert* (Kundensicht: Wert für den Kunden) und *Customer Value* (Unternehmenssicht: Wert des Kunden) vgl. u.a. J. Cornelsen (2000), S.33ff. und H. Hippner (2006), S.22f.

[245] Vgl. H. Hippner (2006), S.22ff., H. Meffert (2005), S.25f., P. Kotler u.a. (2003), S.43f., M. Meyer (2002), S.8ff.

[246] Vgl. hierzu Abschnitt 2.4.

[247] In Anlehnung an R. Helm (2006), S.257.

[248] Zum Begriff Kundenschnittstelle sowie der enthaltenen Kontaktpunkte vgl. u.a. D. Wehrmeister (2001), S.113 sowie S. Grimm und J. Röhricht (2003), S.36ff.

gemäß Abbildung 12 unabhängig von der Ausgestaltung der Aufbauorganisation ausgeführt werden.

3.1.1 Marketing von Industriegütern (Industriegütermarketing)

Unterschiedliche Märkte weisen grundsätzliche Unterschiede in den Transaktionsprozessen auf, die Auswirkungen auf die Gestaltung der Kundenbeziehungen mit sich bringen.[249] Für eine detaillierte Betrachtung kundenorientierter Prozesse ist daher eine Eingrenzung erforderlich. Eine Klassifizierung der Einsatzbereiche anhand der Eigenschaften der zu vermarktenden Leistungen ist in Abbildung 13 dargestellt.

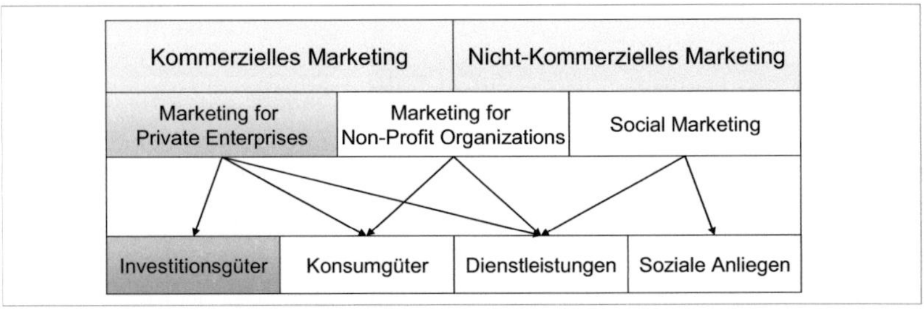

Abbildung 13: Einsatzbereiche des Marketing[250]

Im Rahmen dieser Arbeit wird auf Grund des Untersuchungsbereiches das kommerzielle Marketing im Bereich der Investitionsgüter[251] fokussiert.[252]

Unter Investitionsgütern bzw. Industriegütern werden hier Leistungen verstanden, *„die von Organisationen beschafft werden, um weitere Leistungen zu erstellen, die nicht in der Distribution an Letztkonsumenten bestehen“*.[253] Die

[249] Vgl. K. Backhaus und M. Voeth (2004), S.8.
[250] H. Schierenbeck (2003), S.269.
[251] Für das kommerzielle Marketing von Investitionsgütern werden im Rahmen dieser Arbeit die Begriffe ‚Investitionsgütermarketing', ‚Industriegütermarketing' und ‚industrielles Marketing' als Synonyme verwendet. (Vgl. K. Backhaus und M. Voeth (2004), S.6.) Der in der Literatur teilweise ebenfalls synonym verwendete Begriff ‚B2B-Marketing' schließt das Marketing von Konsumgütern zwischen Handelsbetrieben mit ein und wird deshalb im Rahmen dieser Arbeit nicht als Synonym verwendet.
[252] Vgl. Abgrenzung von mittelständischen Industriebetrieben in Abschnitt 2.2. Zur Vertiefung der anderen Marketingbereiche vgl. u.a. H. Schierenbeck (1984), S. 7ff., D. J. Dalrymple und L. J. Parsons (1982), S.41ff. sowie P. Kotler u.a. (2003), S.38ff.
[253] K. Backhaus und M. Voeth (2007), S.5.

Differenzierung von Industrie- und Konsumgütern erfolgt also nicht anhand technischer Eigenschaften[254], sondern nach dem Zielmarkt (Konsumenten- oder Industriegütermarkt), auf welchem die Leistungsübergabe stattfindet.[255]

In Abbildung 14 sind die wesentlichen unterschiedlichen Merkmalsausprägungen von Konsum- und Industriegütermärkten dargestellt.

Konsumgütermärkte	Investitionsgütermärkte
- Kaufvorgänge stark emotional geprägt - Individualisierungsentscheidungen überwiegen - Konsument kennt Produktzusammensetzung i.d.R. nicht - große Bedeutung der Einkaufsstätten - Preise i.d.R. von der Markenkraft geprägt - Produktwechsel für den Konsumenten einfach - individuelle Kaufvorgänge - keine Interaktion zwischen Konsument und Hersteller	- Kaufvorgänge stark rational geprägt - multipersonelle Entscheidungen überwiegen - Produktzusammensetzung durch Spezifikation genau bekannt bzw. vorgegeben - Standorte spielen keine Rolle - Preise i.d.R. durch Produktionsleistung geprägt - Lieferantenwechsel mit großen Risiken verbunden - Verträge zwischen Anbieter und Nachfrager - i.d.R. intensive Interaktion zwischen Anbieter bzw. Hersteller und Nachfrager

Abbildung 14: Merkmalsausprägungen von Konsum- und Investitionsgütermärkten[256]

Transaktionsprozesse von Industriegütern sind u.a. durch folgende wesentliche Charakteristika gekennzeichnet:[257]

- Transaktionen dienen i.d.R. der Befriedigung einer abgeleiteten Nachfrage.
- Käufer sind organisationale Nachfrager (s.o.), d.h. die Beschaffungsprozesse sind oft formalisiert.
- Kaufentscheidungen sind häufig Mehrpersonenentscheidungen.
- Kaufentscheidungen sind stark rational geprägt.
- Industriegütermärkte sind im Unterschied zu Konsumgütermärkten selten anonym.
- Vermarktungsprozesse sind i.d.R. interaktiv, d.h. Leistung und Gegenleistung werden im Verhandlungsprozess festgelegt.

---

254 Zur Vertiefung einer weitergehenden Kategorisierung vgl. z.B. P. Kotler u.a. (2003), S.623.

255 Vgl. K. Backhaus und M. Voeth (2007), S.5f., P. Kotler u.a. (2003), S.622, R. Nieschlag u.a. (2002), S.5, C. Homburg und J. Schneider (2001), S.589f. sowie K. Backhaus und M. Voeth (2004), S.6f.

256 In Anlehnung an P. Winkelmann (2006), S.8.

257 Vgl. K. Backhaus und M. Voeth (2007), S.10ff., K. Backhaus und M. Voeth (2004), S.8ff., K. Buck (1998), S.23f., H. Meffert (2005), S.1204f. und H. Schierenbeck (2003), S.269f.

- Das Leistungsangebot richtet sich vielfach an eine überschaubare Kundenanzahl.
- etc.

Die unvollständige Auflistung von Merkmalen der unterschiedlichen Märkte sowie der Charakteristika der Anbieter und Nachfrager auf Industriegütermärkten zeigt bereits, dass auf Grund der komplexen Kaufprozesse und dem (teilweise) hohen Spezialisierungsgrad der Produkte, Transaktionsprozesse auf Industriegütermärkten von solchen auf Konsumgütermärkten derart differieren, dass die bestehenden Erklärungsansätze wie das SR- oder das SOR-Modell[258] für das Marketing von Industriegütern nicht ausreichend geeignet sind.[259]

Zur Erklärung der Transaktionsprozesse auf einzelkundenorientierten, identifizierten Märkten wie den Industriegütermärkten wird im Rahmen dieser Arbeit das *Interaktionsparadigma*[260] zu Grunde gelegt.[261] Gemäß dem Interaktionsparadigma stehen Anbieter und Nachfrager während des Interaktionsprozesses in einer ständigen Wechselbeziehung zueinander und beeinflussen sich gegenseitig.[262] Dies führt zum einen dazu, dass neben den klassischen ‚absatzpolitischen Instrumenten' strukturelle Merkmale und Verhaltensmerkmale der interagierenden Parteien wesentlichen Einfluss auf den Erfolg von Transaktionsprozessen haben.[263] Zum anderen können Anbieter auf Industriegütermärkten direkte Informationen und Anregungen von ihren Kunden erhalten, die auf Kon-

---

[258] Kaufentscheidungen auf anonymen Märkten lassen sich den SR-Modellen zufolge als *Reaktion* (Kaufzeitpunkt, Kaufmenge oder Zahlungsbereitschaft) auf die im Wesentlichen vier *Stimuli* (Product, Price, Promotion und Place) interpretieren. Zusätzlich werden die während des Kaufentscheidungsprozesses bei Konsumenten (*Organism*) beteiligten psychischen Prozesse bei den SOR-Modellen mit einbezogen. Vgl. zur Vertiefung W. Kroeber-Riel und P. Weinberg (2003), S.49ff.

[259] Vgl. K. Backhaus und M. Voeth (2004), S.8f., K. Buck (1998), S.23f., G. Theile (2004), S.2f. R. Helm (2004), S.3, C. Homburg und J. Schneider (2001), S.604f. sowie P. Kotler u.a. (2003), S.344ff.

[260] Zur Einordnung des *Interaktionsansatzes* in die *Neue Institutionenökonomik* vgl. F. Jacob und M. Kleinaltenkamp (2004), S.218ff.

[261] In der Literatur finden sich unterschiedliche Erklärungsmodelle für Industriegütermärkte. Neben dem (in der deutschsprachigen Literatur) dominierenden *Interaktionsansatz* existieren der *erweiterte instrumentale Ansatz*, der *Geschäftsbeziehungsansatz* sowie der *Netzwerkansatz*. Vgl. hierzu K. Backhaus, T. Bonus und T. Sabel (2004), S.28ff., F. Jacob und M. Kleinaltenkamp (2004), S.215ff., C. Homburg und J. Schneider (2001), S.594ff. sowie L.-G. Mattsson (2004), S.178ff.

[262] Vgl. R. Helm (2004), S.3 sowie K. Backhaus und M. Voeth (2004), S.10.

[263] Vgl. K. Backhaus und M. Voeth (2004), S.10.

sumgütermärkten nur durch indirekte Untersuchungen zu erlangen sind.[264] Hieraus ergeben sich spezifische Merkmale sowie charakteristische Anforderungen an die einzelnen Transaktionsphasen, die im Folgenden näher erläutert werden.

3.1.2 Phasen von Transaktionsprozessen

Transaktionsprozesse beinhalten mehrere Phasen, die unterschiedlich abgegrenzt werden.[265] Neben den zwei- und dreistufigen Prozessmodellen findet sich in der Literatur vor allem das vierstufige Transaktionsphasenmodell, bei dem ein Transaktionsprozess in die vier Phasen *Information, Vereinbarung, Abwicklung* und *After-Sales* unterteilt wird.[266] Im Industriegütermarketing stellt der *Abschluss* häufig eine Phase und nicht nur ein ‚Ergebnis' dar. Die sich daraus ergebenden fünf Phasen sind in Abbildung 15 dargestellt und werden im Kontext des Industriegütermarketing näher erläutert.[267]

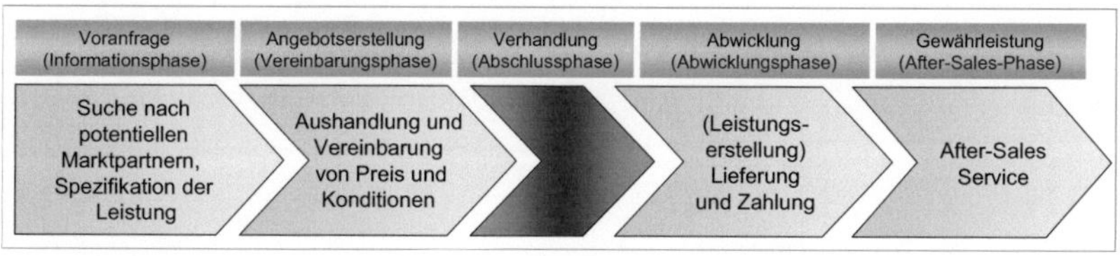

Abbildung 15: Transaktionsphasen im Industriegütermarketing[268]

[264] Vgl. R. Helm (2004), S.3 und H. Meffert (2005), S.101ff.

[265] Vgl. Grimm und Röhricht (2003), S.91f., H. R. Hansen und G. Neumann (2001), S.615, C. Homburg und J. Schneider (2001), S.594, A. Muther (2001), S.14ff., H. A. Hinderer (2005), S.67 sowie P. Mertens u.a. (2005), S.112.

[266] Vgl. A. Picot u.a. (2003), S.339 sowie C. Homburg und J. Schneider (2001), S.594f. Einen Überblick über unterschiedliche Phasenablaufkonzepte im Industriegütermarketing gibt K. Backhaus (2003), S.68. Ein weit verbreitetes Modell ist das *Buygrid-Modell* nach Robinson, Faris und Wind, in welchem die Anzahl der Transaktionsphasen in Abhängigkeit der Kaufklasse steht. Bei diesem Modell werden die Kaufklassen ‚Neukauf' (7 Phasen), ‚Modifizierter Wiederkauf' (6 Phasen) und ‚Identischer Wiederkauf' (2 Phasen) unterschieden. (Vgl. hierzu P.J. Robinson u.a. (1967)). Im Rahmen dieser Arbeit wird ein (statisches) fünfstufiges Modell verwendet, welches eine für das Industriegütermarketing geeignete Synthese der unterschiedlichen Modelle darstellt.

[267] Nach W.-D. Huth (1998) und E. Witte (1972) haben empirische Untersuchungen gezeigt, dass u.a. Transaktionsphasen in der Praxis nicht immer überschneidungsfrei abgrenzbar sind sowie nicht zwangsläufig in der dargestellten Reihenfolge auftreten. Für den weiteren Gang dieser Arbeit wird dennoch eine Trennung der Phasen wie dargestellt verwendet, um die Zuordnung von Anwendungssystemen strukturiert darstellen zu können.

[268] In Anlehnung an A. Picot u.a. (2003), S.338 sowie K. Backhaus (2003), S.70.

Informationsphase

Klassisch ist die Informationsphase durch die Gewinnung von Informationen auf der Kundenseite gekennzeichnet. Innerhalb dieser Phase werden Informationen von Kunden über die zu tauschenden Güter bzw. Leistungen sowie über die potentiellen Anbieter eingeholt. Als Auslöser für diese erste Phase eines Transaktionsprozesses wird vielfach der (akute) Bedarf von Betrieben gesehen. In der Literatur findet sich daher häufig der Ansatz, dass die Informationsphase vom Käufer initiiert wird und die Verkäufer erst zu einem späteren Zeitpunkt mit einbezogen werden.[269]

Aus Sicht von Anbietern besteht die Informationsphase in der Gewinnung von Informationen *über* (potentielle) Kunden (z.B. Kaufverhalten und Bonität) sowie Informationen *von* (potentiellen) Kunden (z.B. Kundenwünsche, Produktanforderungen und Erfahrungen mit Produkten von Mitbewerbern).[270] Im Kontext des Industriegütermarketing erhält zudem die Unterstützung von Aktivitäten eine stärkere Bedeutung, bei denen Vertriebs- und Servicemitarbeitern auf Grundlage von Indizien auf Verkaufschancen, neue Transaktionsprozesse für zusätzliche Leistungen oder Folgebeschaffungen anstoßen.[271]

Vereinbarungsphase

In der Vereinbarungsphase werden die Leistungsinhalte in einem ständigen Interaktionsprozess zwischen dem Anbieter und dem Nachfrager eventuell unter Hinzunahme von Dritten (z.B. Behörden) vereinbart. Zu den zu spezifizierenden Leistungsinhalten zählen z.B. die technische und funktionale Produktbeschaffenheit oder die Konditionen wie z.B. Zahlungsbedingungen, Lieferbedingungen, Garantieleistungen usw.[272]

---

[269] Vgl. H. R. Hansen und G. Neumann (2001), S.615.
[270] Vgl. G. Riempp (2003), S.25, H. R. Hansen und G. Neumann (2001), S.615, B. Schmid (1993) S.467, K. Backhaus (2003), S.69f.
[271] Vgl. R. Helm (2004), S.43ff., K. Backhaus (2003), S.70f. sowie B. Schmid (1993), S.467. Eine Konkretisierung der Inhalte der einzelnen Phasen in praxisgerechter Form findet sich z.B. in T. Lutz (2006).
[272] Vgl. H. R. Hansen und G. Neumann (2001), S.615, K. Backhaus (2003), S.70f. sowie B. Schmid (1993), S.467.

Abschlussphase

Im Konsumgütermarketing ist der Abschluss i.d.R. das Ergebnis der Vereinbarungsphase. Im Kontext des Marketing von Industriegütern geht mit der Auftragsvergabe vielfach eine zusätzliche Verhandlungsphase einher.[273]

Abwicklungsphase

Im Investitionsgütergeschäft liegt häufig eine Auftragsfertigung vor. Deshalb beginnt der Leistungserstellungsprozess häufig nach Auftragsvergabe. Die Abwicklungsphase endet i.d.R. mit der Inbetriebnahme des Industriegutes sowie der Leistung der vereinbarten Zahlungen des Kunden.[274]

After-Sales-Phase

Die Servicephase umfasst den Lebenszyklus des Industriegutes von der Inbetriebnahme bis zur Außerbetriebnahme bzw. Entsorgung.[275] Der Service beinhaltet hierbei neben der Wartung und Instandhaltung eine wesentliche Akquisefunktion für Folgegeschäfte. Weiterhin können Unternehmen innerhalb der Servicephase wesentliches Kundenwissen über die Zufriedenheit der Kunden mit den Produkten generieren.[276]

3.2 Anwendungssysteme zur Unterstützung der Transaktionsphasen

Anwendungssysteme zur Unterstützung der Transaktionsphasen werden heute im Allgemeinen als *Customer Relationship Management*-Systeme[277] (CRM) bezeichnet.[278] Vor der Einführung von CRM-Systemen sind in Unternehmen häufig historisch gewachsene Insellösungen wie z.B. Computer Aided Selling (CAS), Helpdesks, Call Center, Marketing Support Systems (MSS) und unter-

---

[273] Vgl. H. R. Hansen und G. Neumann (2001), S.615, K. Backhaus (2003), S.70f. sowie B. Schmid (1993), S.467.

[274] Vgl. H. R. Hansen und G. Neumann (2001), S.615, K. Backhaus (2003), S.70f. sowie B. Schmid (1993), S.467.

[275] Vgl. H. R. Hansen und G. Neumann (2001), S.615, K. Backhaus (2003), S.70f. sowie B. Schmid (1993), S.467.

[276] Vgl. J. Fleischer und S. Klinkel (2003), S.98f.

[277] Unter einem *Customer Relationship Management-System* wird im Rahmen dieser Arbeit in Anlehnung an MEYER *„die Zusammenführung verschiedener Tools, die im Rahmen des analytischen, operativen und kommunikativen CRM eingesetzt werden, verstanden"* (M. Meyer (2002), S. 12).

[278] Vgl. H. Hippner (2006), S.18, P. Stahlknecht und U. Hasenkamp (2005), S.352 sowie M. Merzenich (2005), S.15ff.

schiedliche Analysesysteme im Einsatz, die partiell Marketingfunktionen unterstützen, jedoch keine ganzheitliche Sicht auf den Kunden vermitteln.[279] CRM-Systeme zielen daher auf die Zusammenführung aller Anwendungssysteme in den Bereichen Marketing, Vertrieb und Service ab und unterstützen die Kommunikation mit den Kunden über alle zur Verfügung stehenden Kommunikationskanäle.[280]

Eine in der Literatur weit verbreitete Architektur von CRM-Systemen ist in Anlehnung an HIPPNER und WILDE in Abbildung 16 dargestellt.

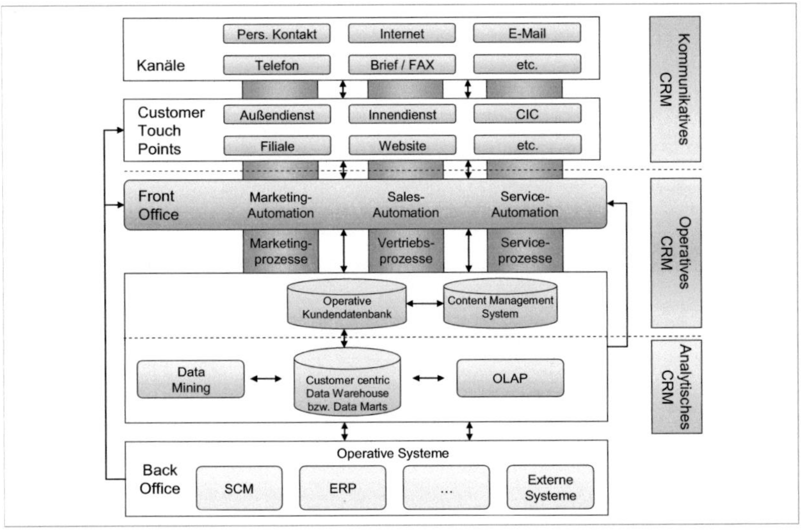

Abbildung 16: Komponenten eines CRM-Systems[281]

CRM-Systeme lassen sich in die Aufgabenbereiche *kommunikatives, operatives und analytisches* CRM unterteilen.[282]

---

[279] Vgl. H. Hippner, R. Rentzmann und K. D. Wilde (2004), S.15, P. Stahlknecht und U. Hasenkamp (2005), S.349ff., H. R. Hansen und G. Neumann (2001), S.540f. sowie M. Amberg und J. Schumacher (2002a), S.21f. In der Literatur findet sich daher häufig eine Unterscheidung in so genannte ‚selektive' und ‚integrative' Systeme. Vgl. hierzu u.a. M. Amberg und J. Schumacher (2002a), S.23f.

[280] Vgl. H. Hippner, R. Rentzmann und K. D. Wilde (2004), S.15, H.-P. Fröschle (2001), S.5, M. Amberg und J. Schumacher (2002a), S.21f. sowie R. E. Schmid, V. Bach und H. Österle (2000), S.13f.

[281] In Anlehnung an H. Hippner, R. Rentzmann und K. D. Wilde (2004), S.16.

Das *kommunikative CRM (kCRM)* umfasst die Steuerung aller Kundenschnittstellen. Dies beinhaltet die Unterstützung der Customer Touch Points sowie die Synchronisation aller Kanäle im Hinblick auf die Forderung, dass einerseits die Kunden eine einheitliche Sicht auf das Unternehmen erhalten (‚one face to the customer') und andererseits auch das Unternehmen eine einheitliche Sicht auf seine Kunden erhält (‚one face from the customer').[283] Ziel hierbei ist die Umsetzung einer integrierten Kontaktkette.[284]

Das *operative CRM (oCRM)* dient der Unterstützung von Kommunikations-, Transaktions- und Erfüllungsprozessen (Geschäftsprozessen). Hierfür werden Funktionalitäten in den Bereichen Marketing-, Sales- und Service-Automation sowie übergreifende Funktionalitäten zur Verfügung gestellt.[285]

- Der *Marketing-Automation* werden primär Funktionalitäten zugeordnet, welche die Steuerung und Unterstützung der kundenbezogenen Marketingprozesse übernehmen. In Anlehnung an HIPPNER, RENTZMANN und WILDE werden der Marketing-Automation das Kampagnenmanagement, das Kundenscoring sowie das Bereitstellen von (Marketing-) Materialien mittels Marketing-Enzyklopädie-Systemen bzw. Content Management-Systemen zugeordnet.[286]
- Zu den Kernfunktionalitäten der *Sales-Automation* gehört die Unterstützung der Vertriebs- bzw. Außendienstmitarbeiter bei der Planung, Vorbereitung, Durchführung und Nachbearbeitung von

282 Vgl. A. Payne (2006), S.23, P. Winkelmann (2005), S.302, M. Meyer (2002), S.13, A. Ostertag (2004), S.56f. sowie K. Walser (2006), S.36. Eine weitere, in der CRM-Literatur häufig vorzufindende Abgrenzung, unterscheidet lediglich die Aufgabenbereiche operatives und analytisches CRM, wobei die kommunikativen Aufgaben dem operativen CRM zugeordnet werden. Vgl. hierzu u.a. M. Merzenich (2005), S.15f. sowie H. Hippner, R. Rentzmann und K. D. Wilde (2006), S.47ff.

283 Vgl. J. Schulze (2002), S.43, D. Wehrmeister (2001), S.122ff. sowie H. Hippner, R. Rentzmann und K. D. Wilde (2006), S.63f. Unter *kommunikativem CRM* wird im Rahmen dieser Arbeit die technische Ausprägung des *Multi Channel Managements* verstanden. Vgl. hierzu K. Walser (2006), S.39. Zur Vertiefung des Themenbereiches *Multi Channel Management* vgl. u.a. S. Grimm und J. Röhricht (2003), S.106f., J. Schulze (2002), S.42ff. sowie D. Wehrmeister (2001), S.122ff.

284 Vgl. S. Grimm und J. Röhricht (2003), S.106f. sowie K. Balser (2006), S.122f.

285 Vgl. H. Hippner, R. Rentzmann und K. D. Wilde (2006), S.48, P. Winkelmann (2005), S.302, M. Merzenich (2005), S.16 sowie K. Walser (2006), S.37. Eine sehr umfangreiche Aufstellung der Funktionen zu den jeweiligen Prozessen findet sich bei J. Schulze (2002), S.27ff.

286 Vgl. A. Englbrecht, H. Hippner und K. D. Wilde (2004a), S.333ff., H. Hippner, R. Rentzmann und K. D. Wilde (2006), S.57f., J. Schulze (2002), S.27f. sowie M. Merzenich (2005), S.16.

Kundenkontakten. Hierzu gehört bspw. die Termin- und Routenplanung, die Besuchsberichterfassung, die Unterstützung bei der Preisfindung und Angebotserstellung, die Konfiguration von Produkten oder die Kundendatenverwaltung. Viele der heute am Markt befindlichen CRM-Systeme basieren historisch auf CAS-Systemen[287], weshalb die Sales-Automation häufig den funktionalen Schwerpunkt heutiger CRM-Systeme darstellt.[288]

- Die *Service-Automation* beinhaltet u.a. das Management von Serviceverträgen, die Serviceplanung und -steuerung, das Problemlösungsmanagement sowie das Eskalationsmanagement.[289]
- Zu den übergreifend unterstützenden operativen CRM-Funktionalitäten zählen u.a. Terminkalender, Workflowmanagement, Reporting und Kommunikationsunterstützung.[290]

Die operativen CRM-Prozesse basieren auf Daten einer zentralen Kundendatenbank. Weitere Informationen, die unstrukturiert z.B. in Form von Text, Grafik, Audio- und Videoinformationen im Unternehmen vorliegen, können mittels eines Content-Management-Systems integriert werden. Zusätzliche Daten, wie z.B. Liefertermine, Verfügbarkeit von Produkten, Zahlungseingänge etc., werden über Schnittstellen zu Back Office-Systemen (z.B. ERP- oder SCM-Systemen) im CRM-System verfügbar gemacht.[291] Allgemein lassen sich die im oCRM benötigten bzw. erfassbaren Informationen in die vier zentralen Kategorien *Kundeninformationen*, *Produktinformationen*, *Kampagneninformationen* sowie *Serviceinformationen* aufteilen.[292]

---

[287] Als *Computer Aided Selling (CAS)-Systeme* werden Anwendungssysteme bezeichnet, die Vertriebsmitarbeiter bei Routine- und Administrationsaufgaben unterstützen. Vgl. hierzu P. Stahlknecht und U. Hasenkamp (2005), S.351.

[288] Vgl. P. Winkelmann (2004), S.301ff., H. Hippner, R. Rentzmann und K. D. Wilde (2006), S.57f., J. Schulze (2002), S.28ff. sowie M. Merzenich (2005), S.16.

[289] Vgl. A. Schöler (2004), S.373ff., H. Hippner, R. Rentzmann und K. D. Wilde (2006), S.60f., J. Schulze (2002), S.30f. sowie M. Merzenich (2005), S.16f.

[290] Vgl. J. Schulze (2002), S.31, M. Merzenich (2005), S.17 sowie M. Amberg und J. Schumacher (2002a), S.21ff.

[291] Vgl. A. Payne (2006), S.243f., V. Kumar und W. J. Reinartz (2006), S.23f. sowie H. Hippner, R. Rentzmann und K. D. Wilde (2006), S.47. Eine detaillierte Darstellung zu Integrationsformen von ERP- und CRM-Systemen findet sich in K. Walser (2006), S.132ff. sowie in M. Meyer und S. Weingärtner (2002), S.199ff.

[292] Vgl. R. E. Schmid, V. Bach und H. Österle (2000), S.27 sowie A. Ostertag (2004), S.58f. Zur sog. CRM-Wissensstruktur vgl. R. E. Schmid, V. Bach und H. Österle (2000), S.27ff. sowie A. Ostertag (2004), S.58f.

Im *analytischen CRM (aCRM)* erfolgt die Zusammenführung aller kundenbezogenen Informationen sowie deren Analyse mit Hilfe von Data-Mining[293] und OLAP.[294] Die klassischen Einsatzgebiete des analytischen CRM liegen in der Durchführung von Warenkorb-, Zielgruppen-, Cross- und Up-Selling-, Kündiger- und Kundenwertanalysen sowie der Segmentierung und Klassifizierung von Kunden.[295] Durch eine systematische Nutzung der Kundenreaktionen können kontinuierliche Verbesserungen in der Kundenkommunikation, bei Produkten und bei Dienstleistungen erreicht werden.[296] Zur Abkoppelung der analytischen von den operativen Systemen erfolgt die Speicherung der Informationen teilweise in einem separaten kundenzentrierten Data-Warehouse[297] (CC-DWH).[298]

---

[293] Zu Data-Mining und OLAP vgl. ausführlich H.-G. Kemper, C. Unger und W. Mehanna (2006), S.99ff., P. Gluchowski und P. Chamoni (2006), S.143ff. sowie F. Beekmann und P. Chamoni (2006), S.263ff.

[294] Vgl. A. Payne (2006), S.226ff., K. Walser (2006), S.62ff., H. Hippner, R. Rentzmann und K. D. Wilde (2006), S.49 sowie M. Merzenich (2005), S.17.

[295] Vgl. A. Duffner und H. Henn (2001), S.189f.

[296] Vgl. A. Oberweis, O. Paulzen und H. J. Sexauer (2002), S.119ff., H. Hippner, R. Rentzmann und K. D. Wilde (2006), S.49ff. sowie M. Merzenich (2005), S.17. Zur vertiefenden Darstellung der Zusammenhänge vgl. G. Riempp (2003), S.26 und B. Stauss (2002), S.281ff.

[297] Zu Data-Warehouse vgl. ausführlich H.-G. Kemper, C. Unger und W. Mehanna (2006), S.88ff. sowie A. Bauer und H. Günzel (Hrsg., 2004), S.7ff.

[298] Vgl. H. Hippner, R. Rentzmann und K. D. Wilde (2006), S.49 und M. Merzenich (2005), S.17.

4. Anwendungssysteme in der Produktentwicklung und Produktion

Nach der in Kapitel 3 erfolgten Darstellung der Untersuchungsgegenstände innerhalb der kundenorientierten Unternehmensbereiche widmet sich dieses Kapitel den Untersuchungsgegenständen in den Bereichen *Forschung und Entwicklung*[299] (F&E) und *Produktion*. Mit dargestellt werden dabei die im Rahmen der Literaturrecherche gewonnen Ergebnisse zum Stand und Einsatz von produktorientierten Methoden und Anwendungssystemen.[300]

In der Betriebswirtschaftslehre findet sich häufig der Terminus *Produktion* für die Phase des Betriebsprozesses zwischen der *Beschaffung* und dem *Absatz*.[301] Diesem weiten Verständnis liegt eine Definition zu Grunde, worin die Produktion als *„die Kombination von Produktionsfaktoren zu Ausbringungsgrößen"*[302] verstanden wird.[303] In einem solchen weiten Verständnis sind Funktionen wie z.B. die *Forschung und Entwicklung* oder die *Finanzierung* mit eingeschlossen.[304]

Der Forschungskontext macht es aus Sicht des Autors erforderlich, dass die Forschung und Entwicklung als eigenständige Funktion neben der Produktion betrachtet wird. Der *Produktion* liegt daher ein enges Verständnis zu Grunde, in dem sie als die *„[...] Transformation der dem Betrieb zur Verfügung stehenden [...] Produktionsfaktoren in absetzbare Leistungen [...]"*[305] verstanden wird.[306]

[299] Auf Grund des Fokus dieser Arbeit auf mittelständische Industriebetriebe werden die Begriffe ‚Forschung und Entwicklung' und ‚Produktentwicklung' im Folgenden als Synonyme verwendet. Vgl. Fußnote Nr. 307.

[300] Vgl. Abschnitt 5.1.

[301] Vgl. H. Corsten (2007), S.1f., R. Berndt und A. Cansier (2007), S.3f. und J. Bloech und W. Lücke (2006), S.183f.

[302] J. Bloech und W. Lücke (2006), S.183.

[303] In der betriebswirtschaftlichen Literatur findet sich hierfür häufig die Bezeichnung *Leistungserstellung*. Zu unterschiedlichen Abgrenzungen des Begriffes *Produktion* vgl. H. Corsten (2007), S.1f., R. Berndt und A. Cansier (2007), S.3f., J. Bloech und W. Lücke (2006), S.183f. und H.-J. Warnecke (1995a), S.245.

[304] Vgl. H. Corsten (2007), S.2 sowie P. Mertens (2005), S.25.

[305] H. Corsten (2007), S.1.

[306] Als Synonyme für *Produktion* im engen Verständnis werden im Rahmen dieser Arbeit die Begriffe *Fertigung* und *Herstellung* verwendet. Vgl. H.-J. Warnecke (1995b), S.1. Auf Grund dieser Abgrenzung sind Querschnittsfunktionen wie z.B. die Finanzierung nicht Bestandteil des Untersuchungsbereiches.

Dieser Abgrenzung folgend werden in Anlehnung an SCHEER der *Produktentwicklung*[307] die Funktionen[308] *F&E-Veranlassung*, *Entwurf und Konstruktion*, *F&E-Kontrolle* sowie Teile der *Produktionsplanung* zugeordnet (vgl. Abbildung 17). Die Produktion enthält Teilbereiche der *Produktionsplanung* sowie die *Produktrealisierung*.

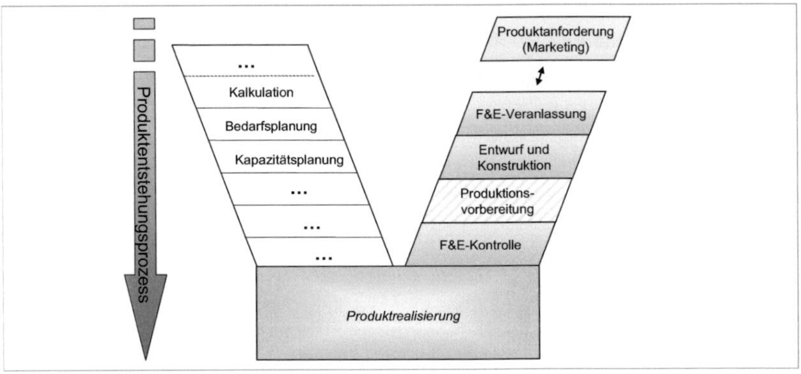

Abbildung 17: Funktionen in der Produktentstehung[309]

Die Entwicklung neuer, markt- bzw. kundengerechter Produkte stellt für industrielle Betriebe eine elementare Grundvoraussetzung für den Unternehmenserfolg dar.[310]

Die Veranlassung für eine (Weiter-)Entwicklung[311] eines Produktes stellt in der Regel ein (externer) Anstoß dar. Dies können z.B. der konkrete Bedarf von (po-

---

[307] *Forschung und Entwicklung* wird im Rahmen dieser Arbeit als *eine Menge von Aktivitäten und Tätigkeiten verstanden, durch die Änderungen von Theorien, Technologien oder Technik mit dem Ziel, technische Erzeugnisse zu realisieren, herbei geführt werden können (konstruktiven Entwicklung)*. Vgl. K. Brockhoff (1999), S.27 und S.48 sowie H. D. Bürgel u.a. (1996) S.10ff. Für eine detaillierte Diskussion von Abgrenzungen und Definitionen zu *Forschung* und *Entwicklung* vgl. K. Brockhoff (1999), S.27ff. sowie H. D. Bürgel u.a. (1996), S.10ff.

[308] Die Kernfunktionen der Produktentwicklung werden in der Regel auch als Phasen der Produktentwicklung verstanden. Vgl. hierzu VDI (1982), S.4f., VDI (1993), S.8, H. Weule (2002), S.226ff. sowie K. Ehrlenspiel (2007), S.97f.

[309] In Anlehnung an A.-W. Scheer (1995), S.532 und P. Mertens (2005), S.28.

[310] Vgl. K. Brockhoff (1999), S.24, H. D. Bürgel u.a. (1996), S.1f., K. Ehrlenspiel u.a. (2005), S.21f. sowie A.-W. Scheer (1995), S.531.

[311] Die Abgrenzung von *Neuentwicklung*, *Weiterentwicklung* sowie *Anpassungskonstruktion* kann anhand des Neuheitsgrades einer Konstruktionsaufgabe erfolgen. Vgl. VDI (1993), S.6.

tentiellen) Kunden, Hinweise auf Veränderungen des zukünftigen Marktes, Entwicklungen von Mitarbeitern sowie der technologische Fortschritt sein.[312]

Innerhalb der Produktentwicklung steht die Konstruktion[313] in mittelständischen Industriebetrieben häufig im Mittelpunkt der Produktentwicklung.[314] Die Konstruktion umfasst hierbei die Planung, Konzipierung, Gestaltung und Ausarbeitung von Produkten.[315] Im Rahmen dieser Phasen werden die Nutzungseigenschaften des Produktes durch die Festlegung der Geometrien und der Materialien in Bezug auf Funktionalität, Stabilität, Robustheit, Reparatureignung und Recyclingfähigkeit determiniert.[316] Die innerhalb der Konstruktion getroffenen Entscheidungen beeinflussen ebenfalls wesentlich die Kostenstruktur des Produktes.[317] Konstruktive Merkmale beeinflussen neben den Material- und Fertigungskosten die vielfach dominanten Lebenslaufkosten, die über den gesamten Lebenszyklus von Produkten entstehen. Hierzu gehören z.B. Kosten für Produktmodifikationen, Reparaturen, Reklamationen, etc.[318]

Auf die Konstruktion folgt im sequentiellen Produktentwicklungsprozess die *Produktionsvorbereitung*.[319] Innerhalb der Produktionsvorbereitung werden anhand der in der Konstruktion festgelegten Produkteigenschaften die Fertigungsverfahren und Produktionsprozesse determiniert sowie Steuerprogramme und Arbeitspläne erstellt. Im Rahmen des *Simultaneous Engineering*[320] werden die

---

[312] Vgl. VDI (1993), S.8f.
[313] Im Rahmen dieser Arbeit wird unter dem Begriff ‚Konstruktion' die Funktion des Entwerfens und des Konstruierens zusammengefasst.
[314] Vgl. A.-W. Scheer (1995), S.533 sowie E. Frieling u.a. (1994), S.9f.
[315] Vgl. VDI (1993), S.9f., VDI (1982), S.3 und K. Brockhoff (1999), S.50f. Zur Vertiefung der Konstruktionsphasen vgl. VDI (1982), S.3ff., VDI (1997), S.10ff. sowie S. Haasis (1995), S.6ff. Eine Spezifikation zum generellen Vorgehen beim Entwickeln und Konstruieren sowie eine Detaillierung der Aufgaben in Abhängigkeit der Branche ist Bestandteil der VDI Richtlinie 2221 (vgl. VDI (1993)).
[316] Vgl. A.-W. Scheer (1995), S.533.
[317] Vgl. K. Ehrlenspiel u.a. (2005), S.11.
[318] Vgl. K. Ehrlenspiel u.a. (2005), S 6ff. Eine detaillierte Darstellung der Kostenfestlegung und Kostenentstehung über den Produktlebenszyklus findet sich bei K. Ehrlenspiel u.a. (2005), S.8ff.
[319] Die Abgrenzung der Produktionsvorbereitung wird in der Literatur unterschiedlich vorgenommen. Im Rahmen dieser Arbeit wird eine Zuordnung in Anlehnung an MERTENS und SCHEER verwendet. Vgl. A.-W. Scheer (1995), S.534 sowie P. Mertens (2005), S.38.
[320] Vgl. A. Syska (2006), S.131ff. Im Rahmen dieser Arbeit werden die Begriffe ‚Simultaneous Engineering', ‚Concurrent Engineering' oder ‚Simultane Produktentwicklung' synonym verwendet. Für eine weitergehende Betrachtung vgl. N. Evbuomwan (1999), S.31f.

Phasen der Konstruktion sowie die Produktionsplanung[321] so weit wie möglich parallelisiert. Zur Erreichung einer weiteren Beschleunigung des *Time-to-Market* sowie zu einer zusätzlichen Senkung von Kosten wird im Kontext der *Digitalen Fabrik*[322] mit Hilfe von IT-System versucht, die Konstruktion sowie die Produktionsvorbereitung und -planung zu integrieren.

Die F&E-Kontrolle beinhaltet die Fortschrittskontrolle[323] sowie die Qualitätskontrolle.[324] Ziel der Qualitätskontrolle ist es, durch eine permanente Qualitätssicherung während des Produktentwurfes das Einhalten von Qualitätsanforderungen sicherzustellen.[325] Folgt man der Literatur, so erfordert dies ein ganzheitliches Qualitätsmanagement, welches sich über den gesamten Produktlebenszyklus erstreckt.[326] Die im Rahmen dieser Arbeit relevanten Methoden der Qualitätssicherung kommen daher sowohl in dem Bereich Produktentwicklung als auch in der Produktion zum Einsatz (vgl. Kapitel 4.1).

Innerhalb von industriellen Betrieben ist die (Produkt-)Entwicklung häufig als eine zentrale Abteilung mit funktionalen Einheiten organisatorisch verankert.[327] Diese Einheit übergibt die Artefakte der Produktentwicklung zur Realisierung an die Produktion.

---

[321] Zur Produktionsplanung vgl. G. Wöhe und U. Döring (2002), S.399ff.

[322] Vgl. Abschnitt 4.1.1 dieser Arbeit.

[323] Die Fortschrittskontrolle beinhaltet die dem Projektmanagement zugeordneten Tätigkeiten Budget-, Termin-, Kapazitäts-, und Ressourcenverfolgung. Vgl. P. Mertens (2005), S.40f. und A.-W. Scheer (1995), S.534f. Diese Aufgaben haben im weiteren Verlauf der Arbeit keine Relevanz. Deshalb werden Sie an dieser Stelle nicht weiter vertieft.

[324] Vgl. P. Mertens (2005), S.40f.

[325] Vgl. P. Mertens (2005), S.40f. sowie DIN (2000a), S.6.

[326] M. Recknagel (2005), S.19f. sowie DIN (2000a), S.6.

[327] Vgl. H. D. Bürgel u.a. (1996), S.154ff., K. Ehrlenspiel (2007), S.7 und A.-W. Scheer (1995), S.537f. Im Rahmen dieser Arbeit werden für die organisatorische Einheit eines Unternehmens, in welcher die Entwicklung von Produkten und/oder Dienstleistungen durchgeführt wird, die Bezeichnungen *Entwicklung* bzw. *Forschung und Entwicklung (F&E)* synonym verwendet. Der häufig zu *Entwicklung* synonym verwendete Begriff *Konstruktion* ist funktional ein Bestandteil der *Entwicklung*, weshalb er im Kontext dieser Arbeit funktional sowie organisatorisch der *Entwicklung* untergeordnet wird. Vgl. hierzu u.a. A.-W. Scheer (1995), S.533 sowie K. Ehrlenspiel (2007), S.7. Zur Vertiefung von F&E-Organisationsstrukturen und deren Auswirkungen auf die F&E-Effizienz vgl. F. L. Bennett (1996), S.22ff.

Die auf die Produktentwicklung folgende Produktrealisierung (vgl. Abbildung 17) beinhaltet im Begriffsverständnis dieser Arbeit die Fertigung von Produkten. Die in dieser Phase eingesetzten Methoden unterstützen überwiegend Tätigkeiten der Fertigungsplanung sowie der Fertigungssteuerung.[328] Innerhalb der Fertigungsplanung werden die Artefakte der Produktvorbereitung ggf. noch präzisiert.[329] Die Fertigungssteuerung umfasst im Wesentlichen die Steuerung und Überwachung des Ablaufs der Fertigungsprozesse.[330] Im Rahmen dieser Arbeit werden aus diesen Bereichen nur diejenigen vertieft, die einen Einfluss auf die vom Kunden wahrgenommenen Produkteigenschaften haben.

Aufbauend auf die dargestellten Funktionen der Produktentstehung wird im Folgenden auf die im Kontext dieser Arbeit relevanten Konzepte und Methoden in der Produktentwicklung und Produktion eingegangen. Daran anschließend werden die unterstützenden Anwendungssysteme erläutert und eingeordnet.

4.1 Relevante Konzepte und Methoden in der Produktentwicklung und Produktion

4.1.1 Digitale Fabrik und Digital-Mock-Up

Das Konzept der *Digitalen Fabrik* fokussiert eine möglichst vollständige digitale Bearbeitung des Produktlebenszykluses, d.h. von der Produktentwicklung über die Produktions- und Fabrikplanung, den Produktionsbetrieb bis zum Produktrecycling.[331] Die wesentlichen Nutzenpotenziale der Digitalen Fabrik liegen in der Steigerung der Wirtschaftlichkeit, der Verbesserung der Planungsqualität sowie der Standardisierung der Planungsprozesse, die sich in einer Verkürzung der wesentlichen Zeitspannen *Time-to-Market*, *Time-to-Volume* sowie *Time-to-Customer* ausdrücken.[332]

---

328 Vgl. H.-J. Warnecke (1995a), S.245ff.
329 Vgl. H.-J. Warnecke (1995a), S.247ff.
330 Vgl. H.-J. Warnecke (1995a), S.299ff.
331 Vgl. M. Schichtel (2002), S.17, W. Kühn (2006), S.10f., W. Kölscheid (1999), S.17ff. und VDI (2006), S.3f.
332 Vgl. VDI (2006), S.5f., S. Bierschenk u.a. (2005), S.9 und W. Kühn (2006), S.5. Für eine weiter gehende Betrachtung der organisatorischen, technischen und betriebswirtschaftlichen Ziele der *Digitalen Fabrik* vgl. u.a. W. Kühn (2006), S.5ff. sowie S. Bierschenk u.a. (2005), S.9f.

Gemäß der VDI-Richtlinie 4499 wird der Begriff der Digitalen Fabrik definiert als *„Oberbegriff für ein umfassendes Netzwerk von digitalen Modellen, Methoden und Werkzeugen, – u. a. der Simulation und 3-D-Visualisierung – die durch ein durchgängiges Datenmanagement integriert werden.“*[333]

Grundlage der *Digitalen Fabrik* ist daher die Schaffung gemeinsam genutzter *digitaler Modelle*[334]. Eines der wesentlichen *digitalen Modelle* ist hierbei das *Vollständige Digitale Produktmodell* (*Digital-Mock-Up*)[335].

Ausgangspunkt des Digital-Mock-Up (DMU) ist die erweiterte Nutzung eines geometriebasierten CAD-Modells. Unterschiedliche ‚Sichten'[336] ermöglichen dabei die Fokussierung auf die Produktgeometrie und -gestaltung, die Produktfunktionen sowie die Produktionsprozesse und -systeme. Voll ausgeprägte DMUs beinhalten damit (alle) Aspekte von der ersten Designidee über die Entstehungs- und Nutzungsphase bis hin zur Entsorgung.[337]

Im weiteren Verlauf dieser Arbeit wird vorausgesetzt, dass das Konzept der Digitalen Fabrik in kleinen und mittelständischen Industriebetrieben anwendbar ist bzw. Anwendung findet. Eine empirische Untersuchung des Fraunhofer Institutes für Produktionstechnik und Automatisierung (IPA) hat dies bestätigt.[338]

---

[333] VDI (2006), S.2.

[334] Vgl. S. Bierschenk u.a. (2005), S.8. Einen Überblick über die *digitalen Modelle* innerhalb der *Digitalen Fabrik* gibt W. Kühn (2006), S.13ff.

[335] Im Rahmen dieser Arbeit wird unter einem *Digital-Mock-Up* ein digitales Modell, welches die Geometrie, die Struktur sowie weitere Attribute eines Bauteils oder einer Baugruppe für die einzelnen Lebenszyklusphasen enthält, verstanden. Vgl. hierzu u.a. M. Schichtel (2002), S.21f., P. Weber (2003), S.24, R. Anderl u.a. (2004), S.30f. sowie A.-W. Scheer u.a. (2006), S.126f. Synonym hierfür werden im Verlauf dieser Arbeit in diesem Zusammenhang die Begrifflichkeiten ‚virtueller Prototyp', ‚virtuelles Objekt' und ‚virtuelles Produkt' verwendet. Für eine detaillierte Abgrenzung vgl. u.a. P. Weber (2003), S.24f.

[336] Die unterschiedlichen Sichten repräsentieren unterschiedliche Anforderungen an die Konstruktion. Hierzu finden sich in der Literatur eine Vielzahl von Konstruktionsmethoden (z.B. *Design for Manufacture*, *Design for Assembly* oder *Design for Recycling*), welche unter dem Begriff *Design for X* (Design for Excellence) subsumiert werden. Eine weiterführende Darstellung der *Design for X-Methoden* findet sich u.a. bei M. Schichtel (2002), S.97f., J. Schöttner (1999), S.163ff., O. Molloy u.a. (1998), S.37ff. und R. Bopp (1997) S.195.

[337] Vgl. P. Weber (2003), S.25, K.-F. Daemisch (1999), S.48f. sowie A. Janocha u.a. (1998), S.62ff.

[338] Vgl. hierzu S. Bierschenk u.a. (2005), S.13ff. Ein Ergebnis der vom Fraunhofer IPA durchgeführten empirischen Untersuchung ist, dass ca. 40 bis 50% der befragten KMUs die Methoden der *Digitalen Fabrik* in naher Zukunft einsetzen bzw. schon im Einsatz haben.

4.1.2 Quality Function Deployment

Wie bereits dargestellt, werden im Rahmen der Produktentwicklung die wesentlichen Merkmale in Bezug auf die *Qualität*[339] eines Produktes festgelegt. Deshalb existiert eine Vielzahl an Methoden zur Verbesserung der Produktqualität, die im Rahmen der Produktentwicklung zum Einsatz gebracht werden können.[340]

Im Kontext der Produktentwicklung in industriellen mittelständischen Betrieben hat die *Quality Function Deployment* (QFD)[341] -Methode eine große Relevanz.[342] Ein weiterer Grund für die Fokussierung auf QFD im Rahmen dieser Arbeit liegt in der expliziten Betrachtung von Kundenwünschen, d.h. mit der Einbeziehung von Kundenanforderungen, innerhalb des QFD-Prozesses.

Der Kerngedanke des QFD liegt darin, Kundenwünsche und Marktanforderungen bei der Produktentwicklung[343] gezielt umzusetzen. QFD verbindet hierbei unterschiedliche Begriffswelten und Modellierungsstufen mit Hilfe von Matrizen, über die eine Übersetzung der ‚*Stimme des Kunden*' in die ‚*Sprache des Entwicklers*' erfolgt.[344] Der Einsatz von QFD erstreckt sich dabei über mehrere

---

339 Der Begriff *Qualität* wird im Rahmen dieser Arbeit gemäß der EN ISO 9000:2005 verwendet. *Qualität* ist damit definiert als der „*Grad, in dem ein Satz inhärenter Merkmale Anforderungen erfüllt.*" (EN ISO 9000:2005 (2005), S.18). In Anlehnung an MASING kann *Qualität* kompakter als *realisierte Beschaffenheit einer Einheit bezüglich der Forderungen* formuliert werden (vgl. W. Masing (1999), S.3).

340 Vgl. H. Toutenburg und P. Knöfel (2008), S.10ff., K. Ehrlenspiel (2007), S.226ff., A. Töpfer (2007), S.31, L. Ophey (2005), S.33ff. M. Recknagel (2005), S.20 sowie F. L. Benett (1996), S.62ff. Einen vertiefenden Einblick in die Entwicklung von Qualitätsmanagementmethoden gibt M. Recknagel (2005), S.20 sowie M. Ketting (1999), S.17ff. Zur Vertiefung gängiger Methoden vgl. K. Ehrlenspiel (2007), S.227ff. und H.-U. Fehr (1999), S.31ff.

341 Einen vertiefenden Einblick in die Entstehung und Historie von QFD gibt u.a. Y. Akao (1992), S.15ff., G. Herzwurm u.a. (2000), S.17f. sowie L. Cohen (1995), S.12ff. Basierend auf dem Ansatz von Y. AKAO wurden unterschiedliche QFD-Methoden entwickelt. Einen detaillierten Vergleich gibt C. Mai (1997), S.32f. Im Rahmen dieser Arbeit werden als relevante *QFD-Methoden* der in der deutschsprachigen Literatur weit verbreitete *Vier-Phasen-Ansatz* nach MACABE sowie der Ansatz von AKAO und KING zu Grunde gelegt. Vgl. hierzu u.a. V. Zimmermann (1995), S.15ff., C. Mai (1997), S.29, J. Saatweber (2001), S.789, G. F. Kamiske (2006), S.235 sowie L. Ophey (2005), S.35.

342 Zur Anwendung und Verbreitung von QFD in der Praxis sowie insbesondere in mittelständischen Unternehmen vgl. A. Hemetsberger und J. Füller (2006), S.102 und T. Pfeifer (2002), S.63f. Die Notwendigkeit zum Einsatz anerkannter Qualitätsmanagementmethoden in Betrieben ergibt sich u.a. aus den Anforderungen zur Zertifizierung nach DIN EN ISO 9001, welcher in der Regel Betriebe des Maschinen- und Anlagenbaus unterliegen (vgl. DIN (2000a)).

343 QFD findet sowohl bei der Neuentwicklung als auch bei der Weiterentwicklung von Produkten Anwendung (vgl. hierzu K. Ehrlenspiel (2007), S.232 sowie A. Stanke und B. Ulbricht (1997), S.158ff.).

344 Vgl. K. Ehrlenspiel (2007), S.228 sowie H. D. Bürgel u.a. (1996), S.117.

Phasen von der Konzeptentwicklungs- bis hin zur Produktionsphase (vgl. Abbildung 18).[345]

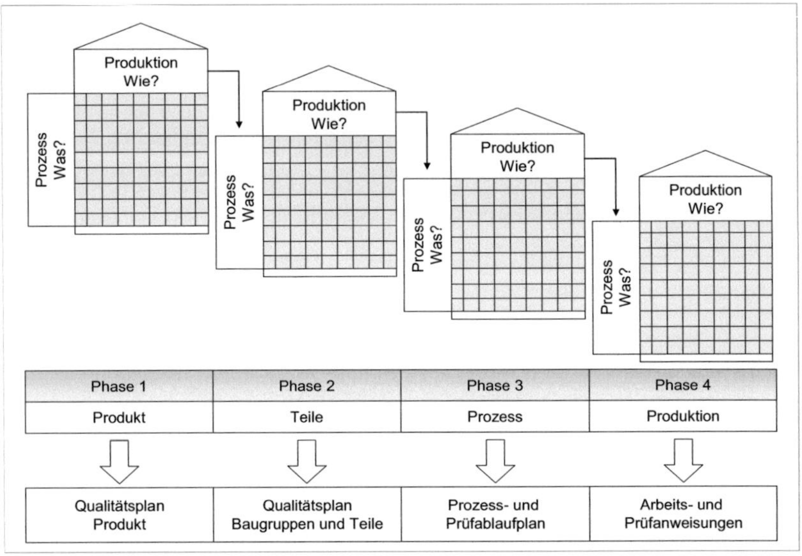

Abbildung 18: Phasen des QFD[346]

Ablauf eines QFD-Prozesses

Zu Beginn der ersten Phase werden zunächst die Kundenwünsche und Anforderungen an das Produkt ermittelt, geordnet und gemäß ihrer Bedeutung für den Kunden gewichtet. [347] Mit den gewichteten Kundenanforderungen wird das sog. *House of Quality* erstellt (vgl. Abbildung 19).[348] Kernstück des *House of Quality* der ersten Phase ist die Matrix, in der die Kundenanforderungen mit den Konstruktionsmerkmalen vernetzt werden. Damit lassen sich unter Einbezie-

[345] Vgl. L. Ophey (2005), S.35, A. Stanke und B. Ulbricht (1997), S.163 sowie C. Mai (1997), S.29.

[346] C. Mai (1997), S.29.

[347] Die Art und Weise der Ermittlung der Kundenanforderungen ist nicht Bestandteil von QFD, vielmehr wird die Kenntnis der Kundenanforderungen vorausgesetzt. Als Methoden zur Erhebung finden sich in der Literatur vor allem die Marktanalyse durch externe Partner sowie diverse Methoden des Marketing (z.B. Kundeninterviews mit Fragebögen, Telefonumfragen etc.). Vgl. hierzu u.a. L. Ophey (2005), S.36 sowie G. Herzwurm (2005), S.6.

[348] Zur Vertiefung der konkreten Durchführung vgl. u.a. K. Ehrlenspiel (2007), S.230, J. Saatweber (1997), S.126ff. sowie L. Cohen (1995), S.75ff.

hung der weiteren Bereiche des *House of Quality* die Vorgaben für die Produktentwicklung ableiten.[349]

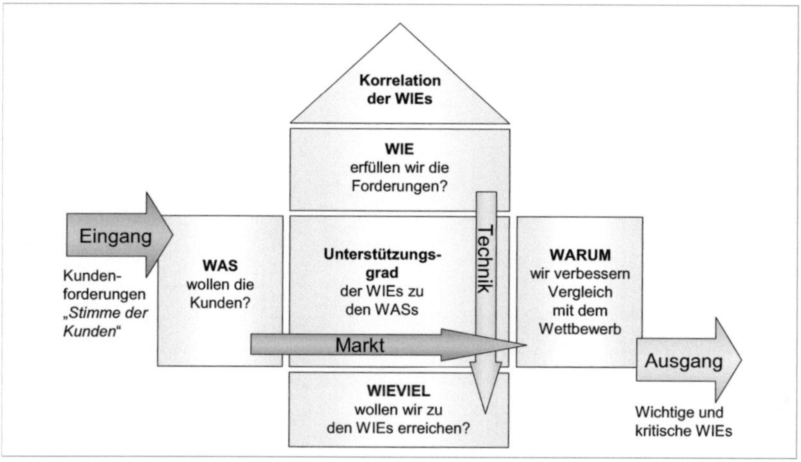

Abbildung 19: Schematische Darstellung des *House of Quality*[350]

Eine weitere Detaillierung kann durch zusätzliche Konkretisierungsschritte hergeleitet werden. Dies erfolgt durch eine systematische Umsetzung der Kundenanforderungen auf Baugruppen und Bauteilebene. Hierzu wird jeweils eine weitere Matrix mit der Stärke des Zusammenhangs der Qualitätsmerkmale und der Gewichtung der Kundenwünsche erstellt (Phase 2).[351] In Anlehnung an EHRLENSPIEL ist ein generisches *House of Quality* dargestellt (vgl. Abbildung 20), welches die Zuordnung der Kundenanforderungen auf Baugruppen sowie Einzelteile enthält.

In weiteren Phasen können analog hierzu die Kundenanforderungen an die Prozesse sowie an die Produktion konkretisiert werden.[352] Die Ergebnisse des QFD-Prozesses sind in der Regel dann die Basis des jeweiligen Pflichtenheftes.[353]

[349] Vgl. H. D. Bürgel u.a. (1996), S.117. Für eine detaillierte Darstellung der Vorgehensweise hierzu vgl. u.a. L. Ophey (2005), S.37f. sowie J. Saatweber (1997), S.158ff.
[350] J. Saatweber (1997), S.157
[351] Vgl. K. Ehrlenspiel (2007), S.230f.
[352] Vgl. J. Saatweber (1997), S.158ff.
[353] Vgl. H. D. Bürgel u.a. (1996), S.117.

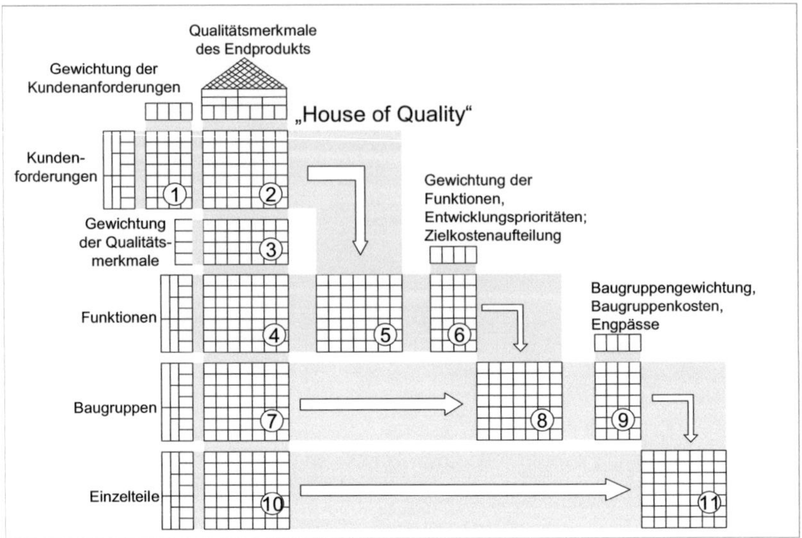

Abbildung 20: Generisches *House of Quality* (Stufe 2)[354]

4.1.3 Feature-Based Assembly Design

Im Rahmen der Produktentwicklung haben technische Zeichnungen, d.h. die Darstellung geometrischer Informationen[355], traditionell eine sehr hohe Bedeutung. Die Dokumentation von technischen Produkten sowie die Kommunikation der am Konstruktionsprozess Beteiligten erfolgt daher überwiegend mittels technischer Zeichnungen bzw. (digitaler) grafischer Objekte, die das Konstruktionswissen implizit enthalten und deshalb einer Interpretation bedürfen.[356] Semantische, d.h. nicht geometrische Merkmale bzw. Attribute, sind in geometrischen Modellen nicht oder nur sehr eingeschränkt darstellbar.

[354] K. Ehrlenspiel (2007), S.231.

[355] Die Darstellung geometrischer Informationen erfolgt dabei über zwei oder drei dimensionale grafische Modelle, welche mit Hilfe geometrischer Primitive wie Punkt, Kante, Fläche und Volumen ausschließlich Merkmale, welche die Gestalt beschreiben, beinhalten. Vgl. hierzu z.B. S. Schaal (1992), S.28ff., VDI (2003), S. 5 sowie S. Haasis (1995), S.11.

[356] Vgl. J. J. Shah und M. Mäntyla (1995), S.91 sowie S. Haasis (1995), S.13ff.

Dieses Defizit hat im Bereich der Arbeitsplanung zur Entwicklung der *Feature-Technologie*[357] geführt, um neben den geometrischen Informationen die notwendigen Fertigungsanweisungen explizit als *semantische Informationen* mit erfassen zu können.[358]

Einen Überblick über die Entwicklung der *Feature-Technologie* gibt Abbildung 21.

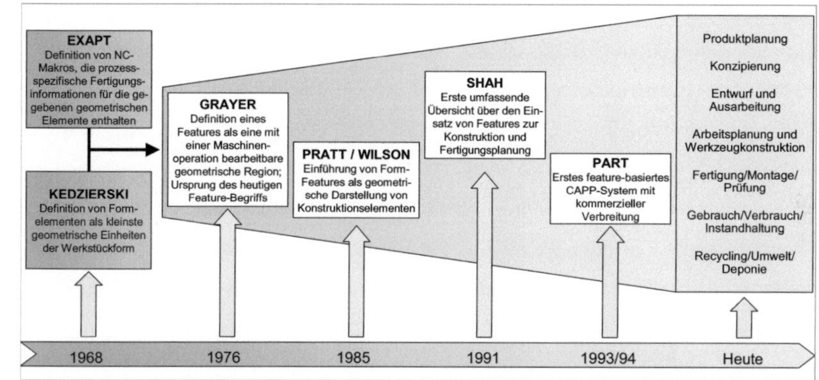

Abbildung 21: Entwicklung der *Feature-Technologie*[359]

Heute wird die *Feature-Technologie* universeller verstanden. Aktuelle Entwicklungen nutzen diese Technologie, um Informationen der verschiedenen Produktlebenszyklusphasen in einem gemeinsamen Produktdatenmodell zu integrieren. Hierbei werden Informationen, die im Entwicklungsprozess entstehen, erfasst und für nachfolgende Stellen, d.h. für spätere Informationsnachfrager, passend zur Verfügung gestellt.[360] Durch den Einsatz der *Feature-Technologie*

[357] In der Literatur findet sich für das *feature-basierte Modellieren* der Begriff *Feature-Technologie*, wobei unter *Technologie „[...] ein System von anwendungsbezogenen, aber allgemeingültigen Ziel-Mittel-Aussagen [...]"* (K. Brockhoff (1999), S.26) verstanden wird. Im Rahmen dieser Arbeit wird der Terminus *Feature-Technologie* auf Grund der weiten Verbreitung in der Literatur übernommen, wobei der Autor das *feature-basierte Modellieren* eher als eine *Methode* im Sinne einer „[...] *planmäßig angewandten, begründeten Vorgehensweise zur Erreichung von festgelegten Zielen im Rahmen festgelegter Prinzipien [...]*" (H. Balzert (2001), S.36) versteht.

[358] Vgl. u.a. J. J. Shah und M. Mäntylä (1995), S.97, C. Weber und F.-L. Krause (1999), S.43ff. sowie VDI (2003), S.3f.

[359] VDI (2003), S.3.

[360] Vgl. C. Weber und F.-L. Krause (1999), S.43f. sowie VDI (2003), S.5.

wird über den gesamten Produktlebenszyklus hinweg eine positive Beeinflussung der Faktoren (Entwicklungs-)*Zeit*[361], *Kosten*[362] und *Qualität*[363] erreicht.[364] Der Begriff *Feature* wird innerhalb der Produktentwicklung überwiegend als *ein mit Semantik*[365] *verknüpftes Geometrieelement* definiert.[366] In diesem Verständnis sind Features semantikbehaftete Objekte, die neben den Geometrieinformationen explizite Datenattribute oder Regeln enthalten (vgl. Abbildung 22).[367] Semantiken sind hierbei funktions- oder fertigungsbezogene Informationen, die eine spezifische, d.h. lebenszyklusorientierte Sicht auf das technische Element ermöglichen. Beispielhafte Sichten sind die *Konstruktionssicht* (Geometrie und Konstruktionsinformationen), die *Fertigungssicht* (Geometrie und Fertigungsinformationen) oder die *Montagesicht* (Geometrie und Montageinformationen).[368]

Im Rahmen dieser Arbeit wird in Anlehnung an WEBER ein allgemeineres Begriffsverständnis, bei dem die zwingende Bindung von Semantik an ein Geometrieelement entfällt, zu Grunde gelegt. Unter einem Feature im Kontext dieser Arbeit wird ein *„informationstechnisches Element, welches Bereiche von besonderem technischen Interesse von einzelnen oder mehreren Produkten darstellt“*[369], verstanden. Ein Feature kann damit auch nur aus nichtgeometrischer semantischer Information bestehen.[370]

---

[361] Faktor Zeit im Sinne von Reduzierung der Entwicklungszeit zur Verkürzung des ‚Time-to-Market'. Vgl. hierzu z.B. VDI (2003), S.6.

[362] Eine Reduzierung der Kosten umfasst sowohl die Reduzierung der Entwicklungskosten durch z.B. eine höhere Wiederverwendungsrate als auch eine Reduzierung der Produktions- und Betriebskosten durch eine höhere Anlaufreife. Vgl. hierzu z.B. K. Ehrlenspiel u.a. (2005), S.13f.

[363] Zu Qualität vgl. Abschnitt 4.1.2.

[364] Vgl. C. Weber und F.-L. Krause (1999), S.43f. sowie VDI (2003), S.5. Für eine detaillierte Darstellung des Nutzens vgl. S. Haasis u.a. (2003), S.92ff. sowie H.-J. Bullinger u.a. (1999), S.4ff.

[365] Semantik allgemein als vom Kontext (Lebenszyklusphase) abhängige ‚interpretierbare Bedeutung' vgl. E. Rieger (1995), S.14.

[366] Für den Begriff *Feature* existiert keine einheitliche Definition. Eine Übersicht über unterschiedliche *Feature*-Definitionen gibt J. J. Shah und M. Mäntylä (1995), S.261ff. sowie E. Rieger (1995), S.41. Im Konstruktionsbereich wird im deutschsprachigen Raum häufig der Begriff *Element* als Synonym verwendet (z.B. ‚Gestaltelement', ‚Funktionselement', ‚Konstruktionselement' oder ‚Fertigungselement'). Vgl. hierzu z.B. S. Haasis (1995), S.45, W. Greska (1995), S.17f., VDI (2003), S.10, R. A. Baumann (2004), S.10f. sowie E. J. Tassi (2005), S.34f.

[367] Vgl. W. Greska (1995), S.17, J. Haasis (1995), S.45 und E. J. Tassi (2005), S.37.

[368] Vgl. J. O. Canciglieri u.a. (2003), S.113f. und E. J. Tassi (2005), S.35 sowie Fußnote 336.

[369] C. Weber (1996), S.110.

[370] Vgl. E. Rieger (1995), S.37, VDI (2003), S.11 und E. J. Tassi (2005), S.35.

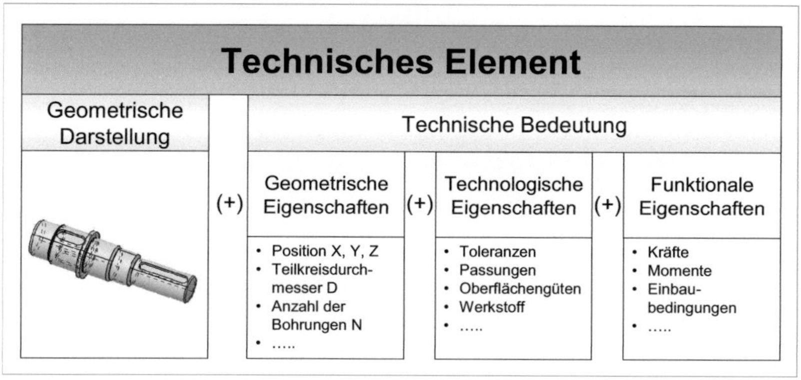

Abbildung 22: Bestandteile eines Features[371]

In der Literatur sowie in der Praxis[372] findet sich eine Unterscheidung der Featurearten in *Form-Features* und *Semantische Features*.[373]

Form-Features sind gruppierte Geometrieelemente, die unter einem gemeinsamen Namen erzeugt, gespeichert, geändert und gelöscht werden können.[374] Attribute von Form-Features können hierbei Oberflächenangaben, Toleranzen, Abmessungsverhältnisse etc. sein.[375] Ein einfaches Beispiel für ein Form-Feature ist ein *Langloch* (vgl. Abbildung 23). Dieses Form-Feature besteht aus der Geometrie (Gestalt und Abmessungen) sowie den Attributen ‚Toleranz' (z.B. H7) und ‚Oberflächengüte' (z.B. $R_a = 2,4$).

[371] E. J. Tassi (2005), S.35.
[372] Implementierungen in aktuellen CAD/CAM-Systemen.
[373] Vgl. C. Weber und F.-L. Krause (1999), S.47 und VDI (2003), S.14f. In der Literatur findet sich vielfach eine Unterscheidung in weitere Arten von Features, wie z.B. *Anwendungs-Features* oder *Compound-Features*. Diese weitere Differenzierung ist uneinheitlich und nicht trennscharf (vgl. hierzu J. Ovtcharova (1997), S.29ff.). Des Weiteren lassen sich nach dem Verständnis des Autors alle weiteren Featurearten entweder den Form- oder den semantischen Features zuordnen, weshalb eine weitere Differenzierung im Rahmen dieser Arbeit nicht erfolgt.
[374] Vgl. W. Greska (1995), S.18, C. Weber und F.-L. Krause (1999), S.47 und VDI (2003), S.14.
[375] Eine ausführliche Darstellung von Form-Features sowie deren Merkmale findet sich in J. J. Shah und M. Mäntylä (1995), S.98ff.

Häufig wiederkehrende Geometrien lassen sich als parametrisierbare Form-Features[376] in Feature-Bibliotheken[377] ablegen und somit bei der Geometriemodellierung (wieder-)verwenden.[378]

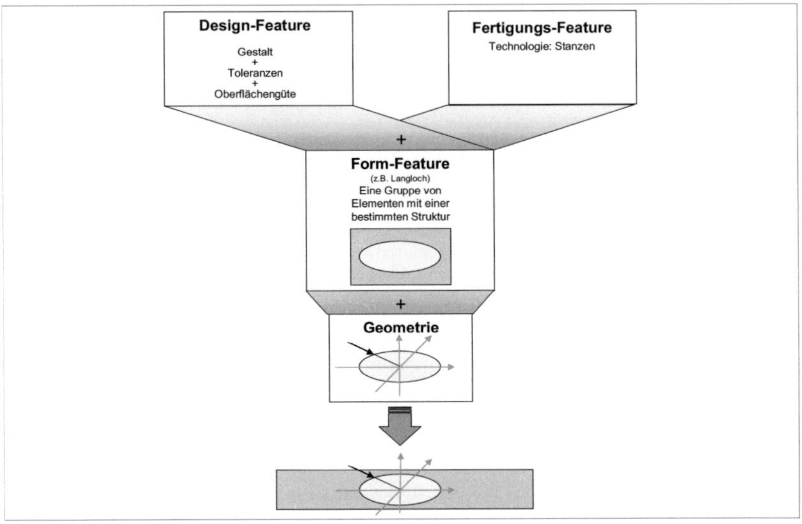

Abbildung 23: Form-Features und semantische Features[379]

Semantische Features sind Informationseinheiten, die Eigenschaften aus einer Eigenschaftsklasse, abhängig von der Produktlebenszyklusphase, repräsentieren. In der Regel sind semantische Features Form-Features zugeordnet.[380] Beispielhafte lebenszyklusorientierte Sichten sind die Konstruktionssicht und die Montage- bzw. Fertigungssicht.[381] Semantische Features enthalten zur jeweiligen Sicht relevante Informationen, d.h. z.B. Fertigungsinformationen in der Fertigungssicht. Eine weitere beispielhafte Anwendung von semantischen Features ist die konstruktionsbegleitende Kalkulation mit Hilfe von Kosten-

[376] Zur weiteren Vertiefung von Form-Features vgl. J. J. Shah und M. Mäntylä (1995), S.98.
[377] Zu Aufbau und Strukturen von Feature-Bibliotheken vgl. R. A. Baumann (2004), S.49ff. sowie C. Weber und F.-L. Krause (1999), S.53f.
[378] Vgl. C. Weber und F.-L. Krause (1999), S.57.
[379] In Anlehnung an W. Greska (1995), S.18.
[380] Vgl. C. Weber und F.-L. Krause (1999), S.47 sowie VDI (2003), S.14.
[381] Vgl. C. Weber und F.-L. Krause (1999), S.57, VDI (2003), S.14 sowie J. Schöttner (1999), S. 235f. Einen vertiefenden Einblick in Bestandteile und Eigenschaften von Fertigungsinformationen sowie die Umsetzung in Fertigungs-Features und deren Nutzung im Konstruktionsprozess gibt U. Prengemann (1994), S.4ff.

Features. Hierbei werden Zeit- und Kosteninformationen als semantische Features Form-Features zugeordnet.[382]

Das *Vollständige Digitale Produktmodell*[383] ergibt sich bei Anwendung der *Feature-Technologie*, wie in Abbildung 24 dargestellt, aus dem Relationsgebilde aller Sichten.[384]

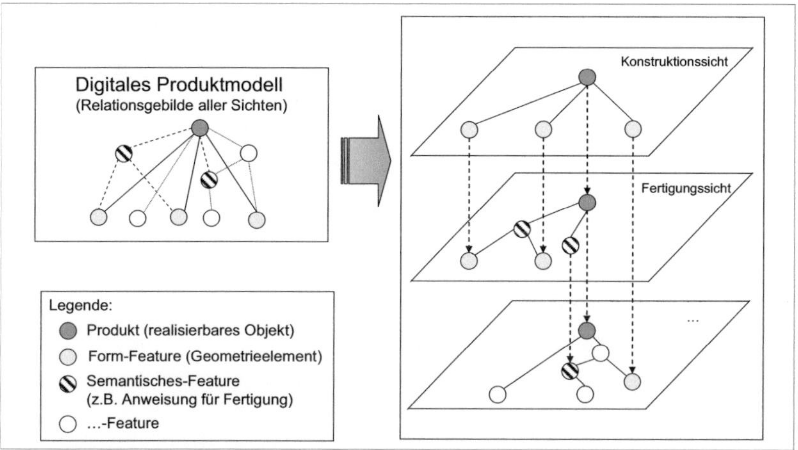

Abbildung 24: Digitales Produktmodell und *Feature-Technologie*[385]

Für die formale Repräsentation von Features sowie den Austausch von Features über unterschiedliche Systeme hinweg existiert noch keine allgemein anerkannte Beschreibungssprache.[386] Im Rahmen dieser Arbeit wird daher für die Repräsentation bzw. den Austausch von Features XML[387] verwendet.

[382] Vgl. S. Schaal (1992), S.88ff., K. Ehrlenspiel u.a. (2005), S.480ff. sowie M. Muth (1994), S.85f. Eine detaillierte Darstellung von featurebasierten Kosteninformationssystemen findet sich z.B. bei S. Haasis (1995), S.117ff.
[383] Vgl. Abschnitt 4.1.1.
[384] Vgl. G. Brunetti (2003), S.26f., J. Schöttner (1999), S.163ff., M. Schichtel (2002), S.21ff.
[385] In Anlehnung an J. Schöttner (1999), S.210.
[386] Feature-Beschreibungssprachen stellen einen aktuellen Forschungsgegenstand in der Wissenschaft und Praxis dar. Zu den in der Literatur häufig diskutierten Ansätzen zählen PDGL, TEBES, STEP und EXPRESS sowie modifizierte und/oder erweiterte Ansätze auf deren Basis. Aktuelle Forschungsarbeiten berücksichtigen darüber hinaus XML als mögliche Beschreibungssprache für Features. Vgl. u.a. E. J. Tassi (2005), S.37f. und S.62ff., H. K. Tönshoff u.a. (1999), S.437f., M. Schichtel (2002), S.155ff. sowie R. A. Baumann (2004), S.75ff.
[387] Die ‚eXtensible Markup Language' (XML) ist eine vom World Wide Web Consortium (W3C) definierte Auszeichnungssprache, welche sich zum Modellieren von hierarchischen Datenstrukturen eignet. Vgl. F. Cohen (2007), S.42.

Innerhalb der *Feature-Technologie* werden als featurebasierte Anwendungen das featurebasierte Modellieren (*Design by Feature*), die Feature-Erkennung (*Feature Recognition*) sowie die Feature-Transformation (*Feature Mapping*) unterschieden.[388]

- Unter dem Begriff *Design by Feature* wird die Konstruktion von Objekten aus bereitgestellten Featureelementen verstanden. Der Konstrukteur wählt hierbei vordefinierte Features aus einer Feature-Bibliothek aus und fügt diese parametrisiert dem Konstruktionsobjekt hinzu (Instanziierung)[389].[390]
- Bei der *Feature Recognition* handelt es sich um die Erkennung von Features in geometrischen Modellen. Die Feature-Erkennung kann dabei manuell oder automatisiert, z.B. auf der Grundlage der Mustererkennung, erfolgen.[391]
- Das Transformieren oder Zuordnen von Feature-Attributen zwischen unterschiedlichen Feature-Klassen wird als *Feature Mapping* bezeichnet. Werden beispielsweise unterschiedliche Feature-Bibliotheken innerhalb der Prozesskette verwendet, so ist eine Übersetzung der Funktions-Features in Fertigungs-Features notwendig. Der Transformationsprozess kann hierbei entweder manuell oder regelbasiert automatisch stattfinden.[392]

Featurebasierte Systeme versetzen Unternehmen damit in die Lage, geometrische und semantische Informationen über den gesamten Produktlebenszyklus konsistent und strukturiert zu erfassen und zu nutzen.

4.2 Anwendungssysteme im Produktentstehungsprozess

Anwendungssysteme innerhalb der Produktentwicklung haben die Aufgabe, Methoden und Prozesse zu unterstützen bzw. neue zu ermöglichen, um damit eine Effizienzsteigerung herbeizuführen. Auf Grund der überwiegenden funktio-

---

[388] Vgl. VDI (2003), S.19ff., E. J. Tassi (2005), S.36 sowie C. Weber und F.-L. Krause (1999), S.48ff. Eine detaillierte Erläuterung der Feature-Anwendungen findet sich u.a. bei J. J. Shah und M. Mäntylä (1995), S.101ff. sowie F.-L. Krause u.a. (1999), S.420ff.
[389] Vgl. H. K. Tönshoff u.a. (1999), S.438.
[390] Vgl. VDI (2003), S.19f., E. J. Tassi (2005), S.36 sowie C. Weber und F.-L. Krause (1999), S.48.
[391] Vgl. VDI (2003), S.20f., E. J. Tassi (2005), S.36 sowie C. Weber und F.-L. Krause (1999), S.49f.
[392] Vgl. VDI (2003), S.21f., E. J. Tassi (2005), S.36 sowie C. Weber und F.-L. Krause (1999), S.50.

nalen Organisation von industriellen Betrieben entstanden in der Vergangenheit heterogene Anwendungssysteme, die überwiegend einzelne Funktionen innerhalb des Produktentwicklungs- bzw. Produktionsprozesses unterstützen.[393] Einen Überblick hierüber gibt Abbildung 25.

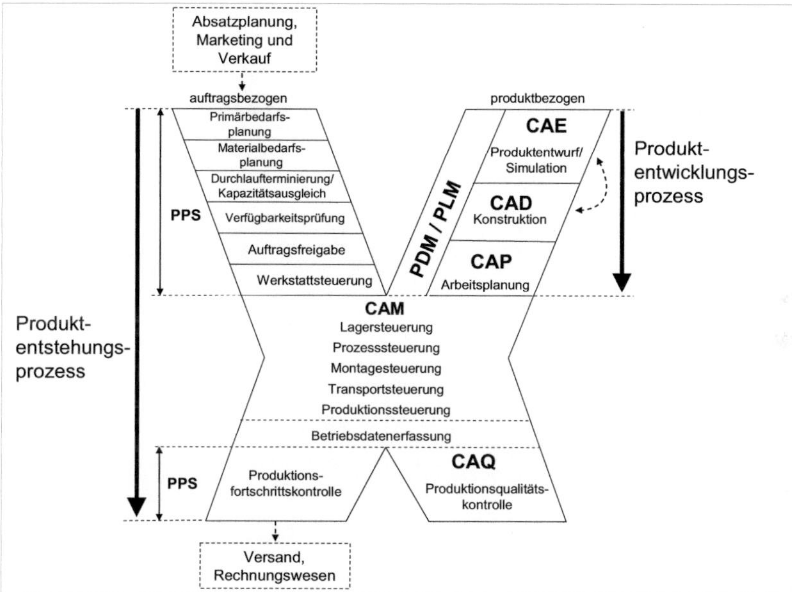

Abbildung 25: Anwendungssysteme im Produktentwicklungs- und Produktionsprozess[394]

Im Folgenden werden die einzelnen Anwendungssysteme kurz erläutert und anschließend integrierende Ansätze dargestellt.

4.2.1 Computer Aided Design und Computer Aided Engineering

Unter *Computer Aided Design (CAD)* können in Anlehnung an FRIELING allgemein *„alle Aktivitäten verstanden [werden], bei denen EDV direkt oder indirekt im Rahmen von Entwicklungs- und Konstruktionstätigkeiten eingesetzt wird“*[395].

---

393 Vgl. A.-W. Scheer (1990), S.2f., P. Mertens u.a. (2005), S. 95f., H.-J. Bullinger, A. Bröcker und F. Wagner (1999), S.12 sowie P. Stahlknecht und U. Hasenkamp (2005), S.355ff.

394 In Anlehnung an A.-W. Scheer u.a. (2006), S.10 und P. Mertens u.a. (2005), S.109.

395 E. Frieling u.a. (1994), S.10. Für den Begriff *CAD* existiert kein einheitliches Begriffsverständnis. Die wesentlichen Unterschiede ergeben sich durch eine uneinheitliche Abgrenzung von CAD und CAE. Vgl. hierzu z.B. E. Frieling u.a. (1994), S.10f., R. Bernhardt (1988), S.12 sowie DIN (2002), S.3.

CAD umfasst bei diesem Verständnis das computerunterstützte Entwerfen, Zeichnen und Konstruieren sowie das Durchführen von technischen Berechnungen.[396]

Computer Aided Engineering (*CAE*) umfasst die computergestützte Durchführung von auf geometrischen CAD-Modellen basierenden komplexen Berechnungs- und Simulationsverfahren wie z.B. FEM[397] und wird daher vielfach als Bestandteil bzw. Weiterentwicklung von CAD verstanden.[398]

Im Rahmen dieser Arbeit wird auf Grund

- der unscharfen Abgrenzbarkeit zwischen CAD und CAE sowie
- der bei aktuellen Anwendungssystemen erkennbaren Tendenz zur Verschmelzung von CAD- und CAE-Anwendungen

unter einem *CAD-System* ein Anwendungssystem verstanden, das aus einer komplexen Softwareanwendung (CAD-Software) in Verbindung mit einer Hardware besteht und sämtliche CAD-/CAE- Aktivitäten unterstützt.[399]

Nach heutigem Stand werden CAD-Systeme[400] gemäß einer Untersuchung des FRAUNHOFER IAO nahezu in allen Betrieben des industriellen Mittelstandes im Rahmen der Produktentwicklung eingesetzt.[401] Aktuelle CAD-Anwendungssysteme ermöglichen in der Regel eine dreidimensionale Modellierung (Volumenmodelle) von Bauteilen und Baugruppen sowie die Durchführung von umfassenden Berechnungen (z.B. Festigkeitsberechnungen) und Simulationen (z.B. Montagesimulation).[402] Nach einer Marktstudie des AIP-INSTITUTES unterstützen bereits etwa die Hälfte der aktuellen CAD-Anwendungen für den

---

[396] Vgl. A.-W. Scheer (1988), S.282f., U. Schüler (1994), S.46f., E. Frieling u.a. (1994), S.10f., P. Stahlknecht und U. Hasenkamp (2005), S.354.

[397] Finite Elemente Method (FEM), vgl. z.B. U. Schüler (1994), S.46.

[398] Vgl. A.-W. Scheer (1988), S.284, P. Mertens u.a. (2005), S.85 sowie M. Eigner u.a. (2001), S.320. Zu unterschiedlichen Begriffsabgrenzungen von CAE vgl.P. Mertens (2005), S.29f.

[399] Vgl. P. Mertens u.a. (2005), S.85, P. Mertens (2005), S.29 sowie P. Stahlknecht und U. Hasenkamp (2005), S.354. Im Rahmen dieser Arbeit wird nicht näher auf branchenspezifische Ausprägungen von CAD-Systemen (z.B. M-CAD (Maschinenbau), E-CAD (Elektronikindustrie) etc.) eingegangen. Zur Vertiefung von branchenspezifischen Ausprägungen von CAD-Systemen vgl. P. Mertens (2005), S.34f.

[400] Zum Einsatz von CAD-Systemen im industriellen Mittelstand vgl. Marktstudie CAD-CAM-EDM (F.-N. Rudolph und J. R. Dietrich (2003)).

[401] Vgl. J. Warschat u.a (2003), S.7 und S.20.

[402] Vgl. U. Sendler und V. Wawer (2005), S.114 sowie S. Vajna und C. Weber (2006), S.14.

Bereich *Mechanik*[403] die *Feature-Technologie* bzw. werden diese ab einer der nächsten Versionen unterstützten.[404] Auch diese CAD-Anwendungen sind noch überwiegend geometrieorientiert und unterstützen daher bisher vor allem die Phasen Detailkonstruktion, Simulation und Fertigung.[405]

Eine Weiterentwicklung von CAD-Systemen erfolgt zunehmend in Richtung umfassender Konstruktionssysteme, welche die

- automatische Konstruktion anhand regelbasierter Methoden,
- automatische Planung von Produktionsprozessen anhand der Produktmerkmale,
- Berücksichtigung betriebswirtschaftlicher Kennzahlen (z.B. automatische Kalkulation von Konstruktionsvarianten) und
- Optimierung der Materialwirtschaft (z.B. durch Kopplung an Lieferantensysteme und Normteildatenbanken)

mit beinhalten.[406]

4.2.2 Computer Aided Planning

Computer Aided Planning (CAP) bezeichnet die auf den Geometrie- und Stücklistendaten aufbauende computergestützte Erstellung von Arbeitsplänen und Steuerprogrammen.[407]

Ein CAP-System besteht in der Regel aus zwei Komponenten:

- Anwendungssystem zur rechnerunterstützten Arbeitsplanerstellung[408] (Computer Aided Process Planning (CAPP)) und

[403] Im Rahmen der Marktstudie des AIP wurden CAD-Anwendungen für die Bereiche ‚Mechanik', ‚Elektronik', ‚Elektrotechnik' sowie ‚Architektur und Bauwesen' unterschieden. Vgl. G. Fandel u.a. (2002), S.13f. Der Bereich ‚Mechanik' umfasst die in dieser Arbeit fokusierten industriellen Betrieben und wurde daher ausgewählt.
[404] Vgl. G. Fandel u.a. (2002), S.112ff.
[405] Vgl. S. Vajna und C. Weber (2006), S.18 sowie C. Weber und F.-L. Krause (1999), S.65ff.
[406] Vgl. P. Mertens u.a. (2005), S.85f. sowie Klepzig und Weißbach (2005), S.11.
[407] Vgl. P. Mertens u.a. (2005), S.86, P. Mertens (2005), S.38, P. Stahlknecht und U. Hasenkamp (2005), S.355 sowie J. Schöttner (1999), S.15f.
[408] Arbeitsplanung als Teilbereich der Arbeitsvorbereitung (AV) umfasst alle Planungsaufgaben zur Erstellung von Teilefertigungs-, Montage- sowie Qualitätsprüfanweisungen. Artefakte der Arbeitsplanung sind damit Rüst-, Fertigungs-, Montage- und Prüfpläne (vgl. J. Schöttner (1999), S.15).

- Anwendungssystem zur automatisierten NC-Programmierung[409].[410]

Im Kontext der *Digitalen Fabrik* werden CAP-Systeme eng mit CAD-Systemen verzahnt, so dass im Rahmen der Produktkonstruktion bereits eine Fertigungsplanung bzw. -simulation erfolgen kann. Durch die Anwendung der *Feature-Technologie* können darüber hinaus Fertigungsparameter bereits in der Konstruktion determiniert werden, die dann automatisiert in Fertigungsanweisungen einfließen und zu einer Optimierung der Fertigungsabläufe führen.[411]

4.2.3 Computer Aided Manufacturing und Computer Aided Quality Assurance

Computer Aided Manufacturing (CAM) umfasst die computergestützte Steuerung und Überwachung der Fertigung und Montage sowie der innerbetrieblichen Logistik.[412] CAM-Systeme übernehmen dabei die Steuerung von numerisch gesteuerten Produktionsmaschinen (CNC-, DNC-Maschinen), verfahrenstechnischen Anlagen, Flexiblen Fertigungseinheiten (FFE)[413], Handhabungsgeräten (Roboter) sowie Transport- und Lagersystemen.[414]
Eine weitere Komponente von CAM sind Anwendungssysteme zur Erfassung der Betriebsdaten (BDE).[415] BDE-Systeme lassen sich weiter in Teilsysteme zur Erfassung von Maschinendaten (MDE), Qualitätsdaten (QDE) sowie zur Arbeitszeiterfassung (AZE) untergliedern.[416] BDE-Systeme erfassen kontinuierlich Ist-Werte der Produktion, die Auskunft über den Fertigungsfortschritt, die Fertigungszeiten, die Fertigungsmengen, die Fertigungsqualität etc. geben. Mit Hilfe der *Feature-Technologie* ist es möglich, BDE-Daten in verdichteter Form ins Digitale Produktmodell zu übernehmen und somit einen Regelkreis über die

---

[409] Die NC-Programmierung umfasst die Kodierung von Bedienungs- und Bearbeitungsangaben sowie im Idealfall deren automatische Übergabe in die entsprechenden DNC- bzw. CNC-Maschinen (vgl. P. Mertens (2005), S.39 sowie J. Schöttner (1999), S.17).
[410] Vgl. U. Schüler (1994), S.67ff., P. Stahlknecht und U. Hasenkamp (2005), S.355.
[411] Vgl. J. Schöttner (1999), S.17 und P. Mertens (2005), S.39.
[412] Vgl. J. Schöttner (1999), S.18 und P. Stahlknecht und U. Hasenkamp (2005), S.355.
[413] Der Begriff ‚Flexible Fertigungseinheiten' (FFE) wird im Rahmen dieser Arbeit synonym zu ‚Flexiblem Fertigungssystem' (FFS) als Oberbegriff für unterschiedliche Ausprägungen wie z.B. Fertigungszelle (FFZ) oder Fertigungsinsel (FFI) verwendet. Vgl. u.a. J. Schöttner (1999), S.18.
[414] Vgl. U. Schüler (1994), S.87 sowie P. Mertens u.a. (2005), S.100.
[415] Eine einheitliche Zuordnung von BDE-Systeme zu CAM-Systemen ist in der Literatur nicht vorhanden. Im Rahmen dieser Arbeit werden BDE-Systeme in Anlehnung an SCHÜLER als optionale Teilsysteme von CAM-Systemen betrachtet (vgl. U. Schüler (1994), S.87).
[416] Vgl. J. Schöttner (1999), S.22.

gesamte Phase der Produktentstehung zu etablieren, um eine Kostenreduzierung bei gleichzeitiger Verbesserung der Produktqualität zu erreichen.[417] Diesen Ansatz verfolgen aktuelle CAM-Systeme, indem zum einen eine möglichst tiefe Integration auf Maschinen- und Transportsystem-Ebene sowie zum anderen eine sehr enge Verzahnung mit CAD-, CAP- sowie PPS-Systemen erfolgt.[418]

Unter *Computer Aided Quality Assurance (CAQ)* werden alle Aktivitäten zur computerunterstützten Sicherung der Fertigungsqualität in einem Unternehmen zusammengefasst.[419] Das klassische Verständnis von CAQ beinhaltet die Qualitätskontrolle nach erfolgter Fertigung (vgl. Abbildung 25). Das heutige, durch *Total Quality Management*[420] (TQM) geprägte, Verständnis, umfasst die Steuerung der Produktqualität im Entwurfs- und Konstruktionsprozess, die Güteprüfung beim Wareneingang, die Fertigungskontrolle innerhalb des Produktionsprozesses sowie die Wartung und Durchführung von Reparaturen über den gesamten Produktlebenszyklus.[421]
Als Konsequenz hieraus ergibt sich die Tatsache, dass CAQ innerhalb von Betrieben in der Regel nicht durch ein einzelnes CAQ-System unterstützt wird, sondern vielmehr unterschiedliche CAQ-Anwendungsmodule als Bestandteile von CAD-, CAP- und CAM-Systemen Anwendung finden.[422]

4.2.4 Produktionsplanung und -steuerung

Die *Produktionsplanung und -steuerung*[423] *(PPS)* beinhaltet die Funktionen innerhalb des Gesamtprozesses der Planung und Ausführung von Fertigungsaufträgen (vgl. linker Ast in Abbildung 17). Im Gegensatz zu den technisch orien-

[417] Vgl. J. Schöttner (1999), S.20ff.
[418] Vgl. J. Schöttner (1999), S.22.
[419] Vgl. P. Mertens (2005), S.182 sowie J. Schöttner (1999), S.22.
[420] Zur Einordnung und Vertiefung von TQM vgl. u.a. G. F. Kaminske (2006), S.268ff., H.-D. Zollondz (2002), S.139ff. sowie H. K. Rampersad (2001), S.3ff. Zur Anwendung von Qualitätsmanagementmethoden im Mittelstand vgl. D. Spath (2003).
[421] Vgl. P. Mertens (2005), S.182.
[422] Vgl. P. Mertens (2005), S.182 und J. Schöttner (1999), S.22. Eine einheitliche Begriffsdefinition für CAQ-Systeme existiert nicht. Daher werden auf dem Softwaremarkt Produkte als CAQ-Systeme angeboten, welche jedoch nur Teilfunktionen von CAQ im weiteren Sinne abbilden. Einen vertiefenden Einblick in den Einsatz von CAQ-Funktionsmodulen gibt u.a. M. Recknagel (2005), S.36ff.
[423] Für den Begriff PPS-Systeme existiert keine einheitliche Abgrenzung. Einige Autoren verwenden den Begriff PPS synonym zu ERP (vgl. u.a. J. Schöttner (1999), S.6). Im Rahmen dieser Arbeit werden PPS-Systeme als integrale Bestandteile von ERP-Systemen gesehen.

tierten CAx-Komponenten bezieht sich PPS primär auf betriebswirtschaftliche Funktionen. Unter PPS-Systemen werden daher Anwendungssysteme verstanden, welche die primär betriebswirtschaftlichen Funktionen der Produktionsplanung und Produktherstellung unterstützen.[424] Einen Überblick über die Bestandteile von PPS-Systemen gibt Abbildung 26.

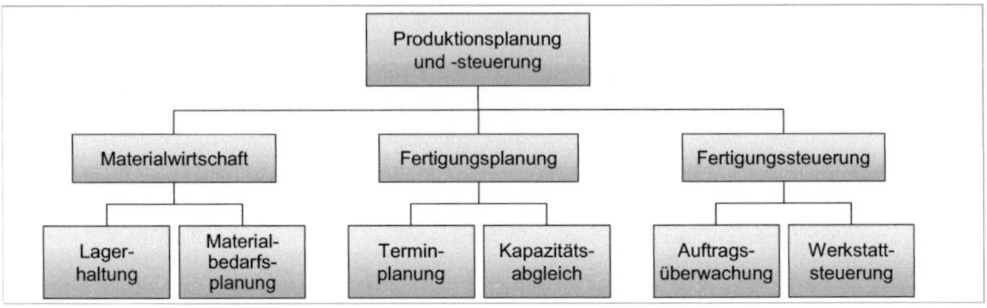

Abbildung 26: Bestandteile von PPS-Systemen[425]

PPS-Systeme sind heute vielfach in *Enterprise Ressource Planning*-Lösungen[426] *(ERP)* integrierte Teilsysteme.[427]

Da diese Arbeit technisch orientierten Systemen in produktorientierten Unternehmensbereichen fokusiert, werden PPS-Systeme im Folgenden nicht näher betrachtet.[428]

4.2.5 Computer Integrated Manufacturing

Wie aus Abbildung 25 ersichtlich ist, wird die Informationsverarbeitung im Produktentstehungsprozess dadurch gekennzeichnet, dass sowohl betriebswirtschaftliche Anwendungssysteme als auch unterschiedliche unabhängige produktorientierte Anwendungssysteme eingesetzt werden. Um eine durchgängige Informationsverarbeitung zu gewährleisten, müssen die unterschiedlichen Anwendungssysteme sowie die physischen Produktionsvorgänge integriert werden.[429]

---

[424] Vgl. P. Stahlknecht und U. Hasenkamp (2005), S.358 sowie A.-W. Scheer u.a. (2006), S.7.
[425] In Anlehnung an P. Stahlknecht und U. Hasenkamp (2005), S.357.
[426] Vgl. G. Pawellek (2007), S.103 und Abschnitt 2.6.
[427] Vgl. G. Schuh (2006), S.4 und D. Abts und W. Mülder (2004), S.7f.
[428] Einen vertiefenden Einblick in PPS-Systeme gibt u.a. R. Roesgen und C. Schmidt (2006), S.330ff., P. Mertens (2005), S.122ff., und H. Glaser, W. Geiger und V. Rohde (1992), S.2ff.
[429] Vgl. E. Westkämper (2006), S. 236 und P. Mertens (2005), S.276.

Unter dem *Computer Integrated Manufacturing*[430] *(CIM)* werden daher Konzepte verstanden, die diese Integration beinhalten.[431]

Da es sich bei CIM um eine Integration heterogener Anwendungssysteme aus den technisch produktorientierten und den dispositiv betriebswirtschaftlichen Anwendungsbereichen handelt, erweist sich in der Praxis eine Umsetzung dieses Konzepts als sehr schwierig.[432]
Die Umsetzung des CIM erfolgt daher vielfach durch die Zusammenführung der Datenbasen von den im Konzept enthaltenen Anwendungssystemen in Verbindung mit einer Unterstützung des Workflow- und Dokumentenmanagements. Hierzu haben sich in der Praxis Produktdatenmanagementsysteme etabliert, die Bestandteil des folgenden Abschnittes sind.[433]

4.2.6 Produktdatenmanagement und Produkt Lifecycle Management

Der Einsatz von Produktdatenmanagement-Systemen geht auf die Zusammenführung unterschiedlicher Datenbasen innerhalb des Produktentstehungsprozesses zurück.[434] Durch den Einsatz von zentralen Datenbanken sollten die CAx-Informationsinseln der einzelnen Bereiche verknüpft werden, um unternehmensweit Produktdaten verfügbar zu machen. Für diese Anwendungssysteme hat sich der Begriff des *Produktdatenmanagement-Systems*[435] *(PDM)* etabliert.[436]

---

430 Bei CIM handelt es sich ausschließlich um Konzepte, welche nicht in ‚CIM-Anwendungssystemen' abgebildet sind. Eine vergleichende Darstellung unterschiedlicher CIM-Konzepte wie z.B. des CIM-Modells nach AWF, des Y-Modells nach SCHEER oder des CIM-Modells des CADCAM-Labors Karlsruhe gibt U. Schüler (1994), S.15ff. Die Einordnung im Rahmen dieser Arbeit ist trotzdem im Kapitel Anwendungssysteme erfolgt, da aus Sicht des Autors eine Umsetzung in der Regel beschränkt auf den Einsatz von Datenmangementsystemen erfolgt.

431 Vgl. A.-W. Scheer (1990), S.2, E. Westkämper (2006), S.236, und P. Mertens (2005), S.276. Einen vertiefenden Einblick in CIM gibt U. Schüler (1994), S.6ff.

432 Vgl. P. Mertens (2005), S.276, A.-W. Scheer u.a. (2006), S.3, H.-J. Bullinger, A. Bröcker und F. Wagner (1999), S.12 und J. Schöttner (1999), S.56.

433 Vgl. A.-W. Scheer u.a. (2006), S.8f.

434 Vgl. J. Schöttner (1999), S.91.

435 In der Literatur besteht kein einheitliches Begriffsverständnis für PDM-Systeme. Vor allem im Hinblick auf die in PDM-Systemen enthaltene Funktionalität zur Unterstützung von Prozessen (Workflow-Unterstützung) bestehen große Abweichungen der Abgrenzungen (vgl. A.-W. Scheer u.a. (2006), S.9, E. Westkämper (2006), S.242f., P. Mertens (2005), S.273f., J. Schöttner (1999), S.91 und S. Vajna (1999), S.25). Im Rahmen dieser Arbeit wird in Anlehnung an SCHEER u.a. sowie EIGNER und STELZER unter einem PDM-System ein Anwendungssystem verstanden, welches „[…] *eine zentrale Datenhaltung [für Produktdaten] mit Anbindung an CAx-Systeme beinhaltet und Mechanismen zur Versionierung und Archivierung zur Verfügung stellt*" (A.-W. Scheer u.a. (2006), S.9, vgl. M. Eigner und R. Stelzer (2001), S.23f.). Diese Definition

In einer weiteren Entwicklungsstufe wurde zum Datenmanagement die Unterstützung von Prozessen hinzugefügt. Hierdurch entstanden Anwendungssysteme, die entlang des Produktentstehungsprozesses die Verwaltung der im Prozess entstehenden Daten und Dokumente sowie die Steuerung von Arbeitsabläufen unterstützen. Diese Anwendungssysteme werden im Rahmen dieser Arbeit als *Product Lifecycle Management* (PLM) *-Systeme*[437] bezeichnet.

Neben der Schaffung einer zentralen Datenbasis entsteht in Verbindung mit der Verwendung eines integrierten Datenmodells (vgl. Abschnitt 4.1.1) im PDM bzw. PLM-System ein virtueller DMU, welcher die unterschiedlichen Sichten des Produktes über den gesamten Lebenszyklus hinweg beinhaltet (vgl. Abbildung 27).[438]

Aktuelle PDM und PLM-Systeme basieren häufig auf relationalen Datenbanken, die als *Dokumenten-Management-Systeme* unterschiedliche Dateien, wie z.B. CAD-Dateien oder Projektberichte, dokumentenbasiert speichern und diese verknüpfen. Eine Integration auf DMU-Ebene findet bisher in der Regel nicht statt.[439]

---

legt bei PDM-Systemen den Schwerpunkt auf die zentrale Datenhaltung. Anwendungssysteme, welche zusätzliche über die Versionierung hinausgehende Funktionalitäten enthalten, werden im Rahmen dieser Arbeit als PLM-Systeme bezeichnet (vgl. Fußnote Nr. 437).
In der Literatur und Praxis finden sich weitere vor allem durch Systemanbieter geprägte Begriffe wie z.B. *Engineering Data Management* (EDM), *Enterprise Product Data Management* (EPDM), *Produktdatenverwaltung* (PDV), *Engineering Database* (EDB), *Product Information Management* (PIM) oder *Technical Information Management* (TIM) (vgl. J. Schöttner (1999), S.93). Diese werden im Rahmen dieser Arbeit als Synonyme für PDM verstanden.

436 Vgl. A.-W. Scheer u.a. (2006), S.9 und J. Schöttner (1999), S.91.

437 Unter *Product Lifecycle Management* wird im Rahmen dieser Arbeit in Anlehnung an MERTENS, SCHEER u.a. sowie EIGNER und STELZER die Weiterentwicklung von PDM um Funktionen des *Lifecycle Managements*, des *Requirement Traceability Managements* sowie des *Engineering Warehouse* und des *Supply Chain Managements* verstanden (vgl. A.-W. Scheer u.a. (2006), S.9, P. Mertens (2005), S.272f. und M. Eigner und R. Stelzer (2001), S.23f). Zur Problematik der Abgrenzung von PDM und PLM-Systemen vgl. auch Fußnote Nr. 435. Als weitere Begriffe finden sich in der Literatur z.B. *Product Definition and Commerce* (PDC), *Virtual Product Development Management* (VPDM) oder *Collaborative Product Data Management* (cPDM) (vgl. M. Eigner und R. Stelzer (2001), S.24 und J. Schöttner (1999), S.93). Diese werden im Begriffsverständnis dieser Arbeit als Synonyme zu PLM verstanden. Einen vertiefenden Einblick in PDM und PLM-Systeme sowie deren Funktionalitäten gibt A.-W. Scheer u.a. (2006), S.927ff. und M. Eigner und R. Stelzer (2001), S.18ff.

438 Vgl. A.-W. Scheer u.a. (2006), S.54ff. und J. Schöttner (1999), S.163f.

439 Vgl. A.-W. Scheer u.a. (2006), S.68ff., H. Grabowski, R.-S. Lossack und J. Weißkopf (2002), S.39 und M. Eigner und R. Stelzer (2001), S.18ff. Einen vertiefenden Einblick in unterschiedliche Integrationsvarianten sowie den aktuellen Stand gibt A.-W. Scheer u.a. (2006), S.72f. und M. Eigner und R. Stelzer (2001), S.178ff.

In Bezug auf den Funktionsumfang existiert in der Praxis eine Vielzahl an unterschiedlichen Ausprägungen von PDM und PLM-Systemen. Während sich einige Systeme auf die zentrale Haltung von Produktdaten beschränken, haben andere Systeme sehr ausgeprägte Funktionalitäten im Bereich des Workflow-Managements oder des Projektmanagements.[440] Diese sowie weitere Ausprägungen von PDM und PLM-Systemen, z.B. im Bereich der Benutzeroberfläche, haben im weiteren Verlauf dieser Arbeit keine Relevanz und werden daher nicht weiter vertieft.[441]

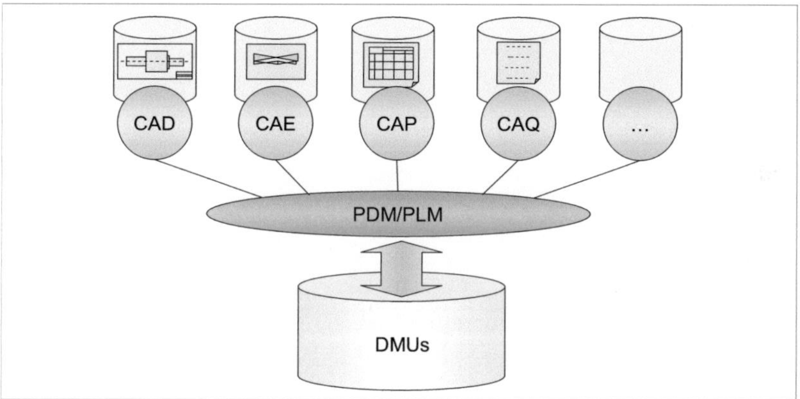

Abbildung 27: Zentrales Produktmodell im PDM/PLM-System[442]

[440] Vgl. A.-W. Scheer u.a. (2006), S.67 und M. Eigner und R. Stelzer (2001), S.20. Zum Stand von PDM-Systemen sowie der spezifischen Anforderungen in mittelständischen Unternehmen vgl. eDM-Report (2005).

[441] Dem interessierten Leser ist zur Vertiefung von Ausprägungen von PDM und PLM-Systemen als Lektüre das HMD Heft 249 empfohlen (K. Liebstückel (Hrsg., 2006)).

[442] In Anlehnung an J. Schöttner (1999), S.106.

5. Methodik der Empirie

In Kapitel 3 dieser Arbeit wurden Prozesse, Methoden sowie Anwendungssysteme in den Bereichen Marketing, Vertrieb und Service ausführlich dargestellt und erläutert. Zur Unterstützung der Marketing-, Vertriebs- und Serviceprozesse werden so genannte CRM-Systeme eingesetzt, welche die operativen, kommunikativen und analytischen Aufgaben unterstützen. Kernbestandteil einer CRM-Lösung ist dabei das kundenzentrierte Data-Warehouse (CC-DWH), in dem Informationen über den Kunden zentral (kundenorientiert) gehalten werden. Über den tatsächlichen Stand und Einsatz von CRM-Systemen im Bereich industrieller KMU liegen nur sehr wenige empirische Erkenntnisse vor, da sich Forschungsarbeiten bisher im relativ jungen Gebiet von CRM-Systemen primär auf Großunternehmen anderer Branchen fokussieren.[443]

In Kapitel 4 dieser Arbeit wurden Prozesse, Methoden und Anwendungssysteme in den Bereichen Produktentwicklung und Produktion dargestellt und erläutert. Ausgehend von isolierten Anwendungssystemen, die einzelne Funktionen im Entwicklungs- bzw. Produktionsprozess unterstützen, besteht der aktuelle Trend darin, diese im Rahmen der *Digitalen Fabrik* zu integrieren. Voraussetzung hierfür ist die Schaffung eines phasenübergreifenden *Digitalen Produktmodells*, das produktorientiert geometrische und semantische Informationen umfasst. Der Bereich der produktorientierten Anwendungssysteme ist im Kontext von industriellen KMUs bereits Gegenstand zahlreicher Forschungsarbeiten, so dass hier im Rahmen der weiteren Arbeit auf die in Kapitel 4 dargestellten Ergebnisse anderer Forschungsarbeiten zurückgegriffen werden kann.[444]

[443] Zu diesem Ergebnis kommen auf Literaturrecherche basierende Untersuchungen des Autors. Empirische Forschungsarbeiten zum Stand von CRM bzw. dem Einsatz von CRM-Systemen fokussieren fast ausschließlich die Branchen Handel, Banken, Versicherungen sowie Telekommunikation. Vgl. hierzu z.B. R. Weißbach (2002), S.183ff., M. Hunsicker (2002), S.255ff., M. Amberg und J. Schumacher (2002b), S.313ff., G. Jaeger u.a. (2000), S.87ff., K. Heck (2000), S.135ff., O. Christ und P. Waser (2000), S.213ff., H. J. Sexauer und M. Wellner (2004), S.473ff., A. Englbrecht, H. Hippner und K. D. Wilde (2004b), S.511ff. sowie J. Moormann und P. Rossbach (Hrsg., 2001).

[444] Vgl. hierzu Kapitel 4 sowie z.B. J. Warschat u.a. (2003), T. Pfeifer (2002) und S. Bierschenk u.a. (2005)

Eine zusammenfassende Darstellung, in der die relevanten theoretischen Grundlagen in den Untersuchungsbereich dieser Arbeit eingeordnet sind, zeigt Abbildung 28.

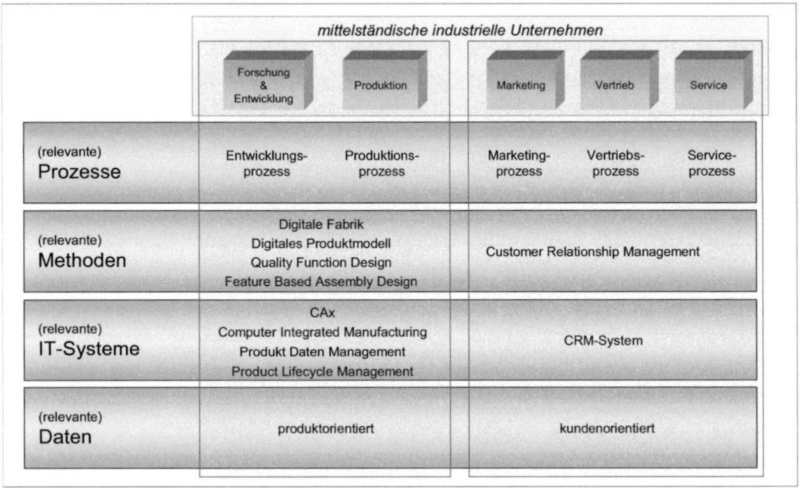

Abbildung 28: Detaillierter Untersuchungsbereich der Arbeit

5.1 Forschungsdesign der Arbeit

Das Ziel der Arbeit ist, wie in Abschnitt 1.2 dargestellt, die Erstellung eines Konzepts zur Schließung der Informationslücke zwischen produktorientierten und kundenorientierten Unternehmensbereichen unter Einbeziehung relevanter Prozesse, Methoden, Anwendungssysteme und Daten (vgl. *Untersuchungsbereich* in Abbildung 28).

Eine qualitative Voruntersuchung[445] des Autors zum Stand und Einsatz von kundenorientierten Anwendungssystemen sowie zur Integration von kunden-

[445] Innerhalb der Vorstudie hat der Autor mit Hilfe leitfadenbasierter Interviews unterschiedliche CRM-Lösungen untersucht. Hierzu wurden sowohl mittelständische CRM-Anwender als auch Hersteller von CRM-Systemen für mittelständische Unternehmen im Rahmen von Messen und Veranstaltungen interviewt sowie am Markt befindliche CRM-Software auf deren Architektur und Funktionsumfang analysiert. Ein Interviewleitfaden ist im Anhang abgebildet.
Hierbei wurde die Erhebungsmethode des Experten-Interviews als Ausprägung der nicht standardisierten mündlichen Befragung angewendet. Vgl. hierzu R. Schnell u.a. (2005), S.321ff., A. Scholl (2003), S.66ff., S. Lamnek (2002), S.176 sowie H. Kromrey (2002), S.376ff.

und produktorientierten Anwendungssystemen in industriellen KMUs hat zu den drei wesentlichen Ergebnissen geführt:

- Eine Vielzahl an CRM-Standardsoftware mit unterschiedlichsten Funktionsschwerpunkten wird industriellen KMUs als CRM-Lösung angeboten.
- Der Einsatz von CRM-Systemen sowie die funktionalen Anforderungen von KMUs an solche Anwendungssysteme sind ein bisher wenig wissenschaftlich untersuchter Bereich.
- Weder bei den Herstellern von CRM-Lösungen noch auf Anwenderseite ist eine ausgeprägte Sensibilität für Integrationsaspekte von kunden- und produktorientierten Anwendungssytemen im Sinne eines Closed-Loop[446]-Ansatzes vorhanden. Hierdurch bleibt ein hohes ökonomisches Potential, welches durch eine Verbesserung von Produkten und Produktionsprozessen mittels der Einbeziehung von Kundenwissen erreicht werden könnte, ungenutzt.

Auf Grund der ersten beiden Erkenntnisse muss zur Erstellung eines tragfähigen Konzepts, das die Verbindung von produktorientierten und kundenorientierten Anwendungssystemen zum Ziel hat, zunächst eine *Untersuchung zum Stand und Einsatz von CRM in industriellen KMUs* erfolgen.

Auf Basis der Ergebnisse dieser Untersuchung sowie den zu *produktorientierten Systemen in der Produktentwicklung und Produktion in industriellen KMUs* aus einer Literaturrecherche gewonnen Erkenntnissen wird dann ein Konzept zur Verbindung von produktorientierten und kundenorientierten Anwendungssystemen unter Einbeziehung der jeweils relevanten Methoden, Prozesse und Daten erstellt.
Die Demonstration der Anwendbarkeit dieses Konzepts sowie die Erprobung mit Hilfe eines Erprobungsszenarios erfolgt zum Abschluss der Arbeit mit Hilfe eines vom Autor erstellten vertikalen Prototyps.

---

[446] Unter Closed-Loop wird im Kontext dieser Arbeit die durchgängige und strukturierte Erfassung, Speicherung und Nutzung von Kundenwissen i.S. von Wissen *vom* Kunden zur Verbesserung von Produkten und Produktionsprozessen verstanden. Vgl. hierzu Abschnitt 1.3.2 dieser Arbeit.

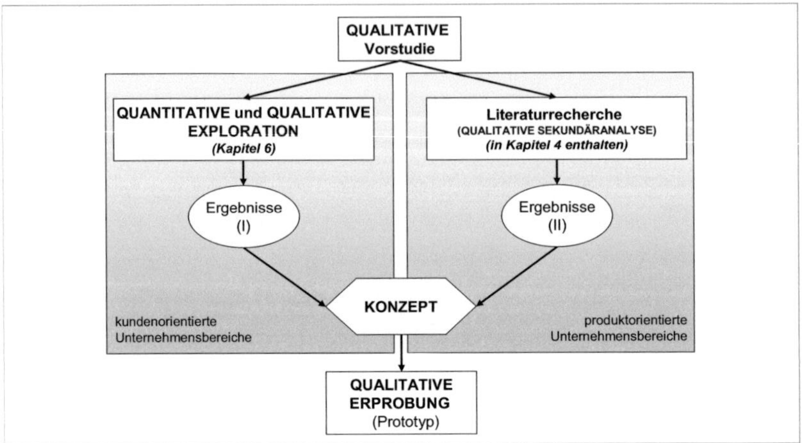

Abbildung 29: Forschungsdesign der Arbeit[447]

Die in Abbildung 29 dargestellte mehrstufige Vorgehensweise entspricht in Anlehnung an MAYRING einem modifizierten Triangulationsmodell[448].[449]

5.2 Angewandte Forschungsmethoden

Auf die Vorstudie folgend wird in einem nächsten Schritt mit Hilfe einer explorativen Untersuchung der *Stand von CRM in industriellen KMUs* erhoben.[450] Um

---

[447] Eigene Darstellung in Anlehnung an P. Mayring (2001), S.7.
Unter einem Forschungsdesign (Untersuchungsanordnung) wird die Festlegungen einer Untersuchung in Bezug auf das *wann*, *wo*, *wie* und *wie oft* die Indikatoren *an welchen* Objekten erhoben werden, verstanden (vgl. R. Schnell u.a. (2005), S.211ff. sowie H. Kubicek (1977), S.24f.).

[448] Die methodologische Triangulation wird in Anlehnung an DENZIN als Strategie der Theoriekonstruktion verwendet, um im Vergleich zu Einzelmethoden eine Anreicherung bzw. Vervollständigung der Erkenntnismöglichkeiten zu erreichen. Vgl. N. K. Denzin (1989), S.236 sowie U. Flick (2002), S.331.

[449] Vgl. zur Notwendigkeit mehrstufiger Vorgehensweisen sowie zur Akzeptanz von Kombinationen qualitativer und quantitativer Methoden P. Mayring (2001), S.1ff., N. K. Denzin (1989), S.236f. sowie U. Flick (2002), S. 380ff.

[450] In der klassischen empirischen Forschung werden drei Untersuchungstypen unterschieden: Die *explorative Untersuchung* (Bildung von Theorien und Hypothesen auf Basis von Erfahrungswissen), die *explanative Untersuchung* (Prüfung von Theorien und Hypothesen) sowie die *deskriptive Untersuchung* (Beschreibung von Populationen). Innerhalb der wissenschaftstheoretischen Position des *Kritischen Rationalismus* haben empirische Untersuchungen vor allem die Funktion der Erkenntnissicherung. Der Zweck von empirischen Untersuchungen ist es demnach, zuvor aufgestellte Hypothesen zu prüfen, um damit gesicherte allgemeine Aussagen über die Realität zu erhalten (explanative Untersuchung). Die Herkunft sowie der Inhalt dieser Hypothesen spielen dabei eine untergeordnete Rolle. Innerhalb der betriebswirtschaftlichen Forschung findet bereits seit längerer Zeit eine kontroverse Diskussion darüber statt, ob ein Erkenntnisfortschritt im Kontext der Betriebswirtschaftslehre über die Anwendung von Methoden zur Hypothesenprüfung gemäß dem Kritischen Rationalismus oder durch die *systematische Gewinnung von Erfahrungswissen* (explorative Forschung) zielführender unterstützt werden

ein breites Stimmungsbild erheben zu können, wird die Untersuchung in Form einer quantitativen Befragung durchgeführt.[451] Die empirisch quantitative Exploration ergänzt die theoriegeleiteten Erkenntnisse (vgl. Kapitel 3) und gibt Auskunft darüber, welcher Stand von CRM-Systemen dem zu entwickelnden Konzept zu Grunde gelegt werden kann. Als Methode der Datenerhebung wird im Rahmen dieser Arbeit auf Grund der zeit- und kostenökonomischen Durchführbarkeit sowie der Möglichkeit zur Interaktion eine Online-Umfrage[452] durchgeführt.[453]

Zur Vertiefung und Testung der Ergebnisse der Online-Befragung wird an die quantitative Exploration eine qualitative Untersuchung angeschlossen. So können im Rahmen von Experten-Interviews[454] zusätzliche, über die schriftliche Befragung hinausgehende, Informationen qualitativer Art gewonnen werden.[455]

Der *Stand und Einsatz von produktorientierten Anwendungssystemen* ist bereits Gegenstand mehrerer Forschungsarbeiten. Die im Rahmen dieser Arbeit notwendigen Erkenntnisse konnten daher mittels Literaturrecherche (qualitative

---

kann. Innerhalb der *explorativen empirischen Forschung* gelten nicht mehr die Prüfbarkeit von Aussagen sowie die Qualität der Erhebungssituation als maßgebliche Gütekriterien für den Forschungsprozess, sondern das *heuristische Potential* in Bezug auf die Möglichkeit, zusätzliche Kenntnisse in Form von Fragen und Interpretationsmustern zu erhalten.

Einen detaillierten Einblick in die methodologische und forschungsstrategische Diskussion geben u.a. A. Martin (1989), S.214ff., J. Bortz und N. Döring (2003), S.54ff., P. Atteslander (2003), S.21ff., H. Kubicek (1977), S.3ff., J. Kretschmann (1990), S.30ff. sowie M. Wollnik (1977), S.37ff.

Der im Rahmen dieser Arbeit fokussierte Untersuchungsbereich ist Bestandteil der betriebswirtschaftlichen Forschung und dient der ‚Erkundung eines relativ unerforschten Bereiches' (vgl. J. Bortz und N. Döring (2003), S.54 sowie J. Kretschmann (1990), S.86ff.). Deshalb wird als adäquater Weg zur Erkenntnisgewinnung die *explorative Forschung* mit Hilfe eines *heuristischen Forschungsdesigns* und eines *heuristischen Bezugsrahmens* gewählt. Eine vertiefende Diskussion formaler Kriterien an hypothesentestende Verfahren (explanative Untersuchung) wie z.B. Reliabilität und Validität erfolgt daher im Rahmen dieser Arbeit nicht.

[451] Zur Vertiefung quantitativer Methoden der Datenerhebung sowie deren Eignung unter Berücksichtigung der einzelfallspezifischen Merkmale des Untersuchungsgegenstandes und der Forschungsfrage vgl. J. Bortz und N. Döring (2003), S.137ff., H. Kromrey (2002), S.309f. sowie W. Laatz (1993), S.45ff.

[452] Online-Umfrage im Sinne von internetbasierter Fragebogenuntersuchung auf Basis von HTML-Formularen (reaktive Fragebogenuntersuchung). Vgl. hierzu u.a. B. Batinic und M. Bosnjak (2000), S.288f.

[453] Zur vertiefenden Diskussion über Grenzen und Chancen von quantitativen Befragungen mit Hilfe des Internets vgl. P. Hauptmanns (1999), S.21ff., M. Welker u.a. (2005), S.7ff., J. Bortz und N. Döring (2003), S.260f., P. Atteslander (2003), S.186ff. sowie D. A. Dillman (2000), S.7ff.

[454] Die Erhebungsmethode des Experten-Interviews als Ausprägung der nicht standardisierten mündlichen Befragung. Vgl. hierzu u.a. A. Scholl (2003), S.66ff., S. Lamnek (2002), S.176 sowie H. Kromrey (2002), S.376ff.

[455] Vgl. H. Kromrey (2002), S.523ff. sowie R. Schnell u.a. (2005), S.321ff.

Sekundäranalyse[456]) von bereits veröffentlichten Forschungsergebnissen Dritter[457] gewonnen werden.[458]

Auf Basis der im Rahmen der empirischen Forschung gewonnenen Erkenntnisse erfolgt in einem nächsten Schritt die Ableitung eines Fachkonzepts zur Integration von produkt- und kundenorientierten Anwendungssystemen.

Um weitere Erkenntnisse zur Anwendbarkeit des Fachkonzepts erheben zu können, ist eine Erprobung des Konzepts erforderlich. Eine solche Erprobung erfolgt im Rahmen dieser Arbeit mittels der Durchführung eines Erprobungsszenarios. Dieses Erprobungsszenario besteht dabei jeweils aus einer praxisnahen Konkretisierung der im Fachkonzept enthaltenen Use Cases. Diese wurden auf der Grundlage eines Experten-Interviews[459] erstellt.[460]

Damit das im Rahmen dieser Arbeit erstellte Fachkonzept mit dem entwickelten Erprobungsszenario getestet werden kann, ist eine prototypische Umsetzung des Konzepts erforderlich. Daher schließt sich an die Ableitung des Konzepts sowie des Erprobungsszenarios die Erstellung eines Demonstrationsprototyps an.[461]

Die qualitative Erprobung des Fachkonzepts erfolgt damit mittels der Durchführung des Erprobungsszenarios in einer prototypisch erstellten Anwendungsumgebung.

---

[456] Sekundäranalyse im Sinne von „... [Nutzung/] *Auswertung von bereits vorhandenen Daten mit neuen Methoden oder unter einer anderen Fragestellung*" (J. Bortz und N. Döring (2003), S.374, vgl. auch R. Schnell u.a. (2005), S.252ff. sowie J. W. Creswell (2003), S.185).

[457] Die zur Auswertung bestehender Ansätze im Bereich produktorientierter Anwendungssysteme analysierten Sekundärdaten basieren ausschließlich auf empirischen Untersuchungen renommierter Forschungseinrichtungen wie z.B. der Fraunhofer-Institute. Analysiert werden hierbei sowohl die Ergebnisse quantitativer als auch qualitativer Explorationen.

[458] Die Darstellung dieser Ergebnisse ist in Kapitel 4 erfolgt.

[459] Vgl. Fußnote 454.

[460] Im Rahmen des Experten-Interviews wurden auf Grundlage der empirischen Ergebnisse in Bezug auf die Anforderungen an ein Integrationskonzept mögliche Szenarien in Unternehmen des industriellen Mittelstandes diskutiert. Als Gesprächspartner bei dem im Januar 2005 durchgeführten Experten-Interview stand ein promovierter Diplom-Ingenieur aus dem Bereich der Prüfstandstechnik zur Verfügung. Das als teil-strukturiertes Gespräch geführte Experten-Interview hatte eine Dauer von ca. 90 Minuten.

[461] Die Darstellung des Erprobungsszenarios erfolgt auf Grund der thematischen Zugehörigkeit abweichend vom Gang der Forschung erst in Abschnitt 8.4.

Um aus der qualitativen Erprobung weitere Erkenntnisse ableiten zu können, wurde die Durchführung des Erprobungsszenarios dokumentiert und im Rahmen von Fachveranstaltungen Experten aus Forschung sowie Praxis präsentiert und mit diesen diskutiert.[462] Die in diesem Kontext gewonnenen Erkenntnisse werden im Rahmen der Erkenntnissdarstellung aus der Erprobung (vgl. Abschnitt 8.4.3) diskutiert.

[462] Die Durchführung des Erprobungsszenarios anhand der prototypischen Umsetzung wurde innerhalb des Arbeitskreises Wirtschaftsinformatik an der Universität Stuttgart am 12.10.2007 in Stuttgart, beim World Congress on Engineering and Computer Science am 25.10.2007, an der Berkeley University of California, San Franzisko sowie beim 8. Internationalen Stuttgarter Symposium Automobil und Motorentechnik am 11.03.2008 in Stuttgart vom Autor präsentiert und anschließend mit dem Fachpublikum diskutiert.

6. Exploration: Stand des Customer Relationship Managements

Im Mittelpunkt der Arbeit steht die Erarbeitung eines Konzepts, das die Schließung von Informationslücken zwischen produktorientierten und kundenorientierten Unternehmensbereichen beinhaltet. Dieses Konzept umfasst gemäß dem Bezugsrahmen der Arbeit die relevanten Prozesse, Methoden, IT-Systeme und Daten in den jeweiligen Bereichen. Zur Erstellung eines solchen Konzepts ist es eine notwendige Voraussetzung, eine ausreichende Kenntnis über den Ist-Zustand des Einsatzes von Prozessen, Methoden, IT-Systemen sowie der vorhandenen Daten zu haben. Wie in Abschnitt 5.1 erläutert wurde, ist dies für die produktorientierten Unternehmensbereiche anhand einer qualitativen Sekundäranalyse in ausreichendem Umfang erfolgt.[463] Für die kundenorientierten Unternehmensbereiche war hierzu eine empirische Exploration erforderlich, die einen Einblick in den Stand von CRM in mittelständischen Industrieunternehmen gegeben hat.

Inhalt dieses Kapitels ist die Erläuterung der Konzeption (Abschnitt 6.1), der Durchführung (Abschnitt 6.2) und der Analyse (Abschnitt 6.3) der explorativen Untersuchung sowie die Darstellung der gewonnen Erkenntnisse (Abschnitt 6.4).

6.1 Untersuchungsdesign und theoretischer Bezugsrahmen der explorativen empirischen Untersuchung

Wie in Abschnitt 5.1 bereits dargestellt wurde, wird zu Beginn der Empirie der *Stand von CRM in industriellen KMUs* mit Hilfe einer *explorativen Untersuchung* empirisch erhoben. Das Ziel der Untersuchung ist die *Gewinnung von Erfahrungswissen* im Bereich ‚Stand und Einsatz von CRM-Systemen im industriellen Mittelstand'. Der Untersuchung wird daher ein *heuristisches Forschungsdesign*[464] zu Grunde gelegt (vgl. Abbildung 30).

---

[463] Vgl. Kapitel 4.

[464] Heuristische Forschungsdesigns zeichnen sich dadurch aus, dass sie auf Grund der Anforderungen zur systematischen Gewinnung von Erfahrungswissen tendenziell eher Dialog orientierte Forschungsmethoden enthalten, um dem Forscher einen engeren Kontakt mit den Trägern des Erfahrungswissens zu ermöglichen. Einen vertiefenden Einblick hierzu geben R. Schnell u.a. (2005), S.211ff. sowie H. Kubicek (1977), S.24f.

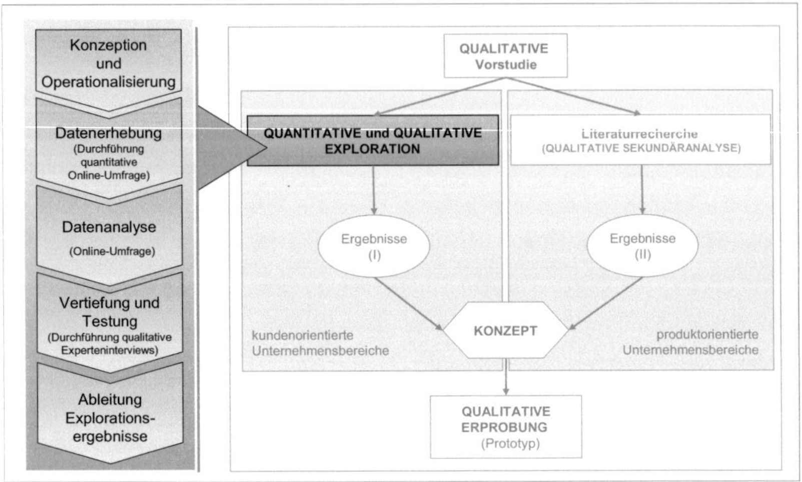

Abbildung 30: Detaillierung des heuristischen Forschungsdesigns der explorativen Studie

Dem Forschungsdesign der Exploration liegt ein linearer Forschungsprozess zu Grunde.[465] Wie in Abbildung 30 dargestellt, erfolgt zunächst die Konzeption der Exploration.[466] Darauf folgend wird der Forschungsgegenstand operationalisiert. In den nächsten Phasen des Forschungsprozesses erfolgt die Datenerhebung (Abschnitt 6.2) sowie die Datenanalyse (Abschnitt 6.3). Die Ableitung der im Rahmen dieser Arbeit relevanten Erkenntnisse erfolgt unter Berücksichtigung der qualitativen Vertiefung und Testung in Abschnitt 6.4.

Der dieser Untersuchung zu Grunde gelegte *heuristische Bezugsrahmen*[467] ist in Abbildung 31 dargestellt.

[465] Vgl. U. Flick (2002), S.71f., P. Atteslander (2003), S.54ff. sowie R. Schnell u.a. (2005), 12ff.

[466] Die Exploration erfolgt wie bereits dargestellt in zwei Schritten: In einem ersten Schritt wird mit Hilfe einer Online-Umfrage eine breite Basis an Untersuchungsobjekten befragt. In einem zweiten Schritt werden mittels Experteninterviews die Ergebnisse der Online-Umfrage punktuell vertieft.

[467] Allgemein wird unter einem theoretischen Bezugsrahmen ein Aussagesystem verstanden, welches den strengen Anforderungen an ein Hypothesensystem genügt. *Heuristische Bezugsrahmen* unterscheiden sich hiervon durch geringere Anforderungen an ihre logische Konsistenz und Operationalität, weshalb sie vielfach als *provisorische Erklärungsmodelle* verstanden werden. Vgl. hierzu H. Kubicek (1977), S.17f.

Die im Bezugsrahmen dargestellten Faktoren[468] zum Einsatz von CRM-Systemen in industriellen mittelständischen Unternehmen werden auf Basis der Voruntersuchung (vgl. Abschnitt 5.1) in diesem Kontext als wesentlich[469] erachtet und im Folgenden näher erläutert.

Faktoren, die im Bezugsrahmen der Kategorie I zugeordnet sind, dienen der Charakterisierung der an der Untersuchung teilnehmenden Unternehmen. Anhand dieser erfolgt auch die Filterung in Bezug auf die Zugehörigkeit zum industriellen Mittelstand.[470]
Aus den mit Hilfe der Faktoren der Kategorie II erhobenen Daten werden Ergebnisse abgeleitet, die in Form von Anforderungen bei der Erstellung des Konzeptes mit einfließen.[471]

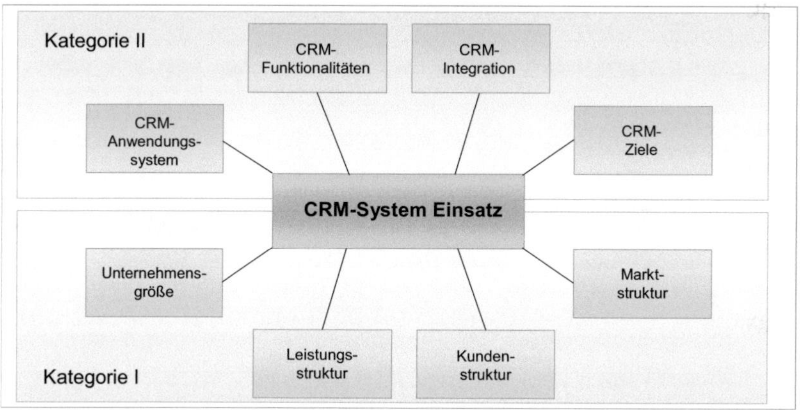

Abbildung 31: Heuristischer Bezugsrahmen der explorativen Untersuchung

[468] Unter einem theoretischen Konstrukt wird eine *„abstract entity which represents the ‚true', nonobservable state or nature of a phenomenon"* (R. P. Bagozzi und C. Fornell (1982), S.24) verstanden. Theoretische Konstrukte werden durch ‚Operationalisierung' mit beobachtbaren Indikatoren messbar gemacht. Bei mehrfaktoriellen Konstrukten, welche mehrere Faktoren zu ein- und derselben theoretischen Dimension haben, werden wiederum mehrere Indikatoren zur Operationalisierung der einzelnen Faktoren benötigt. Vgl. C. Homburg und A. Giering (1998), S.114f. sowie P. Atteslander (2003), S.50f.

[469] Als relevante Indikatoren des theoretischen Konstruktes im heuristischen Bezugsrahmen werden diejenigen bezeichnet, bei welchen wechselseitige Beeinflussungsbeziehungen angenommen werden können. Der heuristische Bezugsrahmen ist dabei nicht geschlossen, d.h. es besteht kein Anspruch auf Vollständigkeit. Vgl. u.a. H. Kubicek (1977), S.18.

[470] Vgl. Abschnitt 2.2.

[471] Vgl. Abschnitt 6.4.5.

- Der Faktor *Unternehmensgröße* wird anhand der Indikatoren ‚Anzahl Mitarbeiter' (Vollzeitbeschäftigte) sowie dem ‚Jahresumsatz' ermittelt. Als weitere Merkmale werden zusätzlich die ‚Anzahl an Unternehmensstandorten', die ‚Rechtsform' sowie die ‚Anzahl an PC-Arbeitsplätzen' mit berücksichtigt.[472]
- Unter der *Leistungsstruktur* werden der Leistungsbereich sowie der Leistungsumfang eines Unternehmens subsumiert.
  Innerhalb des Leistungsbereiches werden Unternehmen in Sach- und Dienstleistungsbetriebe unterschieden. Sachleistungsbetriebe werden in Anlehnung an das Statistische Bundesamt weiter nach den Charakteristika der erzeugten Produkte unterschieden. Als Indikator hierfür wird die ‚Branche', zu der sich die jeweiligen Unternehmen zuordnen, erfasst.[473]
  Der Leistungsumfang[474] eines Betriebes beschreibt die im Unternehmen erbrachten Leistungen im Wertschöpfungsprozess. Unternehmen mit einem großen Leistungsumfang decken z.B. den Kundenservice selbst mit ab, während Betriebe mit einem geringeren Umfang solche Prozesse ausgelagert haben. Als Indikator hierfür wird die ‚Breite an Kundenkontaktpunkten' erhoben.[475]
- Die *Kundenstruktur* beinhaltet die Zusammensetzung des Kundenstammes nach unterschiedlichen Dimensionen sowie die Aufteilung des Umsatzes auf Kunden bzw. Kundengruppen.[476] Ein wesentlicher Indikator für die Kundenstruktur ist der ‚Umfang des Kundenstammes' (Anzahl Kunden) sowie die ‚Verteilung in Geschäfts- und Privatkunden'. Als weitere Indikatoren werden die ‚Umsatzverteilung nach Kundensegmenten' sowie die ‚Nutzung unterschiedlicher Vertriebswege' erhoben.

---

[472] Die Operationalisierung der *Unternehmensgröße* beruht auf Literaturauswertung bereits durchgeführter Untersuchungen sowie der Einteilung des Statistischen Bundesamtes und des Institutes für Mittelstandsforschung in Bonn. Vgl. Statistisches Bundesamt (2007) sowie IfM Bonn (2007). Zur Vorgehensweise vgl. C. Homburg und A. Giering (1998), S.128.

[473] Vgl. Abschnitt 2.1 dieser Arbeit sowie H. Schierenbeck (2003), S.34f. Die Einteilung nach Branchen erfolgt in Anlehnung an das Statistische Bundesamt (Vgl. Statistisches Bundesamt (2007)).

[474] Der Leistungsumfang entspricht dem vertikalen Integrationsgrad i.w.S.. Vgl. H. Schierenbeck (2003), S.41.

[475] Vgl. Kapitel 3.

[476] Vgl. H. Schierenbeck (2003), S.304

- Der Faktor *Marktstruktur* umfasst die Absatzmöglichkeiten, das Käufer- und Konkurrentenverhalten sowie die Gestaltung der Absatzkanäle.[477] Indikatoren hierfür sind das ‚Marktvolumen', das ‚Marktpotential', die ‚Wettbewerbssituation' sowie die ‚Wahl der Absatzkanäle'.
- Das *CRM-Anwendungssystem* beinhaltet als Faktor wesentliche Eigenschaften von CRM-Systemen. Indikatoren sind hierbei die ‚Ausprägung Standard- oder Individualsoftware' sowie das Merkmal, ob die CRM-Lösung eine Erweiterung des ERP-Systemes (ERP-Komponente) oder eine CRM-Standalone-Lösung ist.
- Die *CRM-Funktionalitäten* lassen sich in Anlehnung an HIPPNER und WILDE drei Bereichen, dem analytischen, dem operativen sowie dem kommunikativen CRM, zuordnen. Innerhalb des operativen CRM kann weiter in Funktionen der Marketing-Automation, der Sales-Automation und der Service-Automation unterschieden werden (vgl. Abschnitt 3.2). Als Indikatoren werden hierbei konkrete Funktionen aus den genannten Bereichen und übergreifende Funktionalitäten, wie z.B. die Kalenderfunktion, verwendet.
- Die *CRM-Integration* bezieht sich im Rahmen dieser Untersuchung auf die technischen Bereiche von CRM-Implementierungen. Indikator des Integrationsstandes ist daher die ‚Integrationsreichweite in Bezug auf Daten-, Funktions- und Programmintegration'. Zusätzlich werden als Indikatoren die ‚Integrationsrichtung' (horizontal/vertikal) sowie der ‚Automationsgrad' mit berücksichtigt.[478]
- Der Faktor *CRM-Ziele* umfasst die Motivation von Unternehmen, CRM-Systeme zu implementieren. Indikatoren sind hierbei die in der Literatur genannten betriebswirtschaftlichen Zielsetzungen (vgl. Abschnitt 3.2). Zusätzlich werden die von Unternehmen in der Voruntersuchung vorgebrachten CRM-Ziele mit beachtet.

---

[477] Vgl. H. Schierenbeck (2003), S.271f. und S.306f.

[478] Vgl. Abschnitt 6.4.4 dieser Arbeit. Einen vertiefenden Einblick in Integrationsausprägungen gibt P. Mertens (2005), S.2ff. Zu Integrationsebenen und -technologien im CRM vgl. M. Meyer (2004), S.132ff.

Nach der Konzeption und Operationalisierung der Exploration folgt im Rahmen der Empirie die Datenerhebung. Im Folgenden werden daher die für die Datenerhebung relevanten empirischen Methoden dargestellt und erläutert.

6.2 Datenerhebung

Im empirischen Forschungsprozess erfolgt nach der Konkretisierung des Forschungsdesigns und der Operationalisierung des Gegenstandsbereiches die Festlegung des/der Datenerhebungsverfahren(s). Als wesentliche Methoden stehen hierbei die *Beobachtung*, die *Befragung*, das *Experiment* sowie die *Inhaltsanalyse* zur Verfügung.[479] Die *Befragung* gilt dabei als das ‚Standardinstrument' bei der Erhebung von Fakten, Wissen und Meinungen im Kontext empirischer Sozialforschung.[480] Als Methoden der Datenerhebung werden im Rahmen dieser Arbeit die Befragung in den Ausprägungen *schriftliche Online-Befragung* sowie *mündliche Befragung als teilstandardisiertes Interview* angewendet und deshalb im Folgenden näher erläutert.[481]

6.2.1 Quantitative Online-Befragung

Internetgestützte Befragungen (Online-Befragung) lassen sich in Abhängigkeit des verwendeten Internetdienstes charakterisieren. Einen Überblick hierzu gibt Abbildung 32. Kennzeichnend für die Online-Umfrage dieser Arbeit ist, dass die Probanden aktiv Informationen erfassen. Damit wird ein reaktives Verfahren angewendet. Weiter werden diese Informationen über einen digitalen Fragebogen online, d.h. in einer Mensch-Maschine Interaktion, erfasst (HTML-Fragebogen[482] mit server- und clientbasierter Funktionalität).

[479] Vgl. R. Schnell u.a. (2005), S.13 sowie P. Atteslander (2003), S.59f.
[480] Vgl. R. Schnell u.a. (2005), S.321.
[481] Zur Begründung der Auswahl vgl. Abschnitt 5.2 dieser Arbeit.
[482] ‚Hypertext Markup Language' (HTML) ist eine Seitenbeschreibungssprache, in welcher Fragebögen im World Wide Web (WWW) realisiert werden können.

Dies ermöglicht z.B. eine Echtzeitprüfung bei der Eingabe auf Plausibilität[483], die Definition von Pflichtfeldern oder sensitiven Eingabefeldern[484] und gestattet einen individualisierten Aufbau[485] des Fragebogens. Weiter ist es bei interaktiven Online-Fragebogenuntersuchungen möglich, dem Probanden kontextbezogene Hilfen anzubieten sowie Erläuterungen z.B. zur Definitorik situativ einzublenden. Nach WYGANT und FELD kann hierdurch der Rücklauf sowie die Datenqualität erhöht werden.[486]

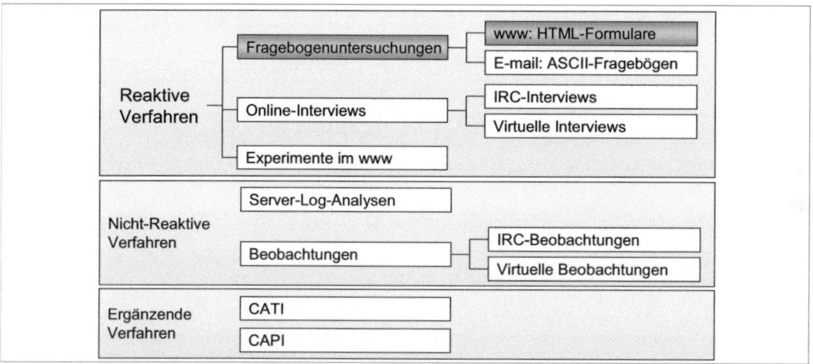

Abbildung 32: Datenerhebungsverfahren im Internet[487]

Bei der Gestaltung des Fragebogens sind die allgemeinen Hinweise und Empfehlungen zum Aufbau, Stil und Umfang von schriftlichen Befragungen zu be-

---

[483] Plausibilitätskontrollen werden in der vorliegenden Untersuchung z.B. bei der Erhebung von Prozentualwerten (Prüfung auf Summe = 100%) sowie zur Überprüfung bei ordnenden Ordinalskalenwerten (Ranking) eingesetzt.

[484] Sensitive Eingabefelder im Kontext von HTML-Fragebögen sind z.B. kontextabhängige Drop-Down-Auswahlfelder oder mit Funktionalität versehene Bilder/Grafiken.

[485] Unter einem ‚individualisierten Aufbau' eines Fragebogens wird im Rahmen dieser Arbeit ein Fragebogen verstanden, welcher in Abhängigkeit der Eingaben des Probanden eine anwenderbezogene Zusammenstellung und Reihenfolge der Fragen erlaubt. So werden z.B. Fragen zur Detaillierung eines Sachverhaltes nur dann angezeigt, wenn der Proband diesen Sachverhalt als ihm bekannt angibt. Weiter werden im konkreten Fall z.B. je nach Implementierungsstand von CRM im Unternehmen des Probanden (Pflichtangabe), unterschiedliche Fragepfade durchschritten (Fragen zum Planungsstand, Fragen zum Implementierungsstand oder Fragen zum Einsatz von CRM). Individualisierte Fragebögen ermöglichen damit eine effiziente Nutzung des limitierten Fragebogenumfangs.

[486] Vgl. S. Wygant und K. Feld (2000). Zur Diskussion von Vorteilen der webbasierten Befragung vgl. u.a. B. Batinic und M. Bosnjak (2000), S.287ff., M. P. Couper u.a. (2004), S.255ff., J. D. Smyth u.a. (2005), P. Hauptmanns (1999), S.24f. sowie M. D. Kaplowitz (2004), S.94ff.

[487] In Anlehnung an B. Batinic u.a. (2000), S.288.

rücksichtigen.[488] Zusätzlich sind die sich aus den beschriebenen technischen Möglichkeiten ergebenden Funktionalitäten so einzusetzen, dass eine Inkompatibilität[489] weit gehend ausgeschlossen werden kann.

Der Online-Fragebogen zur Erhebung zum Stand von CRM in industriellen KMUs besteht im Wesentlichen aus drei logisch strukturierten Frageblöcken[490]:

- Allgemeine Angaben
  (Unternehmensgröße, Leistungsstruktur, Kundenstruktur und Marktstruktur).
- Kundenbeziehungsmanagement in industriellen KMUs
  (CRM-Ziele und CRM-Funktionalitäten)
- Implementierung von CRM
  (CRM-Anwendungssystem und CRM-Integration)

Zur Grundgesamtheit[491] der Untersuchung zählen alle Unternehmen, die gemäß der Definition in Abschnitt 2.2 zur Kategorie der klein- und mittelständischen Industriebetriebe zählen. Von dieser Grundgesamtheit sind in der Stichprobe jene Unternehmen berücksichtigt, welche über eine E-Mailadresse verfügen, ihren Sitz in der Region Stuttgart haben sowie Mitglied in der Industrie- und Handelskammer[492] sind.[493]

---

[488] Zur Gestaltung und Konstruktion von Fragebögen vgl. B. Batinic und M. Bosnjak (2000), S.291ff., R. Schnell u.a. (2005), S.382ff., J. Bortz und N. Döring (2003), S.253ff., J. D. Smyth u.a. (2005), B. Batinic u.a. (1999), S.93ff., A. Gadeib (1999), S.103ff. sowie L. Gräf (1999), S.159ff.

[489] Auf Grund unterschiedlichster Betriebssystem- und Browserkonfiguration bei den Probanden werden bei der im Rahmen dieser Arbeit durchgeführten Befragung nur Elemente im Fragebogen verwendet, bei denen keine Darstellungsprobleme bekannt sind. Eine konfigurationsunabhängige korrekte Darstellung wird zusätzlich durch mehrere Pretests mit unterschiedlichen Systemkonfigurationen sichergestellt.

[490] Die Online-Umfrage wurde im Rahmen eines Forschungsprojektes der Universität Stuttgart, Lehrstuhl für ABWL und Wirtschaftsinformatik I in Kooperation mit der IHK Region Stuttgart durchgeführt. Innerhalb des Forschungsprojektes liegt ein weiterer Untersuchungsfokus auf Aspekten der IT-Sicherheit im Kontext von CRM. Der Online-Fragebogen enthält daher einen weiteren Frageblock zu diesem Themengebiet, welcher im Rahmen dieser Arbeit jedoch nicht thematisiert wird.

[491] Detaillierte Informationen zur Festlegung der Grundgesamtheit (Population) vgl. J. Bortz und N. Döring (2003), S.129f., R. Schnell u.a. (2005), S.267f. sowie P. Atteslander (2003), S.287f.

[492] Die Industrie- und Handelskammern (IHK) sind (regionale) Körperschaften des öffentlichen Rechts, denen kraft Gesetzes alle Gewerbetreibenden angehören (Pflichtmitgliedschaft). Zur IHK gehören damit Unternehmen aller Branchen, Betriebsgrößen und Rechtsformen. Ausnahmen stellen das Handwerk sowie die zulassungsfreien handwerksähnlichen Gewerbe dar, welche in unterschiedlichen Handwerkskammern organisiert sind. Zur IHK der Region Stuttgart zählen ca. 140.000 Unternehmen, welche ihren Unternehmenssitz im Bezirk Stuttgart, Böblingen, Esslingen-Nürtingen, Göppingen, Ludwigsburg oder Rems-Murr haben. Vgl. hierzu u.a. IHKG (1956), § 2 Abs. 1, BVerfG (2001) sowie IHK Region Stuttgart (2007), S.47.

Innerhalb des Untersuchungsdesigns liegt vor der Durchführung der Online-Befragung eine Voruntersuchung (Pretest), um mit Hilfe von fünf ausgewählten Probanden die Verständlichkeit der gestellten Fragen, die Eindeutigkeit und Vollständigkeit der vorgegebenen Antwortmöglichkeiten sowie die Funktionsfähigkeit des Online-Fragebogens sicherzustellen.[494]

6.2.2 Qualitative Experteninterviews

Als Erhebungsmethode der qualitativen Untersuchung wird die mündliche Befragung[495] herangezogen, wobei das Experteninterview[496] in einer teilstrukturierten Ausprägung des Leitfaden-Interviews[497] Anwendung findet. Mit Hilfe dieser mündlichen Befragung können an Experten[498] offene und flexibel gestaltete Fragestellungen adressiert werden. Die Intention der Experteninterviews ist, auf Basis der in der quantitativen Untersuchung erhobenen Daten spezielle Fragestellungen zu vertiefen und über die schriftliche Erhebung hinausgehende zusätzliche Informationen qualitativer Art zu gewinnen.

[493] Die Untersuchung ist als *Teilerhebung* im Wesentlichen mit *bewusster Auswahl* konzipiert. Eine Untersuchung von Mitgliedsunternehmen der IHK kann auf Grund der Pflichtmitgliedschaft als repräsentativ für den jeweiligen Bezirk angesehen werden (vgl. IHK Schwaben (2007)). Durch die weitere Auswahl von Unternehmen mit E-Mailanschluss ist die Stichprobe selbstselektierend, wodurch die Untersuchung lediglich ein Stimmungsbild ohne Repräsentativität i. S. von ‚Zulässigkeit eines Repräsentationsschlusses in Bezug auf die untersuchten Merkmale in der Grundgesamtheit' (R. Schnell u.a. (2005), S.304) darstellt.
Weiterhin wurde die Untersuchung im Newsletter und auf der Homepage der IHK Region Stuttgart sowie auf der Homepage der Abteilung VII des BWI der Universität Stuttgart angekündigt. Dies kann zu einem, wenn auch sicherlich sehr geringen, Anteil an ‚zufällig' ausgewählten Teilnehmern außerhalb der dargestellten Stichprobe führen.

[494] Zu *Pretests* vgl. J. Bortz und N. Döring (2003), S.359f. sowie R. Schnell u.a. (2005), S.11.

[495] Einen vertiefenden Einblick in die *mündliche Befragung* als Standardinstrument der empirischen Sozialforschung gibt u.a. R. Schnell (2005), S.321ff., P. Atteslander (2003), S.143ff., H. Kromrey (2002), S.376ff. sowie W. Laatz (1993), S. 103ff.

[496] Vgl. Abschnitt 5.2.

[497] Experteninterviews werden im Rahmen der empirischen Sozialforschung häufig als wenig strukturierte Einzelbefragungen durchgeführt, bei welchen es dem Interviewer überlassen bleibt, die Anordnung der Fragen sowie deren Formulierung situativ anzubringen. Wird eine Befragung auf Grundlage vorbereiteter und vorformulierter Fragen strukturiert durchgeführt, so handelt es sich um eine teilstrukturierte Interviewsituation. Vgl. hierzu u.a. R. Schnell u.a. (2005), S.322f.
Bei den im Rahmen dieser Arbeit durchgeführten Experteninterviews handelt es sich um Einzelbefragungen, bei welchen ein Gesprächsleitfaden eingesetzt wird, welcher vorformulierte Fragen, die in Frageblöcken strukturiert sind, enthält. Um bei der Durchführung der Befragung weitere Stimuli geben zu können, sind die Einzelfragen teilweise mit Gesprächshilfen unterfüttert. Die Gesprächshilfen bestehen aus kurzen Beispielen, zusätzlichen Fragestellungen oder Stichworten.

[498] Experte als jemand, der auf dem betreffenden Gebiet über eine hohe Kenntnis verfügt (vgl. M. Wermke u.a. (2007), S.303).

Die Grundgesamtheit der qualitativen Untersuchung entspricht der Grundgesamtheit der quantitativen Untersuchung. In der Stichprobe berücksichtigt sind hierbei Unternehmen, die

- sich unter Nennung des Namens an der quantitativen Untersuchung beteiligt haben,
- einen ausreichenden Abstand zu den definierten Grenzen der Mittelstandskriterien haben,
- Auskunftsbereitschaft signalisiert haben[499] sowie
- bereits Erfahrung mit dem Einsatz eines CRM-Systems haben oder sich in einer fortgeschrittenen Phase der Implementierung eines CRM-Systems befinden.

Neben diesen wichtigen Kriterien sind bei der Auswahl der Interviewpartner Unternehmen aus unterschiedlichen Branchen berücksichtigt, um die Erkenntnisse nicht auf einzelne Teilbranchen zu limitieren. Des Weiteren sind bei der bewussten Auswahl der Interviewpartner jene Teilnehmer der quantitativen Untersuchung bevorzugt berücksichtigt, die auf Basis der Antworten im Online-Fragebogen als besonders interessante Gesprächspartner zu vermuten sind.[500] Bei den Interviewpartnern handelt es sich ausschließlich um Geschäftsführer oder Personen der zweiten Hierarchieebene aus den Bereichen Marketing oder IT.

Die Durchführung von insgesamt fünf Experteninterviews erfolgte bei den Interviewpartnern vor Ort unter Zusage der Vertraulichkeit, weshalb die Ergebnisse in anonymisierter Form dargestellt werden.[501] Als Dauer der Interviews wird ein Zeitrahmen von 90 Minuten angenommen. Der für die empirische Untersuchung

---

[499] Die Angabe der Bereitschaft zur Teilnahme an weiteren Befragungen ist im Online-Fragebogen enthalten. Im Vorfeld der Interviews ist eine telefonische Anfrage zur Validierung der Auskunftsbereitschaft möglicher Interviewpartner erfolgt.

[500] Die Untersuchung ist in Anlehnung an die quantitative Befragung als *Teilerhebung* mit *bewusster Auswahl* konzipiert. Durch die bewusste Auswahl von Unternehmen mit markanten Antworten bei der Online-Befragung hat die Untersuchung keinen repräsentativen Charakter.

[501] Die Durchführung der Interviews erfolgte im Rahmen einer vom Autor betreuten Diplomarbeit. Vgl. J. Eggensperger (2005).

entworfene Interview-Leitfaden gliedert sich in vier gleichberechtigte Frageblöcke. Diese sind jeweils durch Einzelfragen detailliert.[502]

Im Rahmen mehrerer Pretests mit Mitarbeitern von CRM-Beratungsunternehmen und CRM-Softwareanbietern ist der Interview-Leitfaden in mehreren Zyklen überprüft und überarbeitet worden.

6.3 Datenanalyse

Die Analyse erhobener Daten dient allgemein der statistischen Beschreibung (deskriptive Statistik) und/oder zur Überprüfung von Hypothesen (analytische Statistik).[503] Im Rahmen dieser Arbeit liegt auf Grund des explorativen Charakters der Untersuchung der primäre Fokus auf der (statistischen) Beschreibung des Gegenstandsbereiches.[504]
Im Folgenden werden zunächst die Methoden zur Analyse der quantitativ erhobenen Daten dargestellt und danach der Analyseprozess der qualitativen Daten erläutert.

6.3.1 Quantitative Online-Befragung

Nach der Erhebung von quantitativen Daten folgt im Forschungsprozess die Phase der Datenanalyse. Vor Beginn der statistischen Auswertung sind die empirischen Daten aufzubereiten, d.h. auf offensichtliche Fehler zu prüfen und ggf. zu bereinigen.[505] Die Fehlerbereinigung umfasst hierbei vor allem die Korrektur unzulässiger oder inkonsistenter Werte.[506] Zur Analyse der bereinigten

[502] Neben den allgemeinen Angaben zum Unternehmen sind vier Frageblöcke ‚Geschäftsmodell und Rolle der IT', ‚Ausprägung und Integrationsstand von CRM', ‚Architektur und Funktionalitäten des CRM-Systems' sowie ‚Implementierungserfahrungen von CRM' Gegenstand der Untersuchung. Vgl. J. Eggensperger (2005), S.60.

[503] Vgl. P. Atteslander (2003), S.340, H. Reichardt und Á. Reichardt (2002), S.43ff. und S.161ff., W. Neubauer (1994), S.44ff. sowie H. Kromrey (2002), S.67ff.

[504] Neben den eindeutig der deskriptiven Statistik zugeordneten Analysen werden im Rahmen dieser Arbeit darüber hinausgehend statistische Verfahren der analytischen Statistik angewendet. Dies geschieht, um explorative Zusammenhänge, welche im Rahmen der Untersuchung entdeckt werden, weiter zu untersuchen.

[505] Vgl. u.a. R. Schnell u.a. (2005), S.436ff., P. Atteslander (2003), S.335ff. sowie W. Laatz (1993), S.343ff. Das Erstellen eines Codeplans sowie das Codieren von Daten i.S. des Erfassens wird im Rahmen dieser Arbeit nicht weiter thematisiert, da die Eingabe der Daten bei der Online-Befragung direkt vom Probanden erfolgt. Der Codeplan wird hierbei bei der Umsetzung des Online-Fragebogens von dem eingesetzten Umfrage-Tool automatisch generiert und mittels einer Schnittstelle mit den Ergebnissen direkt in ein statistisches Programm übergeben.

[506] Vgl. R. Schnell u.a. (2005), S.436., P. Atteslander (2003), S.338f. sowie W. Laatz (1993), S.343ff.

Untersuchungsergebnisse existiert eine Vielzahl an Methoden, von denen die im Rahmen dieser Arbeit relevanten im Folgenden kurz dargestellt werden.

6.3.2 Statistische Grundlagen

Zur *statistischen Beschreibung* der Ergebnisse werden im Rahmen dieser Arbeit Häufigkeitsverteilungen, Mittelwerte und Streuungsmaße verwendet. Die Untersuchung von *analytischen Zusammenhängen* geschieht mittels Kreuz- und Kontingenztabellen sowie der Verfahren Chi-Quadrat-Test und Kolmogorov-Smirnov-Anpassungstest.[507]

Häufigkeitsverteilungen

Mit Hilfe von *Häufigkeitsverteilungen*[508] lassen sich wesentliche Informationen aus den Urdaten extrahieren, verdichten und übersichtlich darstellen.[509] Damit ist es dem Forscher möglich, direkt zu erkennen, wie sich die statistischen Einheiten auf Merkmalsausprägungen verteilen.[510] Neben der absoluten Häufigkeit ist hierbei vielfach die relative Häufigkeit, welche den prozentualen Anteil der statistischen Einheiten, die auf einen bestimmten Wert entfallen, angibt, von besonderem Interesse. Sind viele Ausprägungen möglich oder liegen mehrere Ausprägungen eng beieinander, so können durch Klassenbildung mehrere diskrete Werte zu einer Klasse zusammengefasst werden, um so eine sinnvolle absolute bzw. relative Häufigkeitsverteilung zu bestimmen.[511]

Maße der zentralen Tendenz

Zur Beschreibung der durchschnittlichen Größe von Beobachtungswerten in einer statistischen Masse wird als Maßzahl[512] die zentrale Tendenz verwendet.[513] Die gebräuchlichsten Werte sind hierbei das arithmetische Mittel (Mittel-

---

[507] Vgl. H. Kromrey (2002), S.458. Zur Abgrenzung von deskriptiven statistischen Methoden (statistische Beschreibung der Untersuchungsergebnisse) und induktiven statistischen Methoden (analytische Erkennung und Interpretation von Zusammenhängen) vgl. u.a. H. Reichardt und Á. Reichardt (2002), S.43ff. und S.161ff., P. Pflaumer u.a. (1999), S.1ff. sowie W. Neubauer (1994), S.43ff.

[508] Unter Häufigkeitsverteilung wird *„die Zuordnung von absoluten oder relativen Häufigkeiten zu den Merkmalsausprägungen"* verstanden (P. Pflaumer u.a. (1999), S.20).

[509] Vgl. R. Hafner (2000), S.9

[510] Vgl. P. Pflaumer u.a. (1999), S.21

[511] Vgl. P. Pflaumer u.a. (1999), S.25 sowie H. Reichardt und Á. Reichardt (2002), S.56f.

[512] Maßzahlen als ‚charakteristische Zahlen zur Beschreibung der Gesamtheit der Beobachtungswerte einer statistischen Masse' (H. Reichardt und Á. Reichardt (2002), S.61).

[513] Vgl. H. Reichardt und Á. Reichardt (2002), S.62 und J. Bortz (2005), S.35f.

wert)[514], der Modalwert[515] und der Medianwert[516]. In Abhängigkeit der Problemstellung wird im Rahmen dieser Arbeit der jeweils die zentrale Tendenz am besten beschreibende Wert verwendet.

Dispersionsmaße

Die Maße der zentralen Tendenz beschreiben eine Grundgesamtheit in der Regel nur unvollständig, da sie keine Aussagen über die Unterschiedlichkeit der Werte innerhalb einer statistischen Masse machen. Daher ist die Angabe von Dispersionsmaßen, welche die Streuung der einzelnen Werte beschreiben, zur Interpretation der Ergebnisse notwendig.[517] Im Rahmen dieser Arbeit werden die gängigsten Dispersionsmaße Variationsbreite[518], Varianz[519], Standardabweichung[520], Variationskoeffizient[521] sowie die mittlere absolute Abweichung[522] verwendet.

Signifikanztests

Neben den Methoden zur statistischen Beschreibung der Befragungsergebnisse werden im Rahmen dieser Arbeit auch Methoden der analytischen Statistik zur Beschreibung von Zusammenhängen angewendet.[523]

---

[514] Das arithmetische Mittel dient zur Kennzeichnung der zentralen Tendenz für metrisch skalierte Beobachtungswerte (Kardinalskalen). Vgl. J. Bortz (2005), S.37.

[515] Der Modalwert (Modus) ist derjenige Wert, bei dem die Häufigkeitsverteilung ihr Maximum annimmt. Der Modalwert eignet sich bei nominal-, ordinal- oder metrischskalierten Beobachtungswerten. Vgl. P. Pflaumer u.a. (1999), S.33f. und J. Bortz (2005), S.36.

[516] Der Median als Halbierungswert der Häufigkeitsverteilung ist bei ordinal- oder metrischskalierten Beobachtungswerten sinnvoll. Vgl. P. Pflaumer u.a. (1999), S.34f. und J. Bortz (2005), S.36f.

[517] Vgl. J. Bortz (2005), S.39ff., P. Pflaumer u.a. (1999), S.50ff., J. Bleymüller u.a. (2002), S.19ff. sowie R. Hafner (2000), S.30ff.

[518] Die Variationsbreite (Spannweite) gibt den Wertebereich, d.h. den Abstand zwischen dem kleinsten und dem größten Einzelwert der Beobachtungswerte, an. Vgl. J. Bleymüller u.a. (2002), S.23 sowie J. Bortz (2005), S.40.

[519] Die Varianz wird aus dem Quadrat der Dimensionen der einzelnen Beobachtungswerte gebildet und gibt die Verteilungsform der Beobachtungswerte an. Vgl. J. Bleymüller u.a. (2002), S.19, R. Hafner (2000), S.30f. sowie J. Bortz (2005), S.43.

[520] Standardabweichung als positive Quadratwurzel der Varianz, mit Hilfe derer die Streuung in derselben Dimension wie die Beobachtungswerte angegeben werden kann. Vgl. P. Pflaumer u.a. (1999), S.53f., J. Bleymüller u.a. (2002), S.19 sowie J. Bortz (2005), S.43.

[521] Der Variationskoeffizient ist die Verhältniszahl der Standardabweichung bezogen auf das arithmetische Mittel: Anwendung findet der Variationskoeffizient vor allem bei dem Vergleich der Streuungen unterschiedlicher Verteilungen. Vgl. P. Pflaumer u.a. (1999), S.53f. sowie J. Bleymüller u.a. (2002), S.22.

[522] Die mittlere absolute Abweichung gibt die durchschnittliche Entfernung der Beobachtungswerte zu einem Bezugspunkt an. Als Bezugspunkt wird hierbei häufig der Median verwendet. Vgl. P. Pflaumer u.a. (1999), S.52 sowie H. Reichardt und Á. Reichardt (2002), S.68f.

[523] Auf Grund der Explorationsstrategie (vgl. Abschnitt 5.1) der vorliegenden Befragung hat diese Untersuchung nicht das Ziel, Hypothesen oder Theorien zu überprüfen. Dennoch scheint die

Mit Hilfe des Signifikanztests kann überprüft werden, ob es sich bei Häufungen in den vorliegenden Stichprobenergebnissen um zufällige Häufungen handelt oder ob ein Ergebnis klar (signifikant) für einen Zusammenhang spricht.[524] Im Rahmen der empirischen Sozialforschung werden das Signifikanzniveau sowie die zu überprüfenden Annahmen (Hypothesen) vor der Durchführung eines Tests festgelegt.[525] Im Rahmen dieser Arbeit werden auf Grund des explorativen Charakters der Untersuchung Annahmen aus den Untersuchungsergebnissen abgeleitet sowie deren Signifikanz dargestellt.[526]

Zur Ermittlung der Signifikanz findet hierbei der in der empirischen Sozialforschung weit verbreitete Chi-Quadrat-Test[527] nach PEARSON[528] Anwendung.[529] Neben dem Chi-Quadrat-Test wird die Verteilung einzelner Befragungsergebnisse mit Hilfe des KOLMOGOROV-SMIRNOV-Anpassungstests[530] geprüft.

6.3.3 Qualitative Experteninterviews

Im heuristischen Forschungsdesign dieser Arbeit wird aufbauend auf die quantitative Untersuchung eine qualitative Befragung (leitfadenbasierte Interviews) durchgeführt. Bei den hierbei erhobenen Daten handelt es sich um verbale Da-

---

Anwendung von analytischen Methoden der Statistik zur Entdeckung und ersten Prüfung von Annahmen sinnvoll und legitim zu sein. Vgl. hierzu u.a. M. Wollnik (1977), S.42ff., H. Kubicek (1977), S.12ff., J. Kretschmann (1990), S.153ff. sowie A. Martin (1989), S.221ff.

[524] Vgl. W. Neubauer (1994), S.439f., R. Schnell u.a. (2005), S.448ff. sowie J. Bortz (2005), S.11.

[525] Vgl. R. Bücker (2003), S.203.

[526] Vgl. Abschnitt 5.2.

[527] Unter dem Begriff Chi-Quadrat-Test werden der Chi-Quadrat-Anpassungstest, der Chi-Quadrat-Homogenitätstest sowie der Chi-Quadrat-Unabhängigkeitstest subsumiert. Hierbei ist eine weitere Unterscheidung nach unterschiedlichen Berechnungsmethoden wie z.B. PEARSON, LIKELIHOOD oder MANTEL-HAENZEL notwendig. Einen detaillierten Einblick in die Methoden des Chi-Quadrat-Tests sowie deren Anwendung und Interpretation geben u.a. P. Pflaumer u.a. (2001), S.137ff., B. Rüger (1996), S.285ff., R. Bücker (2003), S.166ff. sowie J. Bortz (2005), S.107ff.

[528] Die Berechnungsmethode nach PEARSON wird innerhalb der empirischen Sozialforschung als die gängigste Methode dargestellt. Die im Rahmen dieser Arbeit dargestellten Chi-Quadrat-Werte basieren deshalb auf der Methode nach PEARSON. Zur Vertiefung der unterschiedlichen Berechnungsmethoden vgl. A. Bühl und P. Zöfel (2005), S.245ff. sowie F. Brosius (2004), S.421ff.

[529] Vgl. R. Schnell u.a. (2005), S.449f.

[530] Der KOLMOGOROV-SMIRNOV-Anpassungstest eignet sich zur Überprüfung kleiner Stichprobenumfänge, bei welchen eine sinnvolle Interpretation des Chi-Quadrat-Tests nach PEARSON nicht mehr möglich ist. Deshalb wird im Rahmen dieser Arbeit dieser Test dort angewendet, wo kleine Stichprobenumfänge vorliegen. Einen detaillierten Einblick in die Methoden dieses Tests sowie dessen Anwendung und Interpretation gibt u.a. F. Brosius (2004), S.858ff.

ten, die zunächst einer Deutung bedürfen.[531] Im Gegensatz zu quantitativen Daten umfassen verbale Daten zusätzlich weitere deutungsbedürftige Elemente, wie z.B. den chronologischen Ablauf, räumliche Zusammenhänge und gehaltvolle Erklärungen, die bei der Analyse berücksichtigt werden müssen.[532] Hieraus resultierend lässt sich feststellen, dass die Analyse der Daten bereits während der Datenerhebung, d.h. der Interviewbefragung, beginnt. Schon im Verlaufe des Interviewgespräches kann der Forscher durch gezielte Interaktion mit der Gesprächsperson Einfluss auf den Fortgang der Datenerhebung nehmen.[533] Daher ist die Konzeption des Gesprächsleitfadens inklusive der enthaltenen Stimuli[534] als Vorbereitung der Datenerhebung bereits Bestandteil der Analyse.[535]

Die Analyse der Interviewergebnisse erfolgt im Rahmen dieser Arbeit mit Hilfe interpretativer, inhaltsanalytischer sowie kategorisierender Verfahren.[536] Alle Interviews wurden dazu auf einen digitalen Tonträger aufgenommen und in einem weiteren Schritt transkribiert.[537] Nach der Textaufbereitung[538] erfolgen die qualitative Inhaltsanalyse[539] und anschließend die hermeneutisch-analytische Interpretation[540].

[531] Vgl. J. H. P. Hoffmeyer-Zlotnik (1992), S.2. Zur Vertiefung des Problemkomplexes ‚Reliabilität' und ‚Validität' von verbalen Daten vgl. P. Atteslander (2003), S.255ff., A. Scholl (2003), S.26ff., J. H. P. Hoffmeyer-Zlotnik (1992), S.2f. sowie M. B. Miles und A. M. Hubermann (1994), S.2f.

[532] Vgl. J. H. P. Hoffmeyer-Zlotnik (1992), S.1ff. sowie M. B. Miles und A. M. Hubermann (1994), S.9f.

[533] Vgl. A. Scholl (2003), S.66ff. sowie J. H. P. Hoffmeyer-Zlotnik (1992), S.2f.

[534] Unter einem *Stimulus* wird im Rahmen der empirischen Sozialforschung ein Begriff oder Gegenstand verstanden, der beim Befragten Assoziationen hervorruft (vgl. P. Atteslander (2003), S.261f.). Zur weiterführenden Betrachtung über die Bedeutung und Einsatzformen von Stimuli im Kommunikationsprozess vgl. J. H. P. Hoffmeyer-Zlotnik (1992), S.2f.

[535] Vgl. A. Scholl (2003), S.70f. sowie J. H. P. Hoffmeyer-Zlotnik (1992), S.3f. Einen vertiefenden Einblick zur Konzeption und Anwendung von Interviewleitfäden sowie der Inhaltsanalyse während der Durchführung von Experteninterviews geben A. Scholl (2003), S.67ff. sowie W. Laatz (1993), S.117ff.

[536] Vgl. J. H. P. Hoffmeyer-Zlotnik (1992), S.1. Einen vertiefenden Einblick in diese Verfahren gibt u.a. J. H. P. Hoffmeyer-Zlotnik (1992), S.5f.

[537] Vgl. hierzu A. Scholl (2003), S.69f.

[538] Zu Anforderungen und Methoden der Textaufbereitung vgl. M. Bock (1992), S.98f.

[539] Einen vertiefenden Einblick in die qualitative Inhaltsanalyse gibt U. Froschauer und M. Lueger (2003), S.89ff. sowie M. Bock (1992), S.99f.

[540] Zur Anwendung hermeneutisch-analytischer Interpretationsmethoden vgl. M. Bock (1992), S.100f. sowie F. Heckmann (1992), S.142ff.

Die Ergebnisse der quantitativen Untersuchung sowie der qualitativen Befragung sind Gegenstand des nachfolgenden Kapitels.

6.4 Zusammenfassung der Untersuchungserkenntnisse

Die Darstellung und Erläuterung der Ergebnisse der explorativen Untersuchung zum *Stand von CRM in industriellen mittelständischen Unternehmen* ist Gegenstand dieses Kapitels. Dabei werden zunächst die Charakteristika der teilnehmenden Unternehmen dargestellt. Darauf folgen die Ergebnisse der quantitativen Untersuchung in Bezug auf die Ausprägungen sowie die Integrationstiefe von CRM-Systemen in industriellen KMUs. Die Erkenntnisse aus der qualitativen Vertiefung fließen dabei in die Erläuterungen mit ein. Abschließend werden aus den Ergebnissen der quantitativen und der qualitativen Untersuchung die Kernanforderungen an ein Integrationskonzept abgeleitet und dargestellt.

6.4.1 Charakteristika der teilnehmenden Unternehmen

Der Einladung zur Teilnahme an der Untersuchung (vgl. Abschnitt 6.2.1) sind 898 Unternehmen gefolgt und haben die Einstiegsseite des Online-Fragebogens besucht.[541] Von diesen Besuchern haben 273 den Fragebogen beendet.[542] Wie aus Tabelle 3 ersichtlich ist, beträgt die Rücklaufquote der quantitativen Untersuchung damit 30,4%.[543]

Nach Bereinigung der Rückläufe, anhand der dieser Untersuchung zu Grunde gelegten definitorischen Merkmale bzgl. der Unternehmensgröße sowie der Zugehörigkeit zum industriellen Sektor, können bei der Auswertung noch 143 Unternehmen berücksichtigt werden, was einer bereinigten Rücklaufquote von 15,9% entspricht.[544]

---

[541] Die Einladung erfolgte mit einem vom Autor dieser Arbeit erstellten Anschreiben über den E-Mailverteiler der IHK Region Stuttgart im dritten und vierten Quartal 2004 sowie dem Hinweis auf die Studie im Newsletter und auf der Homepage der IHK Region Stuttgart sowie auf der Homepage der Abt. VII des BWI der Universität Stuttgart (vgl. Fußnote Nr. 493).

[542] Von Beendigung bzw. Abgabe des Fragebogens wird im Rahmen dieser Arbeit dann gesprochen, wenn (zumindest) alle Pflichtfragen beantwortet wurden.

[543] Zur Definition der Rücklaufquote (Response Rate) bei Online-Umfragen herrscht bisher keine einheitliche Sicht (vgl. u.a. The American Association for Public Opinion Research (AAPOR) (2006), S.32f., F. J. Fowler (2002), S.51ff. und T. L. Tuten u.a. (2002), S.20f.). Im Rahmen dieser Arbeit wird die Rücklaufquote als Verhältnis von Besuchern der ersten Fragebogenseite zu der Anzahl an beendeten Fragebögen festgelegt (vgl. B. Batinic und M. Bosnjak (2000), S.296.).

[544] Vgl. Abschnitt 2.2.

Anzahl Besucher auf Fragebogenseite	**898**
Anzahl abgegebener Fragebögen	**273**
Rücklaufquote	***30,4%***
Auswertbare Rückläufe	143
(bereinigte Rücklaufquote)	*(15,9%)*

Tabelle 3: Besucher und Teilnehmer der quantitativen Befragung

In Bezug auf die Unternehmensgröße nach der Anzahl an Beschäftigten[545] ergibt sich folgende Verteilung:

- 36% der 143 befragten Unternehmen haben zwischen einem und 50 Mitarbeitern,
- 46% der Unternehmen haben zwischen 51 und 250 Mitarbeitern und
- 18% der Unternehmen haben zwischen 251 und 500 Mitarbeitern.

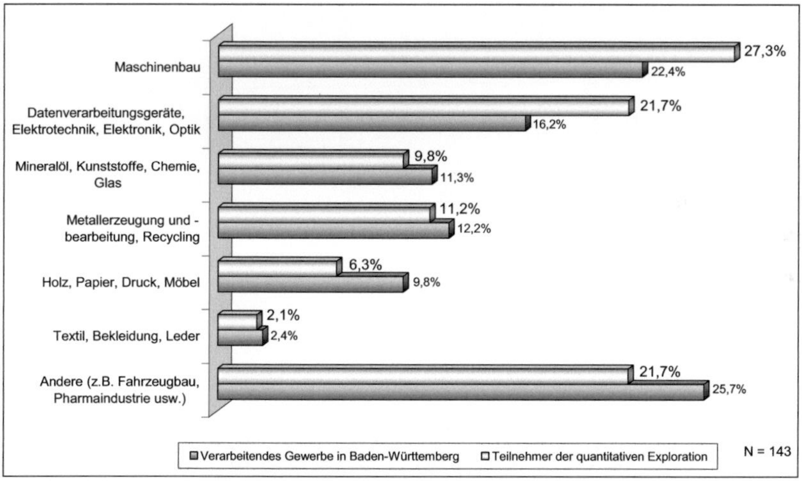

Abbildung 33: Teilnehmer nach Wirtschaftszweigen

Eine Übersicht über die Verteilung der Untersuchungsteilnehmer nach Wirtschaftszweigen gibt Abbildung 33.[546] Hierbei kann festgestellt werden, dass im

[545] Maßgeblich ist die Anzahl an Vollzeitbeschäftigten im Kalenderjahr 2003.

Vergleich mit der Struktur des industriellen Mittelstandes in Baden-Württemberg[547] die Verteilung der Probanden keine starken Abweichungen aufweist. Damit gibt die vorliegende Untersuchung ein gutes Stimmungsbild für den industriellen Mittelstand in der Region Stuttgart wieder.

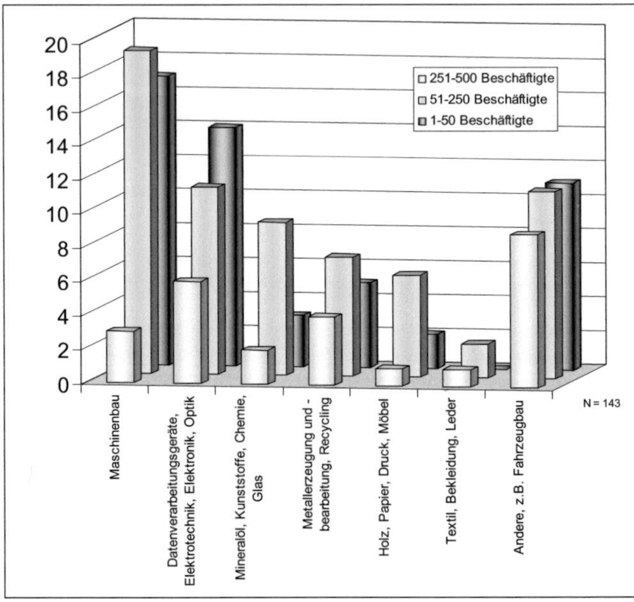

Abbildung 34: Teilnehmer nach Wirtschaftszweig und Unternehmensgröße

Die Verteilung der ausgewerteten Unternehmen nach Wirtschaftszweigen und Größenklassen ist aus Abbildung 34 ersichtlich. Daraus geht hervor, dass mit Ausnahme des Wirtschaftszweiges Datenverarbeitungsgeräte u.a. eine Häufung der Probanden bei allen Wirtschaftszweigen im Bereich der Unternehmensgröße zwischen 51 und 250 Beschäftigen liegt. Die Gruppe der Proban-

[546] Im Rahmen dieser Arbeit wird die Aufteilung nach Wirtschaftszweigen innerhalb des industriellen Sektors in Anlehnung an die IHK-Branchenstruktur, welche eine Aggregation der vollständigen Gliederung der Wirtschaftszweige des Statistischen Bundesamtes der Bundesrepublik Deutschland darstellt, verwendet (vgl. Statistisches Bundesamt (2002) sowie BMWI (2007), S.19ff.).

[547] Vgl. hierzu Statistisches Landesamt Baden-Württemberg (2007), S.2. Auf Grund der Kooperation mit der IHK-Region Stuttgart bei der Durchführung der Untersuchung hat diese eine starke Fokussierung auf diese Region. Die Teilnehmer der Untersuchung sind fast ausschließlich Unternehmen mit Sitz in Baden-Württemberg, weshalb ein Vergleich der strukturellen Daten der Untersuchungsteilnehmer mit denen des Landes Baden-Württemberg gerechtfertigt ist.

den mit über 250 Beschäftigten stellt in allen Wirtschaftszweigen mit Ausnahme des Bereiches Textil, Bekleidung und Leder den jeweils geringsten Anteil dar. Auf Grund der ähnlichen Verteilung der Größenklassen innerhalb der Wirtschaftszweige ist im Folgenden eine Differenzierung nach Größenklassen zur Vergleichbarkeit innerhalb der Wirtschaftszweige nicht erforderlich.

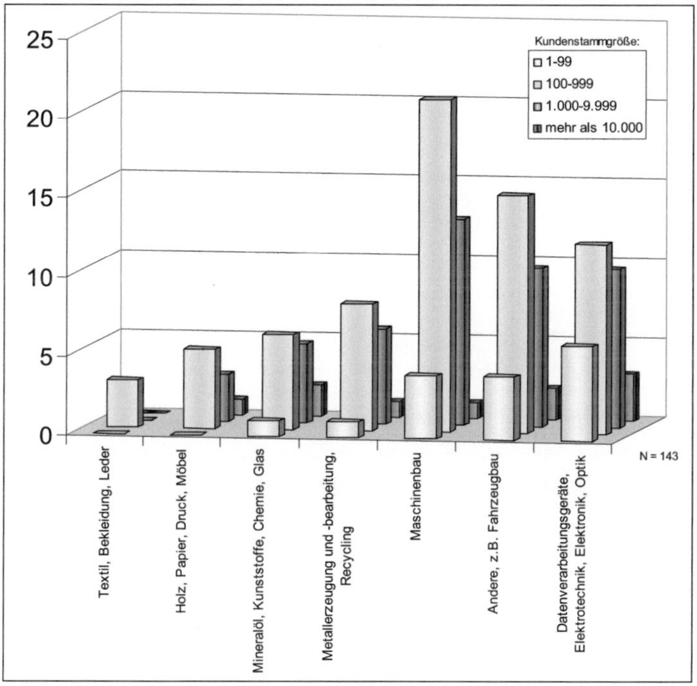

Abbildung 35: Kundenstammgröße nach Wirtschaftszweigen

Die Anzahl an Kunden[548] wird durch die Größe des Kundenstammes wiedergegeben. Hierbei ist bei den untersuchten Probanden eine starke zweiseitig signifikante Korrelation zwischen der Anzahl an Beschäftigten sowie der Kundenstammgröße vorhanden.[549] Einen Überblick über die Kundenstammgröße nach Wirtschaftszweigen gibt Abbildung 35. Hieraus ist ersichtlich, dass in allen Wirt-

[548] Auf Grund des Fokus auf industrielle Unternehmen handelt es sich im Rahmen dieser Untersuchung bei Kunden um gewerbliche Abnehmer von Waren und Dienstleistungen (B2B).
[549] Das Korrelationsniveau nach Pearson liegt zweiseitig bei 0,01, was einer starken Signifikanz entspricht. Zur Einordnung der Signifikanzniveaus vgl. A. Bühl und P. Zöfel (2005), S.113.

schaftszweigen nur vereinzelt Kundenstämme von weniger als 100 Kunden sowie Kundenstämme mit mehr als 10.000 Kunden vorliegen. Über alle Wirtschaftszweige hinweg stellen Betriebe mit einem Kundenstamm bis 1.000 Kunden die Mehrzahl dar.

Nach der Charakterisierung der Probanden wird im Folgenden auf die Ausprägungen von CRM-Systemen bei den befragten Unternehmen eingegangen.

6.4.2 Ausprägungen von CRM-Systemen in industriellen KMUs

Der Stand, d.h. die Verbreitung von CRM-Systemen innerhalb der untersuchten Betriebe des industriellen Mittelstandes, ist aus Abbildung 36 ersichtlich. Hierbei werden drei Kategorien des Standes von CRM-Systemen in Betrieben unterschieden:

- Betriebe, die keinen konkreten Einsatz eines CRM-Systems planen oder sich erst grundsätzlich über den Einsatz eines CRM-Systems informieren, werden der Kategorie *kein Einsatz geplant / sehr frühe Phase* zugeordnet.
- Zur zweiten Kategorie *Planungs- bzw. Einführungsphase eines CRM-Systems* zählen Betriebe, die sich konkret mit der Einführung eines CRM-Systems beschäftigen. Hierzu zählen alle Unternehmen, die sich zwischen der Planungsphase bis hin zum Roll-Out eines Systems befinden.
- Zur Kategorie *CRM-System ist im Einsatz* zählen alle Unternehmen, die bereits ein CRM-System in der Produktivumgebung einsetzen.

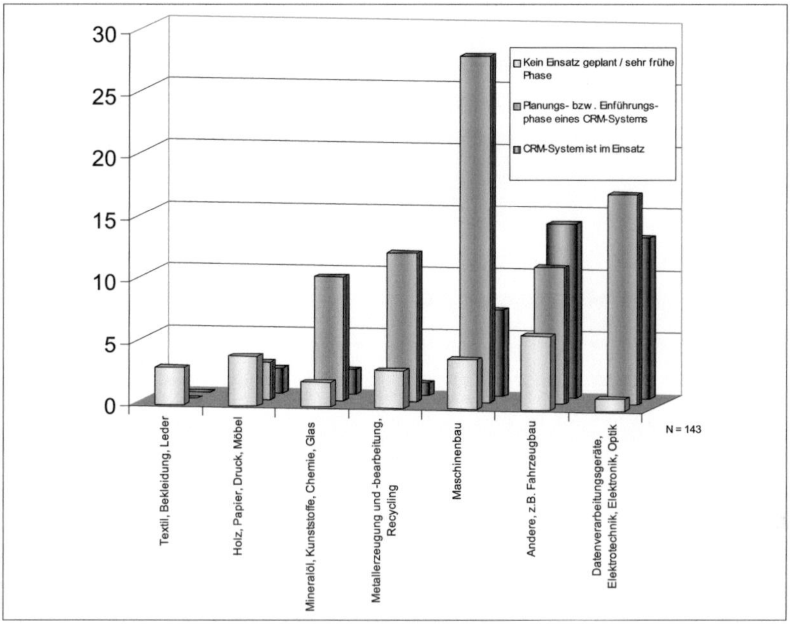

Abbildung 36: Stand von CRM-Systemen nach Wirtschaftszweigen

Aus dem *Stand von CRM-Systemen* lassen sich folgende Erkenntnisse ableiten:

- Ein überwiegender Anteil der befragten industriellen Unternehmen beschäftigen sich mit dem Einsatz eines CRM-Systems oder verwenden sie bereits. Lediglich die Unternehmen der Wirtschaftszweige Textil, Bekleidung, Leder sowie Holz, Papier, Druck und Möbel befinden sich mehrheitlich in einer sehr frühen Phase, d.h. beschäftigen sich noch nicht intensiv mit der Einführung eines CRM-Systems.
- Betriebe innerhalb des Maschinenbaus sowie der Metallerzeugung und Bearbeitung beschäftigen sich intensiv mit der Planung bzw. Einführung eines CRM-Systems. Die Implementierung ist in dieser Gruppe jedoch bei lediglich einem kleinen Anteil abgeschlossen.

- Eine signifikante Korrelation zwischen dem Stand von CRM sowie der Unternehmensgröße kann nicht festgestellt werden.[550]
- Die Anzahl an Kunden (Kundenstammgröße) korreliert stark signifikant mit dem Stand von CRM, d.h. vor allem Unternehmen, die einen großen Kundenstamm zu betreuen haben, beschäftigen sich mit bzw. verwenden bereits CRM-Systeme.[551]

Bei den geplanten/eingesetzten CRM-Systemen kann zwischen *Individual-* und *Standardsoftwarelösungen*[552] unterschieden werden. Innerhalb der befragten Unternehmen, die sich in der Planungs- bzw. Einführungsphase befinden oder bereits ein CRM-System im Einsatz haben, ergibt sich eine Verteilung zwischen Individual- und Standardsoftware gemäß Abbildung 37. Hierzu lassen sich folgende Ergebnisse feststellen:

- Das Mieten eines gehosteten CRM-Systems (Application Service Providing) findet in der untersuchten Zielgruppe bisher sehr wenig Beachtung.
- Zwischen dem Stand von CRM und der bevorzugten CRM-Lösung besteht eine stark signifikante Korrelation.[553] Ca. 82% der Unternehmen, die sich in der Planungs- bzw. Einführungsphase eines CRM-Systems befinden, entscheiden sich für eine Standard-CRM-Lösung. Von den Unternehmen, die bereits ein CRM-System im Einsatz haben, nutzen lediglich ca. 62% eine Standardlösung. Hieraus kann ein Trend hin zu Standard-CRM-Software abgeleitet werden.
- Zwischen der geplanten/eingesetzten Softwarelösung und der Kundenstammgröße besteht keine signifikante Korrelation.[554]

---

[550] Der Korrelationskoeffizient nach Pearson liegt hier bei 0,063 (nicht signifikant).

[551] Der Korrelationskoeffizient zwischen der Kundenstammgröße und dem Stand von CRM beträgt nach Pearson zweiseitig 0,005 (stark signifikant).

[552] Zur Definition und Abgrenzung von Individual- und Standardsoftware vgl. H. R. Hansen und G. Neumann (2001), S.152f.

[553] Der Korrelationskoeffizient nach Pearson zwischen Softwarelösung und dem Stand von CRM liegt bei 0,009 (stark signifikant).

[554] Der Korrelationskoeffizient nach Pearson zwischen Softwarelösung und Kundenstammgröße liegt bei 0,149 (nicht signifikant).

- Es konnte keine signifikante Korrelation zwischen der geplanten/eingesetzten Softwarelösung und dem Wirtschaftszweig festgestellt werden.[555]
- Zwischen der geplanten/eingesetzten Softwarelösung und der Unternehmensgröße besteht keine signifikante Korrelation.[556]

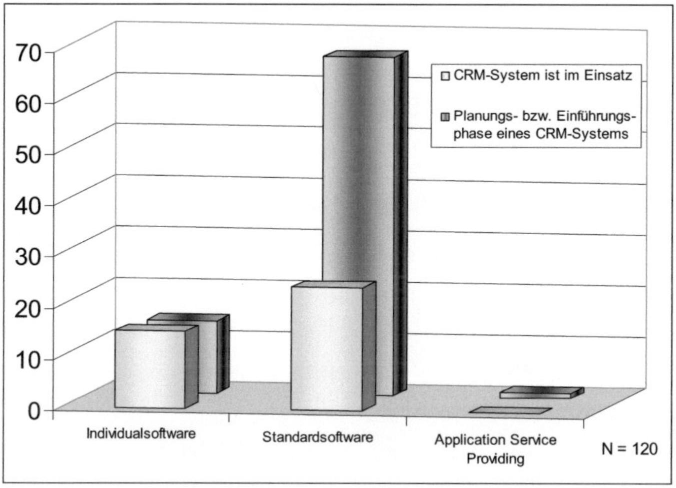

Abbildung 37: Geplante/eingesetzte CRM-Softwarelösung nach dem Stand von CRM

Diese Ergebnisse in Bezug auf die geplanten/eingesetzten CRM-Systeme führen zu der Erkenntnis, dass der Einsatz von CRM-Standardsoftwarelösungen im Konzept angenommen werden muss.

Von den 120 befragten Betrieben, die den Einsatz eines Standard-CRM-Systems planen bzw. bereits eines einsetzen, werden 32 unterschiedliche ausgewählte Lösungen genannt.

Das Minimum liegt hierbei bei eins, das Maximum bei sieben und der Mittelwert bei 1,66.[557] Ein weiteres Ergebnis der Analyse der eingesetzten Standardlösun-

---

[555] Der Korrelationskoeffizient nach Pearson zwischen Softwarelösung und Wirtschaftszweig liegt bei 0,635 (nicht signifikant).

[556] Der Korrelationskoeffizient nach Pearson zwischen Softwarelösung und Unternehmensgröße liegt bei 0,766 (nicht signifikant).

[557] Die Standardabweichung beträgt 0,44. Eine signifikante Korrelation zwischen der Softwarelösung und dem Wirtschaftszweig kann nicht festgestellt werden, wobei die hohe Anzahl an unterschiedlichen Lösungen zu einer geringen Anzahl an Nennungen pro Wirtschaftszweig führt und somit ein valider Signifikanztest nicht durchgeführt werden kann.

gen ist, dass ca. 2/3 der Betriebe keine CRM-Erweiterung ihrer ERP-Software planen/einsetzen, sondern *Best of Breed*[558] CRM-Lösungen planen/einsetzen. Ein wesentlicher Grund hierfür liegt in der von den Unternehmen verfolgten Zielsetzung, die im folgenden Abschnitt 6.4.3 detailliert dargestellt wird.

Best of Breed-Lösungen stellen in der Regel autarke Anwendungssysteme dar. Eine zwangsläufige Folge hieraus ist, dass der Integrationsaspekt von CRM-Lösungen besonders zu berücksichtigen ist. Deshalb widmet sich Abschnitt 6.4.4 dem Integrationsstand von CRM-Systemen in industriellen mittelständischen Unternehmen.

6.4.3 Einsatzzweck von CRM-Systemen

Der betriebswirtschaftliche Nutzen des Einsatzes von CRM-Systemen wird von 73% der befragten Unternehmen primär in der Erhöhung der Kundenbindung durch eine verbesserte Kundenkommunikation gesehen. Die Unterstützung der Akquisition von neuen Kunden stellt lediglich für 21% der Unternehmen den Hauptnutzen von CRM-Systemen dar.[559]
Weiter erhofft sich ein überwiegender Teil der befragten Unternehmen eine wesentliche Verbesserung der kundenorientierten Prozesse durch die Unterstützung eines CRM-Systems.[560] Dies wird auch durch die Verteilung der Gewichtung der geforderten/eingesetzten Funktionalitäten von CRM-Systemen ersichtlich.
So entfallen bei der Nutzungsgewichtung:[561]

- 64% auf Funktionen des oCRM,
- 20% auf Funktionen des kCRM und
- 16% auf Funktionen des aCRM.

Wie bereits in Abschnitt 6.4.2 dargestellt, entscheiden sich Unternehmen auf Grund der funktionalen Anforderungen vielfach für *Best of Breed*-Lösungen,

---

[558] Vgl. H.-G. Kemper, W. Mehanna und C. Unger (2006), S.46.
[559] Die verbleibenden 6% sehen einen sonstigen primären betriebswirtschaftlichen Nutzen, wie z.B. die Senkung der Kommunikationskosten (N=120).
[560] Bei der Bildung einer ordinalen Rangfolge des erwarteten Nutzens durch den Einsatz eines CRM-Systems mittels einer Likert-Skala ist die Erwartung an eine Prozessverbesserung am höchsten, gefolgt von der Erwartung an eine verbesserte Datenaktualität (N=120).
[561] Vgl. Kapitel 3 dieser Arbeit.

welche nach deren Einschätzung die stark gewichteten oCRM-Funktionen am besten unterstützen.

Des Weiteren wird als Nutzen des Einsatzes von CRM-Systemen die Erfassung und Nutzung von *Kundenwissen*[562] genannt. Die Einschätzung der befragten Unternehmen zeigt jedoch deutlich, dass diesem Aspekt sowohl bei der Auswahl als auch beim Einsatz von CRM-Systemen keine große Bedeutung beigemessen wird.[563] In den Fällen, wo die Erfassung von zusätzlichen Informationen mittels des CRM-Systems festgestellt werden konnte, erfolgte dies unstrukturiert in Textfeldern (z.B. Kommentare bei Außendienstbesuchen). Eine strukturierte Erfassung, Nutzung und Weitergabe von Kundenwissen im Sinne von Wissen *des* Kunden konnte in keinem Fall festgestellt werden.

6.4.4 Integration von CRM-Systemen

Die Integration verschiedener Anwendungssysteme kann, wie in Abschnitt 2.7 dargestellt, über klassische Point-to-Point-Beziehungen oder über eine zentrale Daten- und Prozessplattform[564] realisiert werden. Bei der zweiten Integrationsform kann zwischen dem Einsatz eines unabhängigen EAI-Tools[565] und dem Einsatz eines CRM-Systems als *Hub* unterschieden werden.[566]

[562] Unter *Kundenwissen* wird bei dieser Fragestellung sowohl das Wissen *über* den Kunden (z.B. Bonität) als auch das Wissen *des* Kunden (Wissen *vom* Kunden, z.B. Produkterfahrungen) verstanden. Vgl. Abschnitt 1.3.2.

[563] 81% der befragten Unternehmen messen der Ausprägung des funktionalen Umfangs einer CRM-Lösung zur Erfassung zusätzlicher (d.h. über die Kundenstammdaten und Transaktionshistorie hinausgehenden) Informationen eine geringe bis sehr geringe Relevanz bei.

[564] Für Daten- und Prozessplattformen hat sich der Begriff *Enterprise Application Integration* (EAI) etabliert, weshalb dieser in der Untersuchung Verwendung findet. Vgl. hierzu M. Meyer und S. Weingärtner (2002), S.203f., S. Conrad u.a. (2006), S.3ff., W. Dangelmaier u.a. (2002), S.237f. sowie M. Hunsicker (2002), S.257f.

[565] Vgl. Fußnote Nr. 206.

[566] Vgl. M. Hunsicker (2002), S.259, K. Walser (2006), S.161ff. sowie M. Merzenich (2005), S.160f.

Der Stand der Integration von CRM-Systemen[567] sowie die Realisierungsformen werden anhand der folgenden, in Abschnitt 2.7 erläuterten, vier Ausprägungen dargestellt:[568]

- Integrationsgegenstand,
- Integrationsrichtung,
- Integrationsreichweite und
- Automatisierungsgrad.

Untersuchte Gegenstände der Integration sind hierbei *Daten*[569], *Prozesse*[570] und *Anwendungssysteme*[571]. In Bezug auf die Integrationsgegenstände von CRM-Systemen können folgende empirischen Ergebnisse dargestellt werden:[572]

- Die eingesetzten CRM-Systeme verfügen fast ausschließlich über eine eigene Datenbasis, welche teilweise mittels Schnittstellen an andere Datenbanken angebunden ist.
- Ein Datenaustausch zwischen CRM- und anderen Anwendungssystemen erfolgt bei 42% der befragten Unternehmen nicht oder mittels manueller Mehrfacherfassung in unterschiedlichen Systemen (Insellösungen). Bei 58% der Unternehmen existieren Schnittstellen zu anderen Anwendungssystemen.[573]
- Schnittstellen für den Datenaustausch mit einem CRM-System existieren vor allem zur Übertragung von Daten der Kategorien

[567] Im Rahmen dieser Arbeit erfolgt eine Untersuchung der Integration von CRM-Systemen mit anderen Anwendungssystemen innerhalb von Betrieben. Die ‚internen Informationsflüsse' zwischen Customer Touch Points, operativen sowie analytischen Komponenten (intra-CRM-Integration) sind nicht Bestandteil dieser Arbeit. Zur ‚Intra-Integration' von CRM-Systemen vgl. u.a. K. Walser (2006), S.125ff.

[568] Vgl. P. Mertens (2005), S.2.

[569] Vgl. Abschnitt 2.7.1. Bei dieser Untersuchung wird die Datenintegration anhand der Ausprägungen ‚keine Weitergabe von Daten', ‚manuelle Weitergabe von Daten', ‚automatische Weitergabe von Daten' und ‚Zugriff auf eine gemeinsame Datenbank' unterschieden.

[570] Vgl. Abschnitt 2.7.1. Untersucht wurde bei der Integration von Prozessen die Abstimmung von (aufeinander folgenden) Funktionen.

[571] Vgl. Abschnitt 2.7.1. Im Rahmen dieser Arbeit ist die Zusammenführung auf der Ebene der Benutzerschnittstelle (Benutzeroberfläche) relevant. Aus Anwendersicht handelt es sich hierbei um eine Erweiterung der Funktionalität innerhalb einer gewohnten Systemumgebung (vgl. P. Mertens (2005), S.1f. sowie M. Meyer und S. Weingärtner (2002), S.208).

[572] Die dargestellten Ergebnisse beruhen auf den Erkenntnissen der quantitativen Untersuchung sowie der durchgeführten Experteninterviews (qualitative Untersuchung).

[573] Innerhalb der quantitativen Untersuchung wurde der Datenaustausch u.a. von ‚Kundenstammdaten' als Kerndaten des CRM bei den Unternehmen untersucht, welche CRM-Systeme bereits im Einsatz haben (N=38).

Kundendaten[574] (z.B. Kundenstammdaten), Fakturierung[575] (z.B. Auftragsstatus) und Finanzbuchhaltung[576] (z.B. Umsatz oder offene Posten). Eine Schnittstelle zur Übertragung produktorientierter Daten (z.B. Stücklisten) konnte bei 43% der befragten Unternehmen festgestellt werden.

- Die Schnittstellen sind zum überwiegenden Teil als Point-to-Point-Schnittstellen realisiert. Hierbei werden vielfach Connectoren, die im CRM-System enthalten sind, eingesetzt. Eine Hub-and-Spoke-Architektur mit einem dezidierten EAI-Tool bzw. eine Nutzung des CRM-Systems als *Hub* kann bei den untersuchten Unternehmen nicht festgestellt werden.
- Eine Funktions- bzw. Prozessintegration kann nur vereinzelt festgestellt werden. Diese bezieht sich fast ausschließlich auf den Prozess der Angebotserstellung.
- Es kann keine signifikante Korrelation zwischen dem Stand der Integration bezogen auf die Integrationsgegenstände und der Branche, der Unternehmensgröße sowie der Softwarelösung festgestellt werden.

In Bezug auf die Integrationsrichtung[577], die Integrationsreichweite[578] und den Automatisierungsgrad[579] lassen sich folgende Ergebnisse festhalten:[580]

- Die Integration von CRM-Systemen erfolgt bei den betrachteten Unternehmen ausschließlich horizontal.[581]

---

[574] Bei allen untersuchten Unternehmen, die mittels Schnittstellen Daten zwischen dem CRM-System und anderen Anwendungssystemen austauschen, werden Kundenstammdaten übertragen (N=38).

[575] Ca. 90% der Unternehmen mit Schnittstellen zum CRM-System haben eine Datenschnittstelle für den Austausch von Fakturierungsdaten (N=37).

[576] Von den Unternehmen mit Schnittstellen zum CRM-System haben annähernd 90% eine Datenschnittstelle für den Austausch von Fakturierungsdaten (N=36).

[577] Vgl. Abschnitt 2.7.2.

[578] Vgl. Abschnitt 2.7.4.

[579] Vgl. Abschnitt 2.7.3.

[580] Die Untersuchung der Integrationsrichtung, der Integrationsreichweite sowie des Automatisierungsgrades ist Bestandteil der qualitativen Untersuchung, bei der Unternehmen, die nach den Angaben in der quantitativen Befragung einen hohen Integrationsstand aufweisen, untersucht wurden.

[581] Die bei den befragten Unternehmen eingesetzten Standard-CRM-Systeme beinhalten zu einem großen Teil analytische Funktionen. Eine vertikale Integration in (weitere) dispositive Systeme wird daher von den befragten Unternehmen als nicht notwendig erachtet.

- Die Reichweite der CRM-Lösungen entspricht einer Integration innerhalb der Bereiche Marketing, Vertrieb und Service. Eine unternehmensweite bzw. eine überbetriebliche Integration konnte nicht festgestellt werden. Des Weiteren handelt es sich bei den untersuchten Lösungen weitestgehend um unidirektionale Schnittstellen, d.h. Daten aus anderen Teilsystemen werden in das CRM-System geschrieben. Eine Rückübermittlung erfolgt in der Regel nicht.[582]
- Eine Integration von CRM-Systemen mit Anwendungssystemen in dem Bereich der Produktentwicklung kann nicht festgestellt werden.
- Der Automatisierungsgrad der untersuchten Integrationslösungen weist sehr unterschiedliche Ausprägungen auf.

Diese Ergebnisse in Bezug auf die Integration von CRM-Systemen führen zu der Erkenntnis, dass ein Bedarf für ein systemunabhängiges Konzept, das die Informationslücke zwischen den kundenorientierten und produktorientierten Unternehmensbereichen schließt, vorhanden ist.

6.4.5 Kernanforderungen an ein Integrationskonzept

Auf Basis der Erkenntnisse der quantitativen Untersuchung wurde innerhalb der qualitativen Untersuchung die Einschätzung von Experten bezüglich der Anforderungen[583] an ein Konzept zur Integration von kunden- und produktorientierten Anwendungssystemen erhoben. Hierbei wurde festgestellt, dass einerseits konzeptionelle Überlegungen zur Integration von CRM-Systemen innerhalb der kundenorientierten Bereiche sowie mit transaktionsorientierten Systemen vielfach bereits bei der Planung sowie der Auswahl der CRM-Systeme berücksichtigt wurden.

[582] Als Ausnahme kann die Integration von Kundenstammdaten angeführt werden. Hier erfolgt teilweise ein Abgleich zurück in die Transaktionssysteme (z.B. Adressänderungen). Für die unidirektionale Ausgestaltung der Schnittstellen wurde von den befragten Unternehmen überwiegend als Begründung genannt, dass eine Rückintegration in andere Anwendungssysteme technisch nicht machbar ist bzw. einen zu hohen Aufwand erfordert.

[583] Anforderung als eine ‚qualitative und/oder quantitative Eigenschaft' eines Produktes, Systems oder Konzepts. Vgl. H. Balzert (2001), S.98.

Der Gebrauch von CRM-Systemen zur Erfassung und Nutzung von produktorientiertem Kundenwissen sowie die dazu notwendige Integration mit produktorientierten Anwendungssystemen wurde andererseits von keinem der untersuchten Unternehmen bei der Planung berücksichtigt bzw. in keinem der Unternehmen liegt hierzu ein Konzept vor.[584]
Des Weiteren muss festgestellt werden, dass bei den befragten Unternehmen keine anderen Systeme wie z.B. CKM-Systeme eingesetzt werden, mit denen produktorientiertes Kundenwissen strukturiert erfasst wird.

Nachfolgend werden die zwei ermittelten *Kernanforderungen*[585] an ein Konzept zur Integration von kundenorientierten und produktorientierten Anwendungssystemen dargestellt:

- *Integration in bestehende Anwendungssysteme*
  Sowohl die Erfassung als auch die Darstellung/Nutzung von Kunden- und Produktwissen sollte nach Meinung der Experten in bereits existierenden Anwendungssystemen erfolgen. Dies wird einerseits als wesentlicher Faktor der Benutzerakzeptanz gesehen, da Mitarbeiter bereits täglichen Umgang mit diesen Anwendungssystemen haben. Andererseits soll hierdurch gewährleistet werden, dass die Präsentation in der jeweiligen ‚Sprache' des Anwenders erfolgt.
- *Schutz bereichsspezifischen Wissens*
  Als wesentliche Anforderung an ein Integrationskonzept sehen die befragten Experten den Schutz bereichsspezifischen Wissens sowie den Verbleib dessen in den entsprechenden Anwendungssystemen der Fachbereiche. So ist für die Experten z.B. ein Konzept undenkbar, bei dem Digitale Produktmodelle bzw. Extrakte daraus, wie z.B. CAD-Zeichnungen, auf Anwendungssystemen in

[584] Die Konsequenz hieraus ist, dass bei der Untersuchung keine detaillierten Anforderungen diskutiert werden konnten, da in diesem Kontext bei den befragten Unternehmen weder Erfahrungswerte noch konkrete Planungen vorliegen. Die Darstellung beschränkt sich deshalb auf wenige, von allen als relevant eingestufte, Anforderungen, welche im Folgenden als ‚Kernanforderungen' bezeichnet werden.
[585] Vgl. Fußnote Nr. 584.

den Bereichen Marketing, Vertrieb oder Service verfügbar sind (Schutz des F&E- und Produktions-Know-Hows). Ebenso undenkbar ist nach Einschätzung der Gesprächspartner ein Konzept, das den produktorientierten Unternehmensbereichen Zugriffe auf Kundeninformationen i.S. von Informationen über den Kunden gewährt. Diese Anforderung stellt auf Grund der komplexen Datenstrukturen mehr als eine Berücksichtigung von Zugriffsregelungen mittels Berechtigungsstrukturen dar.

Auf Basis des empirisch ermittelten und dargestellten Standes von CRM-Systemen, des Integrationsstandes von Anwendungssystemen und der evaluierten Kernanforderungen an ein Konzept zur Integration von kunden- und produktorientierten Anwendungssystemen in mittelständischen Industrieunternehmen erfolgt im folgenden Kapitel eine Ableitung eines Konzepts zur Integration von produkt- und kundenorientierten Anwendungssystemen.

7. Konzepterstellung

Wie in den vorhergehenden Kapiteln dargestellt, sind CRM-Anwendungssysteme in den Betrieben des industriellen Mittelstandes weit verbreitet. Diese werden jedoch fast ausschließlich als Insellösungen in den Bereichen Marketing, Vertrieb und Service zur Unterstützung von fachbereichsbezogenen Aufgaben eingesetzt. Bei diesen Anwendungssystemen liegt der Fokus zudem auf *kundenorientierten Daten*, wie z.B. Kundenkontakte, Kundenhistorie oder Kundenumsatz, so dass eine strukturierte Erfassung von Kundenwissen i. S. von *Wissen des Kunden* beispielsweise über Anforderungen an Produkte oder Produkterfahrungen (*produktorientierte Kundendaten*) mittels dieser CRM-Anwendungssysteme nicht möglich ist. Eine Integration von CRM-Anwendungssystemen mit produktorientierten Anwendungssystemen wie z.B. CAx-Systemen, die in mittelständischen Industriebetrieben beinahe flächendeckend eingesetzt werden, ist ebenfalls nicht vorhanden.
Damit ist eine strukturierte Erfassung und Weitergabe von Kundenwissen i. S. von *Wissen des Kunden*, das in den produktorientierten Unternehmensbereichen Forschung und Entwicklung bzw. Produktion zu einer Verbesserung von Produkten und Produktionsprozessen eingesetzt werden könnte, innerhalb der bestehenden Systemlandschaften nicht möglich.

Die Analyse der in Abschnitt 1.3 dargestellten bestehenden Ansätze zur strukturierten Erfassung, Weitergabe und Nutzung von kundenorientiertem Produktwissen hat gezeigt, dass die evaluierten Kernanforderungen (vgl. Abschnitt 6.4.5) von keinem dieser Ansätze befriedigend erfüllt werden. Daher wird im Rahmen dieser Arbeit ein neues Konzept erstellt, das gemäß der in Abschnitt 6.4.5 hergeleiteten Kernanforderungen eine Integration bestehender Anwendungssysteme unter Einbeziehung etablierter Methoden[586] verfolgt und bestehende Ansätze[587] mit einbezieht.

Über die Implementierung dieses Konzepts soll es Unternehmen ermöglicht werden, effizient Kundenwissen an der Kundenschnittstelle zu erfassen und

[586] Vgl. Abschnitt 1.3.1.
[587] Vgl. Abschnitt 1.3.2.

dieses in produktorientierten Anwendungssystemen anwenderorientiert, d.h. z.B. in der ‚Sprache des Entwicklungsingenieurs', zur Verfügung zu stellen. Ebenso wird produktorientiertes Wissen zur Unterstützung der Prozesse in den Bereichen Marketing, Vertrieb und Service kundenorientiert an der Kundenschnittstelle zur Verfügung gestellt.[588]

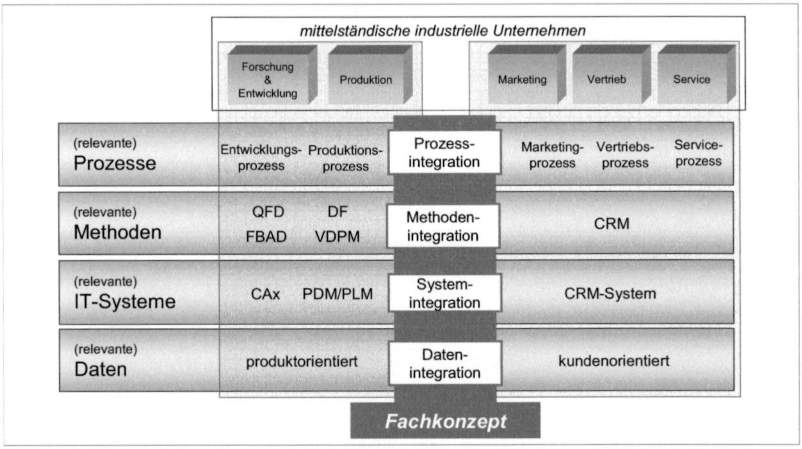

Abbildung 38: Ebenen des Integrationskonzepts

Innerhalb der Konzepterstellung werden daher in Anlehnung an die in Abschnitt 2.7 dargestellten relevanten Integrationsaspekte die in den Unternehmensbereichen vorhandenen relevanten Methoden, Prozesse, IT-Systeme und Daten als Integrationsgegenstände berücksichtigt.[589] Das Konzept umfasst daher die Ebenen der *Methodenintegration*, der *Prozessintegration*, der *Systemintegration* und der *Datenintegration* (vgl. Abbildung 38).

Die in den produktorientierten sowie den kundenorientierten Unternehmensbereichen im Einsatz befindlichen Anwendungssysteme sind vielfach *objektorientiert*[590]. Deshalb werden zur Entwicklung des Konzepts im Rahmen dieser Ar-

[588] Vgl. Abschnitt 1.3.2

[589] Vgl. Abschnitt 2.7. Die deskriptive Darstellung der relevanten Methoden, Prozesse, IT-Systeme und Daten ist Inhalt von Kapitel 3 und Kapitel 4.

[590] Zur *Objektorientierung* in der Softwareentwicklung vgl. P. Coad und E. Yourdon (1991), S.1ff., H. R. Hansen und G. Neumann (2001), S.265ff., L. J. Heinrich (2001), S.225ff. sowie I. Graham (1994), S.8ff.

beit Methoden der *Objektorientierten Softwareentwicklung* sowie die objektorientierte Modellierungssprache *Unified Modeling Language* (*UML*)[591] eingesetzt. Aus der Vielzahl an Methoden wird in der vorliegenden Arbeit die Vorgehensweise in Anlehnung an das *Anwendungsfallmodell* nach JACOBSON gewählt.[592] Innerhalb der gewählten Vorgehensweise liegt der Fokus dabei auf den frühen Phasen, d.h. der Ableitung eines *Anforderungsmodells*[593] sowie des *Analysemodells* als Artefakt der *Object Oriented Analysis* (OOA)[594].[595]

In einem ersten Schritt werden die Anforderungen an das *Integrationskonzept*[596] mit Hilfe von *Use Cases* generisch abgeleitet (vgl. Fachkonzept Use Cases, Abschnitt 7.1). Darauf folgt die Erstellung einer logischen Struktur mit Hilfe von *Datenobjekten* (vgl. Fachkonzept Datensicht, Abschnitt 7.2) sowie *prozeduraler Logik* (vgl. Fachkonzept Prozesssicht, Abschnitt 7.3).[597] Zum Abschluss der Erstellung des Fachkonzepts erfolgt in Abschnitt 7.4 eine zusammenfassende Darstellung der im Konzept enthaltenen Integrationsebenen.

---

[591] UML stellt inzwischen die Standard-Notation für objektorientierte Modellierung dar (vgl. H. Balzert (2001), S.378 sowie B. Oestereich, C. Weiss u.a. (2003), S.13.) Für einen vertiefenden Einblick in die UML vgl. u.a. B. Oestereich (2006), S.207ff., P. Forbig (2007), S.42ff., D. Pilone und N. Pitman (2005), S.1ff., H. R. Hansen und G. Neumann (2001), S.259ff. sowie B. Oestereich, C. Weiss u.a. (2003), S.12ff.

[592] Vgl. P. Forbig (2007), S.44ff. Im Unterschied zu anderen objektorientierten Methoden basiert das Anwendungsfallmodell nach JACOBSON auf dem *Use Case* als Ausgangsbasis für alle weiteren Analysen. Vgl. hierzu u.a. P. Forbig (2007), S.45ff., J. Seemann und J. W. von Gudenberg (2006), S.16ff., G. Booch, J. Rumbaugh und I. Jacobson (2006), S.62ff. sowie I. Graham (1994), S.257f.

[593] Ausgangspunkt der OOA ist ein *Use Case Model*, welches in einem ersten Schritt innerhalb der objektorientierten Softwareentwicklung erstellt wird. Im *Use Case Model* sind die Akteure sowie die zu unterstützenden Vorgänge (Szenarien) enthalten. Vgl. M. Fowler (2004), S.121f.

[594] Nach BALZERT ist es das Ziel der OOA, "*die fachliche Lösung eines neuen Softwareproduktes mit Hilfe objektorientierter Konzepte zu modellieren*" (H. Balzert (2001), S.378). Zur Vertiefung der OOA vgl. P. Coad und E. Yourdon (1991), S.1ff. sowie H. Balzert (2001), S.376ff.

[595] Die Methoden des Anwendungsfallmodells werden von unterschiedlichen Autoren teilweise der Fachkonzeptentwicklung und teilweise der DV-Konzeptentwicklung zugeordnet. Im Rahmen dieser Arbeit werden in Anlehnung an SCHEER die gleichen Methoden auf beiden Ebenen angewendet, so dass die Erstellung des DV-Konzepts eine Verfeinerung des Fachkonzepts darstellt. Vgl. hierzu A.-W. Scheer (1998), S.144. Da das primäre Ziel dieser Arbeit die Erstellung eines Fachkonzepts ist, werden die im Anwendungsfallmodell enthaltenen Methoden und Vorgehensweisen auch nur selektiv angewendet. Zur Anwendung des Anwendungsfallmodells innerhalb der objektorientierten Systementwicklung vgl. u.a. G. Booch, J. Rumbaugh und I. Jacobson (2006), S.60ff. sowie P. Forbig (2007), S.45ff.

[596] Bei dem abgeleiteten Konzept handelt es sich zunächst um eine sehr eng mit der betriebswirtschaftlichen Problemstellung verbundene, formalisierte Beschreibung (Fachkonzept) (vgl. A.-W. Scheer (1995), S.14f.). Auf Basis dieses Fachkonzepts wird in Abschnitt 8.1 ein DV-Konzept abgeleitet und prototypisch umgesetzt.

[597] Vgl. I. Graham (1994), S.227, H. Balzert (2001), S.104f. sowie A.-W. Scheer (1995), S.11ff.

7.1 Fachkonzept Use Cases

Bei der gewählten Vorgehensweise wird als Ausgangspunkt der Anforderungsanalyse ein *Use Case Diagramm* benötigt, in dem alle für das Fachkonzept relevanten *Anwendungsfälle* (*Use Cases*)[598] enthalten sind. Daher werden zunächst die im Kontext dieser Arbeit relevanten Use Cases erzeugt.

Zur Erstellung der Use Cases wurde vom Autor folgende Vorgehensweise gewählt:[599]

- Die Spezifikation der Abläufe innerhalb der Use Cases erfolgt anhand der in der empirischen Untersuchung ermittelten Methoden und Prozesse.
- Die Konkretisierung der Aktivitäten ergibt sich aus der Anwendung der in der empirischen Untersuchung ermittelten Methoden und aus der Ableitung von notwendigen Tätigkeiten.

Die so gewonnenen Use Cases sowie die Ableitung der sich aus den Use Cases ergebenden Anforderungen an das Konzept sind in den Abschnitten 7.1.2 bis 7.1.4 ausführlich dargestellt.[600] Einen Überblick über die nachfolgend erläuterten Use Cases gibt das in Abbildung 39 dargestellte Use Case Diagramm. Die Abfolge, in der die Use Cases dargestellt werden, entspricht dem in Abschnitt 4.2 dargestellten Produktlifecycle (vgl. Abbildung 40).

---

[598] Unter einem *Anwendungsfall* bzw. *Use Case* wird im Rahmen dieser Arbeit ein Geschäftsprozess bzw. ein abgegrenzter Teil eines Geschäftsprozesses verstanden, welcher eine Benutzerkommunikation mit einem Anwendungssystem enthält. Ein *Use Case* beschreibt damit eine Menge von Folgen und Aktivitäten, die zu wahrnehmbaren Ergebnissen führen. Vgl. P. Forbig (2007), S.46, J. Seemann und J. W. von Gudenberg (2006), S.16f., M. Fowler (2004), S.121 sowie H. Balzert (2001), S.126.
Des Weiteren wird ein *Use Case* im Rahmen dieser Arbeit als abstrakte Beschreibung einer Gesamtheit von konkreten Szenarien verstanden. Ein *Szenario* ist damit eine konkrete Ausprägung eines *Use Cases*. Vgl. hierzu u.a. P. Forbig (2007), S.47. sowie G. Booch, J. Rumbaugh und I. Jacobson (2006), S.272f.

[599] Die *Use Cases* wurden vom Autor entwickelt. Die Ausgestaltung dieser *Use Cases* basiert auf der Anwendung der in Kapitel 3 und 4 dargestellten Methoden und Prozesse, den VDI Richtlinien 2221 (vgl. VDI (1993)) und 2222 (vgl. VDI (1982) und VDI (1997)) sowie auf den Erkenntnissen der in Kapitel 6 dargestellten empirischen Untersuchung. Prozesse, die gemäß der deskriptiven Darstellung sowie der empirischen Untersuchung bereits als Kernprozesse in den am Markt angebotenen Anwendungssystemen implementiert sind, werden im Folgenden nicht weiter berücksichtigt. Dazu gehört z.B. die Kampagnenunterstützung durch ein CRM-Anwendungssystem sowie die Erstellung eines geometrischen Elementes in einer CAD-Anwendungsumgebung.

[600] Zur Ableitung von Anforderungen aus Use Cases vgl. J. Seemann und J. W. von Gudenberg (2006), S.16ff.

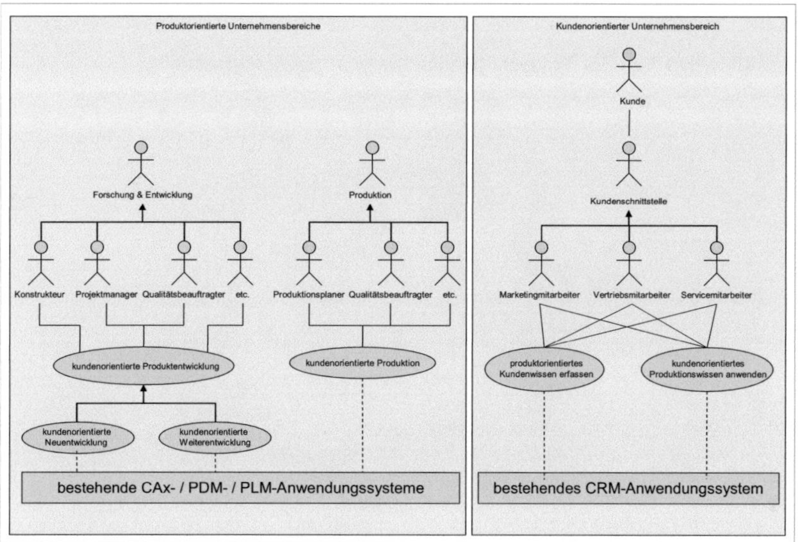

Abbildung 39: Use Cases des Fachkonzepts

Zu den in Abbildung 39 auf der rechten Seite dargestellten kundenorientierten Unternehmensbereichen werden im Rahmen dieser Arbeit alle Bereiche gezählt, die über einen regelmäßigen Kontakt mit den Kunden verfügen (*Kundenschnittstelle*, vgl. Abschnitt 3.1). Dort besteht daher in vielfältiger Weise die Möglichkeit, an für Unternehmen wertvolles (produktorientiertes) Kundenwissen zu gelangen. Damit Kundenwissen innerhalb eines Unternehmens einen Nutzen stiften kann, muss es zuerst strukturiert erfasst werden. Dieser Vorgang wird im Folgenden als *Use Case I* erläutert.

Use Case II und *Use Case III* beinhalten die Anwendung von produktorientiertem Kundenwissen innerhalb der produktorientierten Unternehmensbereiche[601]. Durch die Umsetzung dieser beiden Anwendungsfälle wird das Hauptziel des Konzepts, die Verbesserung von Produkten und Produktionsprozessen, erreicht.

[601] Gemäß des in Abschnitt 1.2 genannten Untersuchungsbereiches dieser Arbeit besteht der ‚produktorientierte Unternehmensbereich' aus den Teilbereichen Produktentwicklung und Produktion.

Darauf folgend wird *Use Case IV*, der die Anwendung von kundenorientiertem Produktwissen an der Kundenschnittstelle beinhaltet, dargestellt.

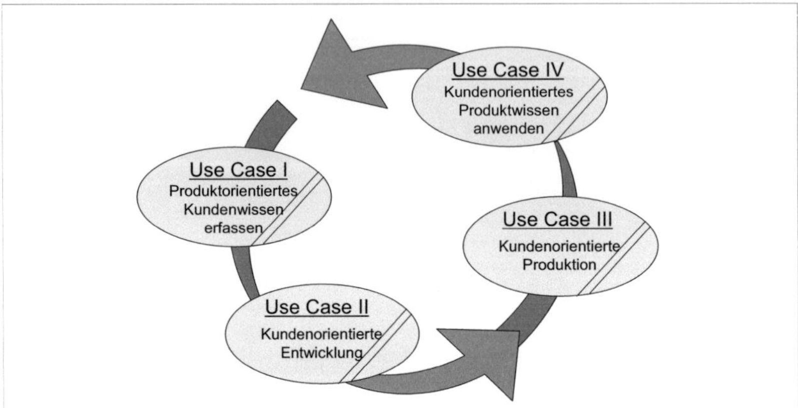

Abbildung 40: Produktlebenszyklusorientierte Abfolge der Use Cases

7.1.1 Use Case I: Produktorientiertes Kundenwissen erfassen

Der erste Use Case bezieht sich auf die strukturierte Erfassung von produktorientiertem Kundenwissen mittels vorhandener CRM-Anwendungssysteme (vgl. Kernanforderungen an ein Integrationskonzept, Abschnitt 6.4.5). Dieser Anwendungsfall stellt einen grundlegenden Vorgang des Konzepts dar, da alle weiteren Anwendungsfälle auf dem innerhalb dieses Use Cases strukturiert erfassten Kundenwissen basieren. Akteure in diesem Use Case sind Marketing-, Vertriebs- und Servicemitarbeiter, die zur Kundenschnittstelle generalisiert werden. Ein weiterer generalisierter Akteur in diesem Use Case ist der Kunde.[602]

[602] Der Akteur Kunde kann in ‚Interessent' und ‚bestehender Kunde' spezialisiert werden.

Der Anwendungsfall *Erfassen von produktorientiertem Kundenwissen* umfasst dabei grundsätzlich das strukturierte Sammeln aller aus Kundensicht wahrnehmbaren Produktmerkmale[603] sowie deren Attribute[604]. Dieses kann hierbei anhand unterschiedlicher Produktlebensstadien untergliedert werden:

- Im Vorfeld der Entwicklung eines *neuen Produktes* einer *neuen Produktkategorie*, ist die Ermittlung der aus Kundensicht gestellten Anforderungen notwendig. Hierbei können keine Erfahrungswerte ermittelt werden, da keinerlei Vorgängerprodukte existieren. Ein Bedarf für ein solches Produkt lässt sich z.B. auf Grund von Anfragen potentieller Kunden nach Produkten, die gewisse Produktmerkmale erfüllen, ableiten. Dies ist z.B. der Fall, wenn ein Vertriebsmitarbeiter bei einem Kunden erfährt, dass dieser ein neues Produkt plant, für das er neuartige Komponenten benötigt, die am Markt noch nicht angeboten werden. Um diesen Bedarf explizit verfügbar zu machen, müssen an der Kundenschnittstelle sowohl die geäußerten Anforderungen sowie deren Einschätzung hinsichtlich ihrer Relevanz erfasst werden. Weiterhin kann an der Kundenschnittstelle direkt erfasst werden, welcher Kunde zu welcher Zeit Interesse an solchen Produkten geäußert hat. Dies ermöglicht im Falle einer Verfügbarkeit eines solchen Produktes die Marktbearbeitung. So können in diesem Fall Interessenten direkt auf diese Produkte angesprochen werden.
- Bei *Produktneuentwicklungen* innerhalb von Produktkategorien, bei denen bereits *Mitbewerberprodukte am Markt* sind, kann die Erfahrung von Kunden mit Mitbewerberprodukten gesammelt

[603] Unter *Produktmerkmal* wird in Anlehnung an EHRLENSPIEL verstanden, „*was durch Beobachtungen, Messergebnisse, allgemein akzeptierte Aussagen usw. von einem Gegenstand festgestellt werden kann*“ (K. Ehrlebspiel (2007), S.29.). Die Begrifflichkeiten *Eigenschaft* und *Merkmal* werden hierbei synonym verwendet. Da es sich im Rahmen dieser Arbeit um Merkmale technischer Produkte (Systeme) handelt, werden diese in Anlehnung an die DIN 2330 in drei Hauptgruppen *Beschaffenheitsmerkmale*, *Funktionsmerkmale* sowie *Relationsmerkmale* untergliedert (vgl. DIN (1979)). Für eine detaillierte Betrachtung der Merkmalsgruppen vgl. K. Ehrlenspiel (2007), S.29ff. Die Produktqualität aus Kundensicht als Erfüllungsgrad der Kundenanforderungen wird dabei über die Produktmerkmale, welche zur Erfüllung von Kundenanforderungen beitragen, determiniert (vgl. Fußnote Nr. 339).

[604] Attribute von Produktmerkmalen können sowohl qualitative Ausprägungen (z.B. semantische Objekte) als auch quantitative Ausprägungen (z.B. zahlenmäßige Attribute) repräsentieren. Vgl. K. Ehrlenspiel (2007), S.29f.

werden. Neben der Erfassung der Produktmerkmale und deren Attribute kann in diesem Fall eine Zuordnung zu konkreten (Mitbewerber-)Produkten erfolgen. Zudem kann analog zum ersten Fall eine Zuordnung zu dem entsprechenden Kunden sowie die vom Kunden eingeschätzte Relevanz der Produktmerkmale hinterlegt werden.

- Während der *Nutzung* eines Produktes durch den Kunden kann dabei dessen Erfahrung erhoben werden. Hierbei steht die Änderung von Attributen zu bestehenden Produktmerkmalen im Vordergrund. Damit können die Zufriedenheit des Kunden mit der Erfüllung der Anforderungen, eine Veränderung von Anforderungen innerhalb des Lebenszyklus sowie sich neu ergebende Anforderungen erfasst werden. Des Weiteren kann die aktuelle Gewichtung von Produktanforderungen oder z.B. die Dringlichkeit zur konstruktiven Änderung bei Reklamationsfällen mit festgehalten werden. Wie in den obigen Szenarien ist es auch hier möglich, eine Zuordnung zu dem entsprechenden Kunden vorzunehmen.
- Bei einer anstehenden Außerdienstnahme eines Produktes lassen sich die aus Kundensicht kaufentscheidenden Produktmerkmale sowie die relevanten Attribute in Bezug auf ein ‚Ersatzprodukt' erfassen. Diese können sich dabei auf Angebote von Mitbewerberprodukten beziehen. Analog zu den bisherigen Szenarien muss auch hier eine Verknüpfung mit dem Kunden erfolgen. Liegen an der Kundenschnittstelle weitere Informationen zur Produktablösung vor, wie z.B. ein konkretes Datum, so kann dies ebenfalls mit gespeichert werden.

Gemäß der in Abschnitt 6.4.5 evaluierten Kernanforderung muss die Durchführung dieses Use Cases durch ein CRM-Anwendungssystem unterstützt werden. Damit lassen sich aus diesem Use Case für das im Konzept enthaltene CRM-Anwendungssystem folgende Anforderungen direkt ableiten:

- Erfassung von neuen kundenorientierten Produktmerkmalen und deren Attributen zu nicht existierenden Produkten

- Erfassung von neuen kundenorientierten Produktmerkmalen und deren Attributen zu nicht im Produktportfolio beinhalteten Produktgruppen, Produkten oder Parts[605] sowie die Möglichkeit der Zuordnung zu Mitbewerberprodukten
- Erfassung von neuen Produktmerkmalen und deren Attributen sowie Änderung von Attributen bestehender Produktmerkmale eigener Produkte auf Produktgruppen-, Produkt- oder Partebene
- Kennzeichnung von Produktmerkmalen sowie deren Attribute als aus Kundensicht kritisch und/oder dringend
- Möglichkeit der Verknüpfung von Produktmerkmalen mit allen Klassen des CRM-Systems wie z.B. Kunde, Termin, Verkaufschance, Kontakt oder Projekt

Als eine weitere Anforderung wird das automatische Pflegen einer Historie der Veränderungen bei Produktmerkmalen und Attributen mit aufgenommen. In dieser Historie müssen dabei der Sachbearbeiter, der die Änderungen erfasst hat, sowie der Zeitpunkt der Änderung ersichtlich sein. Diese Anforderung ergibt sich aus mehreren Gründen:

- Die dargestellten Use Cases können von unterschiedlichen Individuen des Akteurs Kundenschnittstelle unabhängig voneinander erfolgen. Um einen Verlust an Informationen durch ‚überschreiben' auszuschließen, muss eine Historie geführt werden.
- Das erfasste Kundenwissen kann interpretationsbedürftig sein. Daher muss ein Nachfragen beim Verfasser erfolgen können. Dazu muss der Verfasser bekannt sein.
- Aus der Änderungshistorie geht hervor, wie häufig Kunden einzelne Anforderungen ansprechen. Damit ist zum einen ersichtlich, wie zeitstabil diese Anforderungen sind. Zum anderen kann daraus auf die Relevanz geschlossen werden.

[605] In der Nomenklatur von CAx-Systemen hat sich der Begriff *Part* als Bezeichnung für (Teil-) Komponenten etabliert, weshalb er im Rahmen dieser Arbeit verwendet wird.

7.1.2 Use Case II: Kundenorientierte Produktentwicklung

Der zweite Use Case *kundenorientierte Produktentwicklung* beschreibt die Anwendung des im ersten Use Case erfassten produktorientierten Kundenwissens innerhalb des Unternehmensbereiches Produktentwicklung. Dieser Anwendungsfall lässt sich in die zwei Anwendungsfälle *kundenorientierte Neuentwicklung* und *kundenorientierte Weiterentwicklung* spezialisieren.[606] In Anlehnung an den Produktlebenszyklus wird zunächst der Anwendungsfall *kundenorientierte Neuentwicklung* betrachtet.

7.1.2.1 Use Case IIa: Kundenorientierte Neuentwicklung

Der Use Case *kundenorientierte Neuentwicklung* umfasst alle Aktivitäten, die im Rahmen der Entwicklung eines neuen Produktes anfallen (vgl. Abschnitt 4.1). Zu Begin einer Neuentwicklung steht die *Entwicklungsveranlassung*.[607] Dies ist in der Regel ein externer Anstoß, wie z.B. der technologische Fortschritt oder veränderte Rahmenbedingungen.[608] Eine weitere Entwicklungsveranlassung kann der Bedarf von Kunden darstellen.[609] Zur Identifikation eines entsprechenden Bedarfes ist die Erfassung und Analyse von Kundenfeedback erforderlich. Im vorliegenden Use Case liegt das an der Kundenschnittstelle erfasste Kundenwissen aus Use Case I strukturiert vor. Damit ist es möglich, kundenorientierte Anstöße für eine Neuentwicklung durch die Analyse des Kundenwissens innerhalb der produktorientierten Anwendungsumgebung zu identifizieren. Die Analyse des Kundenwissens zur Identifikation von Entwicklungsveranlassungen ist daher Bestandteil dieses Use Cases.

Auf die Entwicklungsveranlassung folgt der *Entwurf* des neuen Produktes.[610] Zur Unterstützung dieser Phase ist sowohl in der Literatur wie auch in der Praxis die Methode des TQM weit verbreitet (vgl. Abschnitt 1.3.1 und 4.1.2). Der Kerngedanke des TQM ist, kundenorientierte Produktmerkmale (Anforderun-

[606] Vgl. VDI (1993), S.6.
[607] Vgl. Kapitel 4.
[608] Eine externe Entwicklungsveranlassung kann z.B. eine Gesetzesänderung sein, die eine Verwendung bisheriger Produkte verbietet und somit eine Entwicklung neuer Produkte erforderlich macht.
[609] Vgl. Abschnitt 4.1.
[610] Vgl. Abschnitt 4.1.

gen) gezielt umzusetzen. Dies geschieht mit Hilfe des *House of Quality*, in dem Kundenanforderungen mit Konstruktionsmerkmalen vernetzt werden. Innerhalb dieses Anwendungsfalles wird der Einsatz von TQM angenommen. Die in TQM enthaltene Lücke, nämlich das strukturierte Erfassen der *Stimme des Kunden*, wird mittels der Nutzung des in Use Case I erhobenen Kundenwissens geschlossen.

In der auf die Entwurfsphase folgenden *Konstruktionsphase* wird ein DMU erstellt. Innerhalb der klassischen Konstruktion werden dabei die Konstruktionsmerkmale (produktorientierte Sicht des *House of Quality*) in einen DMU umgesetzt. Der vorliegende Use Case sieht ergänzend zu den bisherigen Konstruktionsmethoden vor, neben den produktorientierten Konstruktionsmerkmalen auch die Kundenanforderungen im DMU als eine *kundenorientierte Sicht* mit abzubilden sowie diese den verantwortlichen Konstruktionsmerkmalen zuzuordnen.[611]
Auf Grund der flächendeckenden Verbreitung von CAD-Anwendungssystemen im industriellen Mittelstand erfolgt die Erstellung des DMU im Use Case in einem CAD-Anwendungssystem.[612]
Damit liegen als Voraussetzung für die folgenden Use Cases DMUs vor, zu denen an der Kundenschnittstelle die kundenorientierte Sicht ergänzt werden kann.

7.1.2.2 Use Case IIb: Kundenorientierte Weiterentwicklung

Der Use Case *kundenorientierte Weiterentwicklung von Produkten* unterscheidet sich vom vorigen Use Case dadurch, dass bei der Weiterentwicklung von Produkten bereits Digitale Produktmodelle existieren. Im vorliegenden Use Case wird angenommen, dass diese um die kundenorientierte Sicht erweitert sind. Kundenfeedbacks zu Merkmalen des Produktes, welche in der bisherigen Produktlebenszeit an der Kundenschnittstelle erfasst wurden (Use Case I), sind somit in der kundenorientierten Sicht enthalten.

---

[611] Dies entspricht konzeptionell der Umsetzung der produktorientierten Sicht als auch der kundenorientierten Sicht des *House of Quality* sowie deren Zuordnung (Responsibility) innerhalb des Digitalen Produktmodells.
[612] Vgl. Abschnitt 4.2.1.

Ausgangspunkte einer Weiterentwicklung stellen in der Regel externe Anlässe oder festgelegte Zeitpunkte dar.[613] Im vorliegenden Use Case ist es zudem möglich, dass die Veranlassung für eine Weiterentwicklung ein konkretes Kundenfeedback aus Use Case I darstellt. Ein solcher Auslöser liegt z.B. dann vor, wenn Attribute kritischer Kundenanforderungen als dringend zu verändern eingestuft werden. Ein weiteres Beispiel hierfür ist, dass auf Grund einer Häufung von negativen Kundenrückmeldungen eine Produktweiterentwicklung veranlasst werden muss.

Die Feststellung einer kundenbasierten Weiterentwicklungsveranlassung kann innerhalb der produktorientierten Anwendungssysteme automatisiert erfolgen. Dies ist möglich, da das in Use Case I ermittelte Kundenfeedback im DMU strukturiert vorliegt und damit mittels Analysefunktionen ausgewertet werden kann.

Des Weiteren können Produktverantwortliche durch Reportingfunktionalitäten eventgetrieben oder routinemäßig über die kundenorientierte Wahrnehmung von Produktanforderungen informiert werden. Solche Reports stellen eine fundierte Unterstützung für Entscheidungen dar, bei denen eine Weiterentwicklung manuell veranlasst wird. Als Beispiel kann ein Produktverantwortlicher die Reihenfolge der Weiterentwicklung mehrerer turnusmäßig anstehender Produkte auf Basis des Reports kundenorientiert festlegen.

Wird im Use Case ein Bedarf für eine Weiterentwicklung identifiziert, so folgen die *Entwurfs- und die Konstruktionsphase*. Zur Durchführung einer kundenorientierten Weiterentwicklung ist die Verfügbarkeit der Kundenanforderungen in den jeweiligen Arbeitsumgebungen erforderlich. Dies ist im vorliegenden Use Case der Fall, da die kundenorientierte Sicht Bestandteil des DMU ist. Damit sind für die Anwender, die an der Kundenschnittstelle erfassten Rückmeldungen, innerhalb der bestehenden geometrieorientierten CAx-Systeme bauteilorientiert verfügbar. Beispielsweise ist für einen Konstrukteur die Zielvorgabe für eine Kundenanforderung direkt im CAD-Modell bei dem dafür verantwortlichen Part ersichtlich. Die im Rahmen der Weiterentwicklung entstehenden Änderungen der *kundenorientierten Sicht* werden im Use Case direkt vom Anwender im

[613] Vgl. Abschnitt 4.1.

DMU vorgenommen. Ändert beispielsweise ein Konstrukteur ein Detail eines Parts so, dass sich eine Erhöhung des Wartungsintervalles ergibt, dann nimmt der Konstrukteur auch eine Änderung des Wertes für das Wartungsintervall innerhalb der Produktentwicklungsumgebung vor. Dies ist erforderlich, um die Konsistenz der DMUs gewährleisten zu können. Nach Abschluss des Use Cases IIb liegt damit ein DMU des weiterentwickelten Produktes vor, der eine aktuelle Kundensicht enthält.

Die Durchführung der dargestellten Use Cases IIa und IIb muss gemäß der in Abschnitt 6.4.5 dargestellten Kernanforderung durch CAx-Anwendungssysteme unterstützt werden. Damit lassen sich folgende Anforderungen an das Konzept und die darin enthaltenen produktorientierten Anwendungssysteme ableiten:

- Erweiterung der DMUs um eine kundenorientierte Sicht mit der Möglichkeit zur Verknüpfung mit den verantwortlichen Konstruktionselementen
- Verfügbarkeit von produktorientierten Kundenanforderungen aus dem CRM-Anwendungssystem (Produktanforderungen aus Kundensicht) in bestehenden produktorientierten Anwendungssystemen in der Produktentwicklung
- Darstellung der *kundenorientierten Sicht* innerhalb bestehender produktorientierter Anwendungssysteme *in der Sprache von Ingenieuren*
- Möglichkeit zur Änderung von Attributen sowie zum Hinzufügen neuer Kundenanforderungen
- automatische Benachrichtigung bei kritischen und dringenden Kundenanforderungen an den Produktverantwortlichen
- Möglichkeit zur Analyse von Kundenanforderungen sowie deren Erfüllungsgrad innerhalb von Produkten, Kategorien etc.
- Möglichkeit zur Analyse von Kundenanforderungen an neue Produkte bzw. Mitbewerberprodukte

Als eine weitere Anforderung wird das automatische Pflegen einer Historie der Veränderungen bei Produktmerkmalen und Attributen analog zu Use Case I mit aufgenommen. Die Gründe hierfür entsprechen den in Abschnitt 7.1.1 genannten.

7.1.3 Use Case III: Kundenorientierte Produktion

Auf die Entwicklung folgt gemäß dem Produktlebenszyklus die Produktion (vgl. Abbildung 40). Die Durchführung der Produktion umfasst gemäß der dieser Arbeit zu Grunde gelegten Abgrenzung alle der Produktrealisierung zugeordneten Prozesse.[614] Diese sind Inhalt von Use Case III. Dabei bleiben alle Prozesse unberücksichtigt, die bei der Erstellung des Konzepts keine Relevanz besitzen.[615] Akteure dieses Use Cases sind damit alle an der Fertigungsplanung, -steuerung und -kontrolle beteiligten Personen.

Der Durchführung des Use Cases III liegt die Annahme zu Grunde, dass in den in Use Case II erstellten DMUs neben den Konstruktionselementen auch Fertigungselemente[616] enthalten sind. Diese Voraussetzung ist notwendig, damit diejenigen Merkmale der *kundenorientierten Sicht*, die durch Fertigungselemente beeinflusst werden, in der Fertigung zur Verfügung stehen.

Zum Beispiel kann die Wahl des Umformverfahrens eine Auswirkung auf die erzielte Oberflächengüte beinhalten. Wird die Beschaffenheit der Oberfläche vom Kunden wahrgenommen oder bestehen konkrete Anforderungen des Kunden bzgl. der Oberflächengüte, so besteht eine Relation zwischen der kundenorientierten Sicht und dem gewählten Fertigungsverfahren.

Die Durchführung der Fertigungsplanung als Bestandteil von Use Case III erfolgt damit unter direkter Berücksichtigung der Kundenanforderungen. So kann z.B. bei der Auswahl eines Fertigungsverfahrens der in Abhängigkeit des Fertigungsverfahrens erreichbare Erfüllungsgrad der im DMU enthaltenen Kundenanforderungen als Entscheidungskriterium berücksichtigt werden. Damit wird eine Optimierung der Fertigung aus Kundensicht erreicht.

Die bei der Durchführung der Fertigungsplanung determinierten Attribute der Kundensicht werden als Bestandteil des Use Cases III im DMU hinterlegt (z.B. Rauheit einer Oberfläche). Ergeben sich im Rahmen der Fertigungssteuerung Änderungen im Fertigungsprozess, so werden die sich daraus ergebenden Än-

[614] Vgl. Kapitel 4.

[615] Zu den im Rahmen dieser Arbeit nicht relevanten Prozessen gehören z.B. die Durchführung der Aktivitäten der Fertigungssteuerung sowie der Kontrolle. Diese können unberücksichtigt bleiben, da sich aus diesen keine Anforderungen an das Konzept ableiten.

[616] Fertigungselemente stellen die Fertigungssicht des DMU dar, in welcher z.B. das Fertigungsverfahren oder der Fertigungsablauf spezifiziert ist (vgl. Abschnitt 4.1.1).

derungen aus Kundensicht ebenfalls als Bestandteil des Use Cases III im DMU erfasst. Ein Beispiel hierfür ist, dass auf Grund eines Ausfalls einer Produktionslinie die Fertigung auf eine andere Linie verlegt werden muss. Ändert sich z.B. damit der Ablauf der Fertigungsschritte Umformen und Stanzen, so kann dies eine Auswirkung auf die Maßhaltigkeit haben. Diese kann wiederum eine Anforderung aus Kundensicht darstellen.
Wird an der Kundenschnittstelle kritisches Kundenfeedback zu einer durch die Fertigung beeinflussten Kundenanforderung erfasst, so muss als Bestandteil des Use Cases III eine Meldung an eine dafür zuständige Stelle erfolgen. Diese kann dann z.B. durch Veranlassung einer Änderung des Fertigungsablaufes zu einer höheren Kundenzufriedenheit beitragen.

Die Durchführung des dargestellten Use Cases III muss gemäß der in Abschnitt 6.4.5 dargestellten Kernanforderung durch Anwendungssysteme in der Fertigungsplanung und Fertigungssteuerung unterstützt werden. Aus diesem Use Case können folgende Anforderungen an das Konzept sowie die darin enthaltenen produktorientierten Anwendungssysteme abgeleitet werden:

- Fertigungselemente als Bestandteile des DMU
- Verfügbarkeit von produktorientierten Kundenanforderungen aus dem CRM-Anwendungssystem (Produktanforderungen aus Kundensicht) in bestehenden produktorientierten Anwendungssystemen der Fertigungsplanung und -steuerung
- Möglichkeit der Verknüpfung von Kundenanforderungen mit den verantwortlichen Fertigungselementen
- Darstellung der *kundenorientierten Sicht* innerhalb bestehender produktorientierter Anwendungssysteme in der Fertigungsplanung und -steuerung *in der Sprache von Ingenieuren*
- Möglichkeit zur Änderung von Attributen sowie zum Hinzufügen neuer Kundenanforderungen
- automatische Benachrichtigung bei kritischen und dringenden durch die Fertigung determinierten Kundenanforderungen
- Möglichkeit zur Analyse von Kundenanforderungen sowie deren Erfüllungsgrad

Als eine weitere Anforderung wird das automatische Pflegen einer Historie der Veränderungen bei Produktmerkmalen und Attributen analog zu Use Case I und Use Case II mit aufgenommen. Die Gründe hierfür entsprechen den in Abschnitt 7.1.1 genannten.

7.1.4 Use Case IV: Kundenorientiertes Produktwissen anwenden

Die Darstellung der Use Cases hat gemäß dem in Abbildung 40 gezeigten Produktlebenszyklus mit der Erfassung von Kundenwissen an der Kundenschnittstelle begonnen (Use Case I). In den darauf folgenden Use Cases II und III ist die Durchführung der Produktentwicklung sowie der Produktion unter Einbeziehung dieses Kundenwissens erfolgt. Dabei wurden Änderungen bei der in den DMUs enthaltenen Kundensicht durchgeführt sowie neue Elemente der Kundensicht hinzugefügt. Damit ist nach Durchführung des Use Cases III eine aktuelle Kundensicht der verfügbaren Produkte in den DMUs verfügbar. Vor Beginn des Use Cases IV wird angenommen, dass diese aktuellen Kundensichten an der Kundenschnittstelle verfügbar sind.

Inhalt des Use Cases IV ist die Durchführung von Marketing-, Service- und Vertriebsprozessen. Die Unterstützung dieser Prozesse erfolgt durch bestehende CRM-Anwendungssysteme (vgl. Abschnitt 6.4.5). Den Akteuren[617] steht gemäß den erläuterten Annahmen neben dem Wissen über den Kunden (z.B. Transaktionshistorie) zusätzliches Wissen des Kunden (Kundensicht der Produkte) zur Verfügung.

Dieses Wissen ermöglicht eine Erweiterung von bestehenden Marketing-, Vertriebs- und Serviceprozessen. Zusätzlich können neue Prozesse etabliert werden, die auf dem Vorhandensein von Kundenwissen (i.S. von Wissen *des* Kunden) an der Kundenschnittstelle basieren. Die Zielsetzung hierbei ist es, den Unternehmenserfolg zu steigern. Im Folgenden werden beispielhaft einige Szenarien[618] dargestellt, die dies verdeutlichen sollen:

---

[617] Akteure dieses Use Cases sind Marekting-, Vertriebs- und Servicemitarbeiter.

[618] Die Szenarien basieren überwiegend auf der Rückmeldung von Experten. Diese wurden im Rahmen der empirischen Untersuchung gefragt, wo sie einen Nutzen von an der Kundenschnittstelle verfügbarem Kundenwissen sehen würden.

- Vertriebsmitarbeiter sind in die Lage versetzt, vom Kunden wahrnehmbare technische Spezifikationen von Produkten (z.B. Standzeiten oder Wartungsintervalle) bei Verkaufsgesprächen gezielt im Zugriff zu haben und damit verkaufsfördernd einzusetzen.
- Außendienstmitarbeiter mit mobilen Endgeräten können vor Ort beim Kunden anhand von predictiven Analysen proaktive Wartungs- und Reparaturmaßnahmen durchführen und damit die Kundenzufriedenheit erhöhen.
- Marketingmaßnahmen können gezielt auf den Einsatz von Produktfunktionen ausgerichtet werden. Als Beispiel hierfür ist folgende Marketingaktion denkbar: Nach einer Verbeserung einer Funktion eines Produktes werden denjenigen Kunden Produktupgrades angeboten, die diese Funktion mit einem Vorgängerprodukt nutzen.
- Durch die Verknüpfung von Produktmerkmalen mit Kunden, Kontakten, Verkaufschancen etc. können vom CRM-Anwendungssystem Meldungen an Mitarbeiter generiert werden, sobald sich der Status z.B. einer Verkaufschance auf Grund einer Änderung eines Produktmerkmals ergibt.
- Die Bereiche Marketing, Vertrieb und Service können mittels kundenorientierter Produktanalysen eine bessere Einschätzung über die Konkurrenzfähigkeit erhalten und somit die Marktsituation besser beurteilen.

Gemäß der in Abschnitt 6.4.5 evaluierten Kernanforderung muss die Durchführung dieses Use Cases durch ein CRM-Anwendungssystem unterstützt werden. Damit lassen sich aus diesem Use Case für das im Konzept enthaltene CRM-Anwendungssystem folgende Anforderungen direkt ableiten:

- Verfügbarkeit von kundenorientiertem Produktwissen aus den produktorientierten Anwendungssystemen im bestehenden CRM-Anwendungssystem
- Darstellung des kundenorientierten Produktwissens innerhalb des CRM-Anwendungssystems *in der Sprache des Kunden*

- Möglichkeit der Verknüpfung von Produktmerkmalen mit allen Klassen des CRM-Systems wie z.B. Kunde, Termin, Verkaufschance, Kontakt oder Projekt
- automatisierte Erstellung von Meldungen bei der Änderung von Produktmerkmalen, die über eine Verknüpfung zu einer Klasse im CRM-System verfügen

Mit dem Anwendungsfall IV wird der in Abbildung 40 dargestellte Kreislauf geschlossen. Dieser ermöglicht eine permanente Erfassung und Nutzung von Kundenwissen in der Produktentwicklung, der Produktion sowie an der Kundenschnittstelle.

Aufbauend auf den in den Use Cases ermittelten Anforderungen erfolgt die Ableitung der weiteren Sichten des Fachkonzepts. Daher werden in einem nächsten Schritt die ermittelten Anforderungen zusammengefasst und übersichtlich dargestellt.

7.1.5 Zusammenfassende Darstellung der Ergebnisse der Anforderungsanalyse

In den Abschnitten 7.1.1 bis 7.1.4 wurden die Use Cases, die den Ausgangspunkt der Anforderungsanalyse darstellen, erläutert, sowie die sich aus den Use Cases ergebenden Anforderungen abgeleitet. Im Folgenden werden diese anhand ihres Geltungsbereiches den drei Kategorien

- generelle Anforderungen,
- Anforderungen an die kundenorientierten Anwendungssysteme und
- Anforderungen an die produktorientierten Anwendungssysteme

zugeordnet und zusammenfassend dargestellt.

7.1.5.1 Generelle Anforderungen

Unter den generellen Anforderungen werden alle Anforderungen verstanden, die sowohl für die Anwendungssysteme innerhalb des kundenorientierten als auch des produktorientierten Bereiches Gültigkeit besitzen. Hierzu gehören:

- Automatisches Anlegen und Pflegen einer Historie aller Veränderungen bei Produktmerkmalen und deren Ausprägungen. Weitere Attribute der Historie sind der Sachbearbeiter, welcher die Änderungen erfasst hat sowie der Zeitpunkt der Änderung.
- Darstellung des kundenorientierten Produktwissens in der jeweiligen *Sprache des Anwenders*
- Verfügbarkeit von abstrakten Produktmodellen, die das Erfassen und Analysieren von kundenorientierten Produktmerkmalen für Mitbewerberprodukte bzw. nicht existierende Produkte ermöglichen

Neben diesen generellen Anforderungen wurden innerhalb der Use Cases spezielle Anforderungen ermittelt, die für Anwendungssysteme in den kundenorientierten bzw. produktorientierten Bereichen gelten. Diese werden im Folgenden getrennt dargestellt.

7.1.5.2 Anforderungen an die kundenorientierten Anwendungssysteme

Innerhalb der kundenorientierten Unternehmensbereiche wird in den Use Cases I und IV der Einsatz von CRM-Anwendungssystemen angenommen.[619] Die in diesen Use Cases ermittelten Anforderungen sind daher Anforderungen an ein erweitertes CRM-Anwendungssystem. Dies sind im Einzelnen:

- Möglichkeit zur Erfassung von neuen Produktmerkmalen und deren Attributen sowie die Änderung von Attributen bestehender Produktmerkmale auf Produktgruppen-, Produkt- oder Partebene
- Möglichkeit zur Kennzeichnung von Produktmerkmalen sowie deren Attributen als aus Kundensicht kritisch und/oder dringend
- Möglichkeit der Verknüpfung von Produktmerkmalen mit allen Klassen des CRM-Anwendungssystems wie z.B. Kunde, Termin, Verkaufschance, Kontakt oder Projekt
- Verfügbarkeit von kundenorientiertem Produktwissen aus den produktorientierten Anwendungssystemen in der gewohnten CRM-Umgebung

---

[619] Vgl. Abschnitt 7.1.1 und Abschnitt 7.1.4.

- automatisierte Erstellung von Meldungen bei der Änderung von Produktmerkmalen, die über eine Verknüpfung zu einer Klasse im CRM-Anwendungssystem verfügen

7.1.5.3 Anforderungen an die produktorientierten Anwendungssysteme

Bei den innerhalb der produktorientierten Unternehmensbereiche eingesetzten Anwendungssystemen handelt es sich um meist mehrere, teilweise autarke Systeme (vgl. Kapitel 4). Deshalb erfolgt die Darstellung der in den Use Cases II und III ermittelten Anforderungen an produktorientierte Anwendungssysteme generisch. An die erweiterten produktorientierten Anwendungssysteme ergeben sich zusammenfassend folgende Anforderungen:

- zu Grunde liegendes Digitales Produktmodell, welches sowohl Fertigungselemente als auch eine kundenorientierte Sicht enthält
- Möglichkeit der Verknüpfung von Kundenanforderungen mit den verantwortlichen Konstruktions- bzw. Fertigungselementen
- Verfügbarkeit von produktorientierten Kundenanforderungen in bestehenden produktorientierten Systemen in der Produktentwicklung und Produktion *in der Sprache von Ingenieuren*
- Möglichkeit zur Änderung von Attributen bestehender Kundenanforderungen
- Möglichkeit zum Hinzufügen neuer Kundenanforderungen sowie deren Attributen
- automatische Benachrichtigung bei kritischen und dringenden Kundenanforderungen an den Produktverantwortlichen
- Analysemöglichkeiten von Kundenanforderungen sowie deren Erfüllungsgrad auf Produktebene

Auf Basis der in diesem Kapitel dargestellten Anforderungen des Fachkonzepts erfolgt gemäß der OOA in einem nächsten Schritt die Erarbeitung einer logischen Struktur. Diese besteht aus der im folgenden Kapitel hergeleiteten Datensicht sowie der in Abschnitt 7.3 erläuterten Prozesssicht.

7.2 Fachkonzept Datensicht

In der vorliegenden Erstellung eines Integrationskonzepts werden zunächst die Datenobjekte, wie sie in produktorientierten und kundenorientierten Anwendungssystemen vorliegen, in einer generischen Sicht dargestellt. Darauf aufbauend wird unter Berücksichtigung der Anforderungen (vgl. Abschnitt 7.1.5) eine Struktur von Datenobjekten erarbeitet, die die Abwicklung der erläuterten Use Cases ermöglicht. Die Datensicht enthält hierbei auf Grund der objektorientierten Sichtweise neben der Beschreibung der Daten auch die Funktionen, die innerhalb der Objekte Daten manipulieren.[620]

7.2.1 Grundlagen des Datenmodells

Anhand der Ergebnisse der empirischen Arbeit kann ein Klassenmodell abgeleitet werden, in dem auf generischer Ebene diejenigen Datenobjekte, die typischerweise in industriellen KMUs in bestehenden Anwendungssystemen vorhanden sind, abgebildet werden (vgl. Abbildung 41).

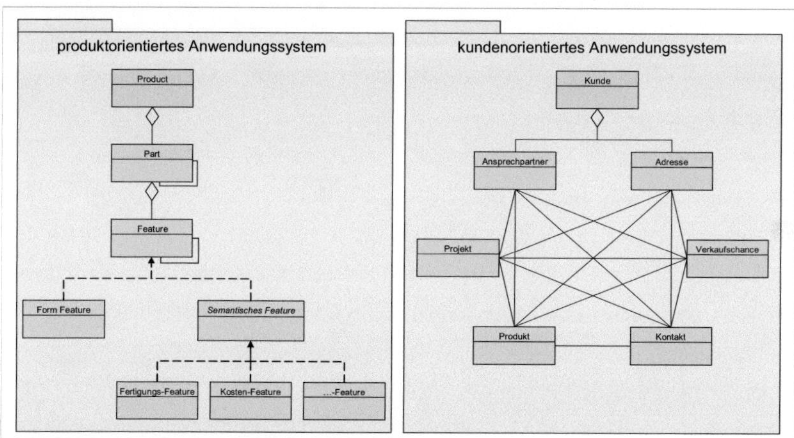

Abbildung 41: Datenobjekte im Integrationskonzept

Wie in Abschnitt 6.4 erläutert, werden produktorientierte und kundenorientierte Anwendungssysteme ‚isoliert' betrieben, so dass keine gemeinsamen Datenob-

[620] Vgl. A.-W. Scheer (1998), S.67.

jekte existieren. Die nachfolgende Erläuterung erfolgt daher getrennt und zunächst für die kundenorientierten Anwendungssysteme. Danach wird auf das Klassenmodell der produktorientierten Anwendungssysteme ausführlich eingegangen.[621]

7.2.1.1 Generisches Klassendiagramm kundenorientierter Anwendungssysteme

Ausgangspunkt der Beschreibung von kundenorientierten Anwendungssystemen ist das zentrale Objekt ‚Kunde'. Im industriellen Kontext stellen Kunden dabei komplexe Objekte dar, denen mehrere Ansprechpartner sowie mehrere Standorte zugeordnet sein können.[622] Modelliert stellt die abstrakte Klasse *Kunde* daher ein Aggregationsobjekt von Teilklassen dar, die im Folgenden als *Ansprechpartner* und *Adresse* bezeichnet werden.

Ein weiteres Objekt, das im vorliegenden Modell durch eine Klasse repräsentiert wird, ist die *Verkaufschance*. Als *Verkaufschance* wird hierbei ein Vertriebsvorgang mit einem definierten Status verstanden.[623] Verkaufschancen beziehen sich auf konkrete Kundenkontakte. Dies ist über die Assoziationen der Klasse *Verkaufschance* im Klassendiagramm modelliert. Dabei können Beziehungen zwischen Objekten der Klasse *Verkaufschance* und Objekten der Klassen *Ansprechpartner, Adresse, Projekt, Produkt* oder *Kontakt* bestehen.
Die Klasse *Kontakt* umfasst als Objekte alle Kundenkontakte. Hierbei können als mögliche Attribute der Kontaktkanal, der Kontaktinitiator sowie weitere den Kontakt beschreibende Merkmale erfasst werden. Da Kundenkontakte mit realen Kundenobjekten stattfinden und in der Regel einer Verkaufschance und

[621] Im Rahmen der empirischen Untersuchung wurden die Datenmodelle der fünf in Abschnitt 8.2.2 genannten CRM-Anwendungssysteme näher betrachtet. Die Analyse dieser Anwendungssysteme hat gezeigt, dass teilweise erhebliche Unterschiede bei den Ausprägungen von Datenstrukturen und Funktionalitäten vorhanden sind. Deshalb wird im Folgenden ein Datenmodell dargestellt, welches auf einer generischen Stufe gehalten wird, dass es als für die überwiegende Anzahl an Fällen zutreffend angesehen werden kann. Die Darstellung der Datenobjekte erfolgt daher auf der Ebene von Klassen ohne die Nennung von Attributen sowie Kardinalitäten.
Des Weiteren ist die Nomenklatur in Bezug auf Datenmodelle und Funktionen bestehender Systeme sehr uneinheitlich. Im Rahmen dieser Arbeit werden daher Begrifflichkeiten durch den Autor festgelegt und verwendet.

[622] Vgl. H. Hippner, M. Leber und K. D. Wilde (2004), S.169f.

[623] Der Status eines Vertriebsprozesses beginnt mit einem ‚Lead' und kann über die Angebotsphase und den Kaufabschluss bis in die After Sales Phase gehen. Zur Unterteilung von Statuszuständen innerhalb von Vertriebsprozessen vgl. u.a. P. Winkelmann (2004), S.308.

teilweise auch einem Projekt zugeordnet werden können, ist im Klassendiagramm eine Assoziation der Klasse *Kontakt* mit den anderen Klassen berücksichtigt.

Objekte der Klasse *Projekt* stellen im weiteren Sinne eine Aktion wie z.B. eine Mailingaktion oder eine Messebeteiligung dar. Im Rahmen solcher Projekte findet eine Kontaktaufnahme (Assoziation mit Klasse *Kontakt*) mit Kunden (Assoziation mit Klasse *Ansprechpartner* und Klasse *Adresse*) statt, aus denen sich Verkaufschancen ergeben (Assoziation mit Klasse *Verkaufschance*). Ebenfalls als Objekte der Klasse *Projekt* werden mit Kunden durchgeführte Vorhaben verstanden (Projekte im engeren Sinne). Hierbei existieren ebenfalls Assoziationen mit Objekten der Klassen *Ansprechpartner, Adresse, Verkaufschance, Produkt* sowie *Kontakt*.

Innerhalb der kundenorientierten Anwendungssysteme existieren vielfach Produktkataloge oder Stücklisten, die an der Kundenschnittstelle z.B. das Erstellen von Angeboten ermöglichen. Deshalb ist in der generischen Datenstruktur eine Klasse *Produkt* berücksichtigt, die als Objekte einzelne Produkte mit deren Attributen wie Beschreibung, Lieferzeit und Preis beinhalten. Objekte dieser Klasse können ebenfalls mit Objekten der anderen Klassen verknüpft werden (z.B. Verknüpfung eines Objektes der Klasse *Kunde* mit einem Objekt der Klasse *Produkt,* wenn ein Kunde ein Produkt erworben hat). Wie die in Abschnitt 6.4.4 dargestellten Ergebnisse der empirischen Untersuchung gezeigt haben, werden die Objekte der Klasse *Produkt* fast ausschließlich manuell erfasst bzw. aktualisiert.[624]

7.2.1.2 Generisches Klassendiagramm produktorientierter Anwendungssysteme

Das Klassendiagramm für produktorientierte Anwendungssysteme enthält als zentrale Objektklasse das Produkt.[625] Im Rahmen dieser Arbeit wird unter ei-

---

[624] Die manuelle Erfassung bzw. Aktualisierung von Objekten der Klasse *Produkt* umfasst die Erfassung bzw. Aktualisierung über eine Schnittstelle aus anderen Anwendungssystemen nach manueller Auslösung sowie die Erfassung/Aktualisierung durch die Anwender.

[625] Vgl. U. Sendler und V. Wawer (2005), S.39ff., M. Eigner und R. Stelzer (2001), S.3ff. und H. Grabowski, R.-S. Lossack und J. Weißkopf (2002), S.15f.

nem Produkt ein industrielles, d.h. physisches Gut verstanden, das aus unterschiedlichen Komponenten (Parts) besteht. Komponenten des Produktes können hierbei sowohl physischer als auch intangibler Natur sein (z.B. Dienstleistungen zu einem Produkt). Wie im Klassendiagramm in Abbildung 41 dargestellt, besteht ein generisches Datenmodell von CAx-Systemen zunächst aus der Klasse *Product* [626], deren Objekte Aggregationen von Objekten der Klasse *Parts* darstellen.[627] Innerhalb klassischer produktorientierter Anwendungssysteme besteht das Digitale Produktmodell[628] aus einem Objekt der Klasse *Product* sowie den aggregierten Objekten der Klasse *Part*. Die Attribute von Objekten der Klasse *Part* sind hierbei konventionell geometrieorientiert.[629]

Um das im Rahmen dieser Arbeit formulierte Ziel erreichen zu können, ist es eine notwendige Voraussetzung, dass neben den geometrischen Informationen auch semantische Informationselemente Bestandteil des Digitalen Produktmodells sind. Hierzu wird die *Feature-Technologie*[630] als Bestandteil in das Konzept mit aufgenommen (vgl. Abbildung 41).
Durch die Verwendung der *Feature-Technologie* können Parts mit Features modelliert werden. Damit ergibt sich im Klassendiagramm, dass Objekte der Klasse *Part* eine Aggregation von Objekten der abstrakten Klasse *Feature* darstellen. Die Klasse *Feature* wird dabei als abstrakte Klasse modelliert, da keine direkte Instanzierung hiervon erfolgt. Die Realisierung von Features erfolgt deshalb immer entweder als Objekte der Klasse *Form-Feature*[631] oder als Objekte der Klasse *Semantische Feature*[632]. Die in Abbildung 41 beispielhaft dargestellten realisierten Sub-Klassen der Klasse *Semantische-Feature* sind die Klasse *Fertigungs-Feature* sowie die Klasse *Kosten-Feature*. Objekte der Klasse *Fertigungs-Feature* enthalten dabei semantische Informationen über die Fertigung

[626] In der Nomenklatur von CAx-Systemen ist die englischsprachige Bezeichnung ‚Product' weit verbreitet. Um eine Verwechslung mit der Klasse *Produkt* bei den kundenorientierten Anwendungssystemen zu vermeiden, wird im Rahmen dieser Arbeit für die Klasse Produkt innerhalb der produktorientierten Anwendungssysteme die englischsprachige Bezeichnung *Product* verwendet.
[627] Vgl. W. Klepzig und L. Weißbach (2005), S.13f. und M. Schichtel (2002), S.121f.
[628] Vgl. Abschnitt 4.1.
[629] Vgl. Abschnitt 4.1.
[630] Vgl. Abschnitt 4.1.3.
[631] Vgl. Kapitel 4.
[632] Vgl. Kapitel 4.

(z.B. Fertigungsverfahren) und aus der Fertigung (z.B. Fertigungszeitpunkt).[633] Objekte der Klasse *Kosten-Feature* enthalten Kosteninformationen zur konstruktionsbegleitenden Kalkulation.[634] Des Weiteren können in Abhängigkeit von den im Digitalen Produktmodell berücksichtigten Sichten weitere Klassen an semantischen Features enthalten sein.[635]

7.2.2 Erweitertes Datenmodell

Innerhalb des erläuterten generischen Datenmodells besteht noch eine strikte Trennung zwischen Datenobjekten in den produktorientierten Anwendungssystemen sowie den Datenobjekten in den kundenorientierten Anwendungssystemen (vgl. Abbildung 41). Zur Erreichung einer integrierten Lösung sind deshalb zusätzliche Datenobjekte notwendig, die das Kundenwissen sowohl in den kundenorientierten als auch in den produktorientierten Anwendungssystemen repräsentieren. Daher wird im Rahmen dieser Arbeit zunächst das Datenmodell erweitert. Diese Erweiterung wird im Folgenden vorerst getrennt für die Bereiche kundenorientierte Anwendungssysteme und produktorientierte Anwendungssysteme dargestellt. Daran anschließend erfolgt die Ableitung einer ‚integrierten Sicht'.

7.2.2.1 Erweiterung der Datenstruktur von produktorientierten Anwendungssystemen

Eine Kernanforderung an das Konzept besteht darin, dass das Kundenwissen innerhalb der bestehenden Anwendungssysteme repräsentiert werden muss.[636] Im Bereich der produktorientierten Anwendungssysteme ist es daher notwendig, das diesen Anwendungssystemen zu Grunde liegende Digitale Produktmodell um das produktorientierte Kundenwissen zu erweitern.

Dem Begriffsverständnis dieser Arbeit folgend kann produktorientiertes Kundenwissen als *„informationstechnisches Element, welches Bereiche von besonderem technischen Interesse darstellt“*[637], verstanden werden. Des Weiteren handelt es sich bei dem produktorientierten Kundenwissen um semantische

[633] Vgl. Kapitel 4.
[634] Vgl. Kapitel 4.
[635] Vgl. Abbildung 24 in Kapitel 4.
[636] Vgl. Abschnitt 7.1.5.
[637] Vgl. Abschnitt 4.1.3.

Informationen mit Bezug zu geometrischen Objekten. Daraus ergibt sich, dass produktorientiertes Kundenwissen grundsätzlich als semantische Features realisiert werden kann.[638]

Im Rahmen dieser Arbeit wird daher die *Feature-Technologie* angewendet, um mit Hilfe von semantischen Features produktorientiertes Kundenwissen zum Bestandteil des Digitalen Produktmodells zu machen. Hierzu wird eine neue Feature-Klasse, *kundenorientiertes Produkt-Feature*, erstellt und im Digitalen Produktmodell der abstrakten Klasse Feature hinzugefügt. In dieser Klasse können Feature-Objekte instanziiert werden, die das produktorientierte Kundenwissen strukturiert enthalten. Das um die Feature-Klasse *kundenorientiertes Produkt-Feature* erweiterte Digitale Produktmodell ist in Abbildung 42 dargestellt.

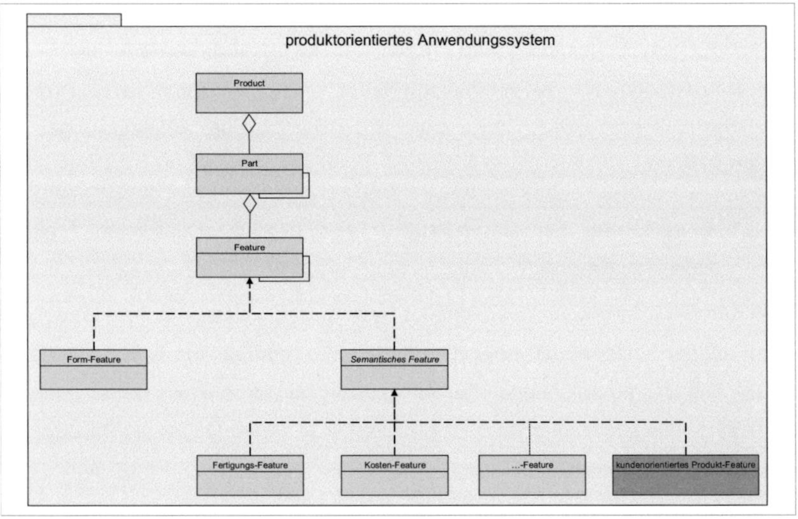

Abbildung 42: Erweiterte Datenstruktur produktorientierter Anwendungssysteme

Mit Hilfe von Feature-Verknüpfungen kann eine Zuordnung von kundenorientierten Produkt-Features, wie z.B. einer Kundenanforderung, zu physischen

[638] Zur Eignung der *Feature-Technologie* zur Repräsentierung von Wissen im Allgemeinen sowie insbesondere für Konstruktions- und Qualitätswissen vgl. u.a. VDI (2003), S.54f., M. Stephan (1996), S.79ff., M. Muth (1994), S.54ff. sowie F.-L. Krause, A. Ulbrich und R. Woll (1994), S.124ff.

Elementen (Objekte der Klasse *Form-Feature*) oder zu anderen semantischen Features, wie z.B. einem Objekt der Klasse *Fertigungs-Feature*, erfolgen. Damit kann im Digitalen Produktmodell modelliert werden, welche Features zur Erfüllung einer Kundenanforderung (kundenorientiertes Produkt-Feature) beitragen. Beispielsweise kann über die Verknüpfung eines Form-Features mit dem kundenorientierten Produkt-Feature ‚Geräuschentwicklung' abgebildet werden, dass die Gestaltung des Form-Features Auswirkungen auf die vom Kunden wahrgenommene Geräuschentwicklung hat.

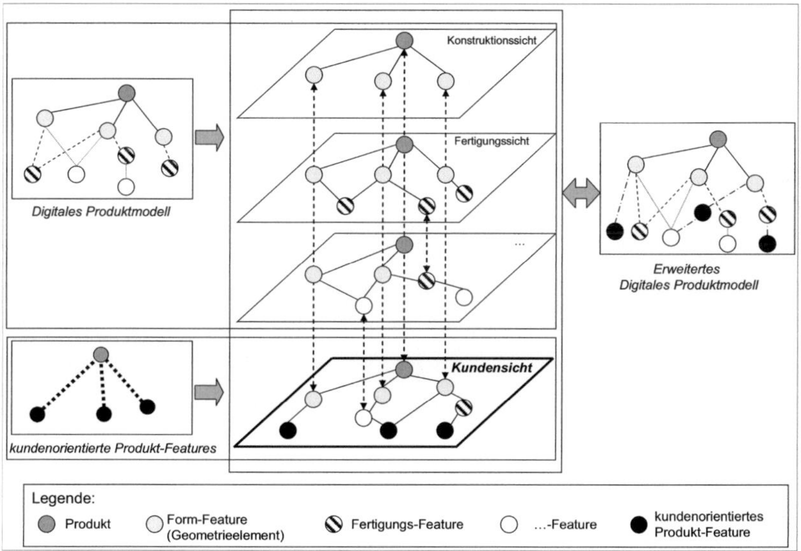

Abbildung 43: Sichten des erweiterten Digitalen Produktmodells

Wie in Abschnitt 4.1.3 dargestellt, ermöglicht die *Feature-Technologie* die Zerlegung des Digitalen Produktmodells in unterschiedliche Sichten (z.B. Fertigungssicht). Jede dieser Sichten wird dabei durch eine entsprechende Klasse von semantischen Features repräsentiert. Das in Abbildung 42 dargestellte erweiterte Digitale Produktmodell enthält damit neben den bisherigen Sichten auf

Grund der neuen Klasse *kundenorientiertes Produkt-Feature* zusätzlich eine *Kundensicht*[639] (vgl. Abbildung 43).

Die Kundensicht des erweiterten Digitalen Produktmodells[640] enthält die Objekte der Klasse *kundenorientiertes Produkt-Feature* sowie sämtliche Form-Features und semantische Features, welche auf die Erfüllung der kundenorientierten Produkt-Features Einfluss haben. Die Zuordnung von Feature-Objekten mittels *Feature-Mapping* ist Bestandteil der Prozesssicht und wird daher in Abschnitt 7.3 dargestellt.

7.2.2.2 Erweiterung der Datenstruktur von kundenorientierten Anwendungssystemen

In kundenorientierten Anwendungssystemen, die über eine wie in Abschnitt 7.2.1.1 dargestellte generische Datenstruktur verfügen, ist die strukturierte Erfassung und Nutzung von produktorientiertem Kundenwissen üblicherweise nicht möglich. Zur Realisierung des Konzepts ist daher auch im Bereich der kundenorientierten Anwendungssysteme eine Erweiterung der Datenstruktur erforderlich. Gemäß den in Abschnitt 7.1.5 dargestellten Anforderungen wird die Datenstruktur dieser Anwendungssysteme so ergänzt, dass eine Verknüpfung des produktorientierten Kundenwissens mit Objekten der innerhalb der kundenorientierten Anwendungssysteme bestehenden Klassen wie z.B. *Kunde*, *Verkaufschance* oder *Projekt* möglich ist.

Die Erweiterung der Datenstruktur erfolgt daher über das Einbringen einer neuen Klasse *kundenorientiertes Produktwissen* (vgl. Abbildung 44). Die Objekte dieser Klasse enthalten strukturiertes Kundenwissen, das an der Kundenschnittstelle erfasst wird. Zudem können die Objekte die in den produktorientier-

---

[639] Der Begriff *Kundensicht* wird vom Autor geprägt und beinhaltet die produktorientierte Sicht des Kunden auf Parts, Produkte und Produktgruppen.

[640] In der Literatur findet sich als Bezeichnung für ein Digitales Produktmodell, welches alle (technischen) Sichten enthält, der Terminus *Vollständiges Digitales Produktmodell*. Nach diesem Terminus würde das Digitale Produktmodell, welches zusätzlich eine Kundensicht enthält, als *erweitertes Vollständiges Digitales Produktmodell* bezeichnet werden müssen. Im Rahmen dieser Arbeit wird daher auf den Begriff *vollständig* verzichtet und das um die Kundensicht erweiterte Datenmodell als *erweitertes Digitales Produktmodell* bezeichnet. Das *erweiterte Digitale Produktmodell* enthält im Rahmen dieser Arbeit damit zwangsläufig die Klasse *kundenorientiertes Produkt-Feature*.

ten Bereichen bekannten und berücksichtigten Kundenanforderungen beinhalten.

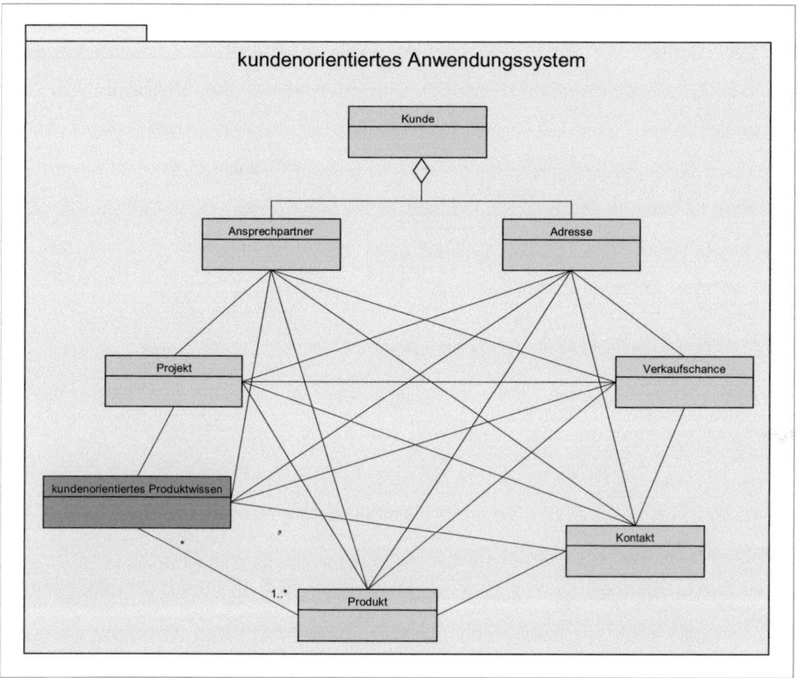

Abbildung 44: Erweiterte Datenstruktur kundenorientierter Anwendungssysteme

Damit der Bezug des an der Kundenschnittstelle erfassten produktorientierten Kundenwissens zu den entsprechenden Produkten gewährleistet ist, stellt die Verknüpfung von Objekten der Klasse *kundenorientiertes Produktwissen* mit Objekten der Klasse *Produkt* eine Zwangsbedingung dar.[641] Daraus ergibt sich die Anforderung, dass die Objekte der Klasse *Produkt* nominell[642] den Objekten

[641] Die im Datenmodell enthaltene Multiplizität dieser Assoziation besagt, dass jedes Objekt der Klasse *kundenorientiertes Produktwissen* mindestens mit einem Objekt der Klasse *Produkt* verknüpft ist. Objekte der Klasse *Produkt* können keine oder beliebig viele Verknüpfungen mit Objekten der Klasse *kundenorientiertes Produktwissen* besitzen.

[642] Unter *nomineller Gleichheit* wird hier das Vorhandensein von *zahlenmäßig und dem Namen nach* gleichen Objekte verstanden, wobei diese nicht strukturidentisch sind. Die Attribute sowie die Relationen sind damit in der Regel innerhalb der produktorientierten und kundenorientierten Anwendungssysteme unterschiedlich. So wird z.B. ein Objekt ‚Bauteil 1' innerhalb der produktorientierten Anwendungssysteme aus mehreren Features realisiert, welches innerhalb der kundenorientierten Anwendungssysteme lediglich aus den Attributen ‚Preis' und ‚Produktionsdatum' besteht.

der Klassen *Product* und *Part* der produktorientierten Anwendungssysteme entsprechen müssen.

Mit den dargestellten Erweiterungen der Datenstrukturen von produktorientierten und kundenorientierten Anwendungssystemen ist das Erfassen von produktorientiertem Kundenwissen in den jeweiligen Anwendungssystemen möglich. Eine bereichsübergreifende Anwendung dieser Informationen ist noch nicht möglich. Daher ist es zusätzlich erforderlich, die bereits dargestellten erweiterten bereichsspezifischen Datenstrukturen zusammenzuführen. Dies ist Bestandteil des folgenden Abschnitts 7.2.2.3.

7.2.2.3 Erweiterte Gesamtdatenstruktur

Die in den Abschnitten 7.2.2.1 und 7.2.2.2 dargestellten Datenstrukturen stellen nach wie vor getrennte Datenmodelle von bereichsspezifischen Anwendungssystemen dar. Zur Erreichung des mit dem Konzept verfolgten Zieles muss eine Zusammenführung der beiden Datenmodelle insoweit erfolgen, dass zum einen das in den kundenorientierten Anwendungssystemen vorhandene kundenorientierte Produktwissen in die produktorientierten Anwendungssysteme gelangt und zum anderen die kundenorientierten Produkt-Features innerhalb der kundenorientierten Anwendungssysteme verfügbar sind.
Gemäß den in Abschnitt 7.1.5 dargestellten Kernanforderungen gilt es dabei zu berücksichtigen, dass die von den Fachbereichen als sensibel eingestuften Daten nicht bereichsübergreifend verfügbar gemacht werden.

Die Integration auf Datenebene erfolgt im vorliegenden Konzept durch die Zusammenführung der kundenorientierten Produkt-Features aus den produktorientierten Anwendungssystemen mit dem kundenorientierten Produktwissen aus den kundenorientierten Anwendungssystemen (vgl. Abbildung 45). Die Zusammenführung erfolgt mit Hilfe einer gemeinsamen Klasse *Kunden-Feature*, die sowohl die Anforderungen an die dargestellte Klasse *kundenorientiertes Produkt-Feature* auf der produktorientierten als auch die Anforderungen an die

Klasse *kundenorientiertes Produktwissen* auf der kundenorientierten Seite erfüllt.[643]

Objekte der Klasse *Kunden-Feature* entsprechen den in Abbildung 42 dargestellten Objekten der Klasse *kundenorientiertes Produkt-Feature* und sind damit semantische Features der abstrakten Klasse *Feature*. Somit sind sie Bestandteil des erweiterten Digitalen Produktmodells und stellen innerhalb von diesem die Grundlage der *Kundensicht* dar.

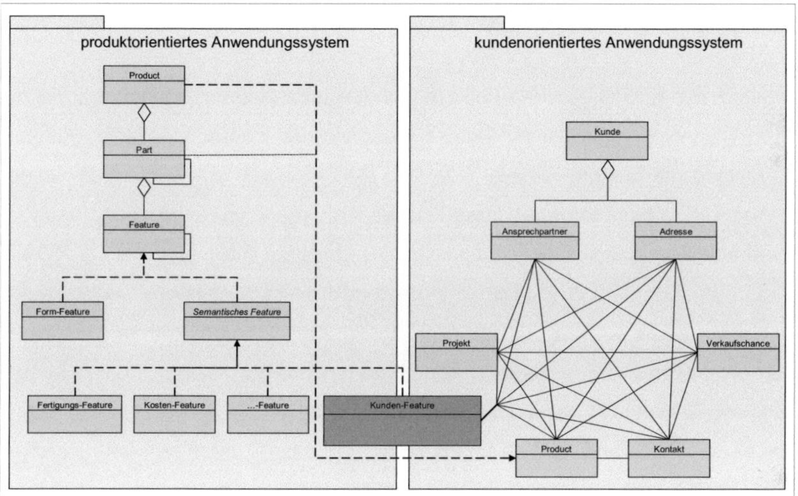

Abbildung 45: Erweitertes Datenmodell

Innerhalb der kundenorientierten Anwendungssysteme ersetzt die gemeinsame Klasse *Kunden-Feature* die in Abbildung 44 dargestellte Klasse *kundenorientiertes Produktwissen* und ist somit Bestandteil der Datenstruktur des kundenorientierten Anwendungssystems.

[643] Dieser Ansatz entspricht der Integration auf semantischer Ebene mittels ‚Generischer Business-Objekte' (GBO), welcher im Rahmen der Enterprise Application Integration (EAI) Anwendung findet. Vgl. hierzu u.a. M. Merzenich (2005), S.163, A. Kronz (2003), S.133f. und M. Hunsicker (2002), S.262ff.

Die Integration auf Datenebene ist hierbei so erfolgt, dass ausschließlich die für beide Bereiche relevanten Daten übergreifend zur Verfügung stehen. Damit wird der Kernanforderung Sorge getragen, dass die als sensibel eingestuften Daten innerhalb der jeweiligen Datenstruktur ohne ‚externe Verknüpfung' verbleiben.[644] Beispielsweise ist es in den kundenorientierten Anwendungssystemen nicht möglich, auf Form-Features, die Konstruktions-Know-How enthalten, zuzugreifen, da diese in den produktorientierten Anwendungssystemen verbleiben. Analog hierzu verbleiben sensible Kundeninformationen in der kundenorientierten Datenstruktur, so dass ein Zugriff darauf aus den produktorientierten Anwendungssystemen nicht möglich ist.

Objekte der Klasse *Kunden-Feature* können einerseits in Relation zu sämtlichen Objekten der anderen Klassen innerhalb der kundenorientierten Anwendungssysteme stehen. Andererseits sind sie Produkten und deren Parts zugeordnet. Um diese Zuordnung innerhalb der kundenorientierten Anwendungssysteme abbilden zu können, ist es notwendig, dass die Produktstruktur (Produkte und Parts) innerhalb des kundenorientierten Anwendungssystems verfügbar ist. Deshalb wird im Konzept ein unidirektionaler Abgleich der Produktstruktur aus den produktorientierten Anwendungssystemen mit der Klasse *Produkt* in den kundenorientierten Anwendungssystemen erstellt.

Nach dem Abgleich der Produktstruktur ist eine Zuordnung von Kunden-Feature-Objekten zu Produkten und Parts möglich. Eine Zuordnung von Kundenwissen zu nicht realisierten Produkten ist damit noch nicht machbar. Um dies zu ermöglichen, sind abstrakte Objekte notwendig, die virtuelle Produktkategorien[645] repräsentieren. Im Konzept ist dies berücksichtigt, indem die Produktstruktur der produktorientierten Anwendungssysteme um abstrakte Objekte

---

[644] Diese Anforderung kann grundsätzlich auf zwei Arten umgesetzt werden:
Zum einen können konzeptionelle Vorkehrungen getroffen werden die beinhalten, dass entsprechende Daten nur in den jeweiligen Anwendungssystemen verfügbar sind.
Zum anderen lässt sich der Zugriff auf unternehmensweit verfügbare Daten mittels Identity Management Systemen (IdM-System) beschränken (zu IdM vgl. u.a. M. Benantar (2006), S.23ff. und P. J. Windley (2005), S.63ff.). Im Rahmen dieser Arbeit wird bei der Erstellung des Konzepts die erste Variante gewählt, da unternehmensweite IdM-Systeme im industriellen Mittelstand noch nicht verbreitet sind (vgl. Deron (2006)) und eine Implementierung als Voraussetzung innerhalb des Konzepts einer praxisorientierten Gestaltung entgegenstehen würde.

[645] Als virtuelle Produktkategorie werden hier Produktkategorien verstanden, zu welchen (bisher) noch keine Produkte im Produktportfolio des Unternehmens vorhanden sind.

erweitert wird. Nach einer unidirektionalen Produktstrukturübertragung sind diese Objekte als Instanzen in der Klasse *Produkt* verfügbar. Damit können z.B. Produktanforderungen an noch nicht vorhandene Produkte strukturiert erfasst und einer virtuellen Produktkategorie zugeordnet werden (vgl. Abschnitt 7.1.5).

Mit dem in Abbildung 45 dargestellten erweiterten Datenmodell ist damit eine Integration auf der Datenebene gemäß den in Abschnitt 7.1.5 formulierten Anforderungen erfolgt. In einem nächsten Schritt wird darauf aufbauend die Prozesssicht des Fachkonzepts in Abschnitt 7.3 dargestellt.

7.3 Fachkonzept Prozesssicht

In den vorhergehenden Abschnitten wurden die *Use Cases* sowie die *Datensicht* des Fachkonzepts detailliert beschrieben. In einem weiteren Schritt werden in Anlehnung an die *OOA* diese bisher getrennt dargestellten Sichten mit Hilfe der Prozesssicht wieder verbunden.[646] Das Ziel hierbei ist, das dynamische Verhalten innerhalb des Konzepts zu beschreiben. Die Modellierung der Prozesssicht erfolgt dabei mit Hilfe von Aktivitätsdiagrammen[647].
Aus der Zusammenführung der in Abschnitt 7.1 dargestellten Use Cases und der in Abschnitt 7.2 erstellten Datensicht ergeben sich folgende Teilprozesse[648],[649]:

- Erfassen von Kunden-Features,
- Kunden-Feature basierte Produktentwicklung,
- Kunden-Feature basierte Produktverbesserung,
- Kunden-Feature basierte Produktion und
- Nutzung von Kunden-Features an der Kundenschnittstelle.

---

646 Vgl. hierzu A.-W. Scheer (1998), S.102ff.

647 Mit Hilfe von Aktivitätsdiagrammen lässt sich in UML 2 die Struktur von Prozessen darstellen. Aktivitätsdiagramme eignen sich damit für die Modellierung der Systemfunktionen sowie des Steuerungsflusses von Objekten. Vgl. hierzu u.a. G. Booch, J. Rumbaugh und I. Jacobson (2006), S.53, M. Fowler (2004), S.139ff., P. Stevens und R. Pooley (2000), S.176ff. sowie P. Forbig (2007), S.163ff.

648 Im Rahmen dieser Arbeit wird der Begriff ‚Teilprozess' synonym zu den in der Literatur ebenfalls häufig verwendeten Begriffen ‚Sub-Prozess' oder ‚Unterprozess' verwendet. Vgl. hierzu u.a. M. Fowler (2004), S.143.

649 Die in der Prozesssicht enthaltenen Teilprozesse wurden ermittelt, indem die in den Use Cases enthaltenen Aktivitäten fachlich zusammengefasst wurden.

Die lebenszyklusorientierte Abfolge dieser Teilprozesse ergibt den in Abbildung 46 dargestellten Gesamtprozess.[650] Die einzelnen Teilprozesse sind weit gehend unabhängig und können deshalb in sich permanent durchlaufen werden (Closed-Loop). Hierdurch stellt der sequenziell dargestellte Gesamtprozess ebenfalls einen Closed-Loop-Prozess mit permanentem Durchlauf dar.

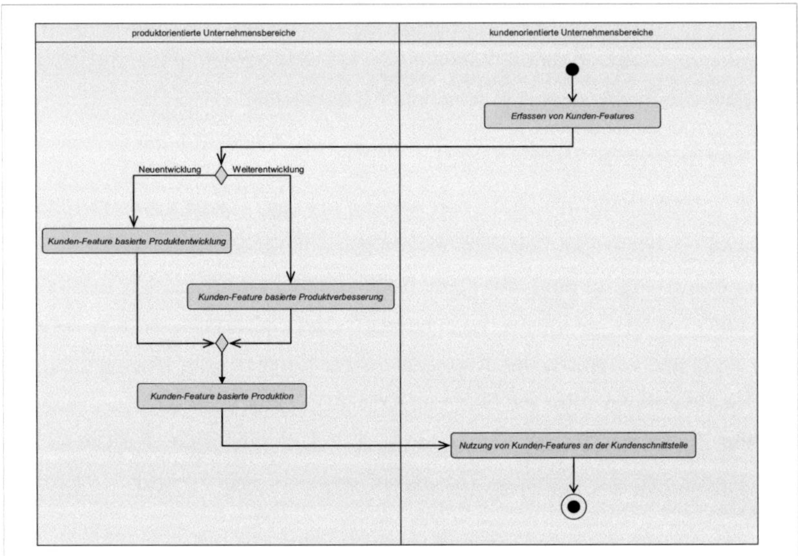

Abbildung 46: Aktivitätsdiagramm Übersicht Gesamtprozess

Diese in sich abgeschlossenen Teilprozesse werden im Folgenden einzeln dargestellt und näher erläutert.

7.3.1 Erfassen von Kunden-Features

Ausgangspunkt des Konzepts ist die permanente Erfassung von produktorientiertem Kundenwissen an der Kundenschnittstelle (vgl. Abbildung 47). Zunächst wird hierbei unterschieden, ob es sich um produktorientiertes Kundenwissen handelt, zu dem bereits ein Kunden-Feature existiert oder um Kundenwissen, welches noch in keinem Kunden-Feature erfasst wurde. Existiert bereits ein

[650] Abweichend zur UML 2.0 Nomenklatur werden zur Verbesserung der Übersichtlichkeit im Rahmen dieser Arbeit Teilprozesse innerhalb von Aktivitätsdiagrammen kursiv und hellgrau dargestellt.

entsprechendes Kunden-Feature, so kann das bestehende Kunden-Feature ergänzt bzw. verändert werden. Ansonsten muss zur Erfassung des Kundenwissens ein neues Kunden-Feature erstellt werden.
In einem nächsten Schritt erfolgt die Zuordnung des neuen bzw. geänderten Kunden-Features zu einem Produkt bzw. zu einer Produktkategorie.[651] Ist ein real existierendes Produkt, dem das Kunden-Feature zugeordnet werden kann, vorhanden, so kann dieses selektiert werden. In einem weiteren Schritt besteht daraufhin die Möglichkeit das Kunden-Feature einem speziellen Part innerhalb des Produktes zuzuweisen. Betrifft ein Kunden-Feature kein spezielles Produkt sondern eine gesamte Produktgruppe, so besteht die Möglichkeit, das Kunden-Feature einer Produktgruppe zuzuordnen. Dies ist z.B. der Fall, wenn ein Kunde eine Produktanforderung artikuliert, die bei allen Produkten innerhalb einer Produktkategorie von Mitbewerberprodukten besser erfüllt wird.
Handelt es sich bei einem Kunden-Feature um Kundenwissen zu nicht vorhandenen Produkten bzw. Produktkategorien, d.h. zu Produkten, zu denen noch kein DMU existiert, so muss dieses einer generischen Produktkategorie zugeordnet werden.[652] Die Neuentwicklung von Produkten innerhalb einer neuen Produktkategorie kann dann auf diesen Kunden-Features basieren.

Nach der Zuordnung von Kunden-Features zu Produktkategorien, Produkten oder Parts erfolgt die Erfassung oder Änderung von Merkmalswerten und/oder von Attributen. Damit ist der Prozess der Erstellung bzw. der Änderung von produktorientierten Kunden-Features abgeschlossen.

Dem in Abbildung 46 dargestellten Gesamtprozess folgend werden als nächste Schritte die Teilprozesse *Kunden-Feature basierte Produktentwicklung* (Abschnitt 7.3.2) und *Kunden-Feature basierte Produktverbesserung* (Abschnitt 7.3.3) erläutert.

---

[651] Bei der Aktualisierung von bestehenden Kunden-Features ist eine Zuordnung zu Produkten bzw. Parts optional, da bereits Zuordnungen vorhanden sind und diese ggf. nur ergänzt werden müssen.
[652] Bestandteil des Konzepts ist es, dass generische Produkte, welche Produktkategorien repräsentieren, zu denen keine realen Produkte existieren, als (generische) Digital Mock-Ups in den produktorientierten Anwendungssystemen vorhanden sind.

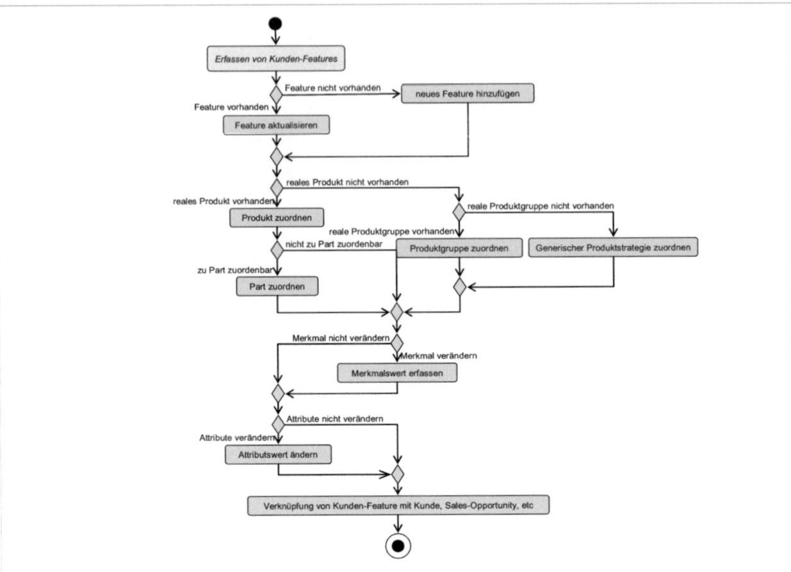

Abbildung 47: Teilaktivitätsdiagramm *Erfassung von produktorientiertem Kundenwissen*

7.3.2 Kunden-Feature basierte Produktentwicklung

Die Entwicklung neuer Produkte erfolgt im dargestellten Konzept unter Einbezug der in der Praxis etablierten Methoden, die in Abschnitt 4.1 dargestellt wurden. Zu Beginn der Entwicklung eines neuen Produktes werden innerhalb des QFD-Prozesses Kundenwünsche und Kundenanforderungen an das zu entwickelnde Produkt ermittelt, geordnet und gemäß ihrer Bedeutung gewichtet. Innerhalb des vorliegenden Konzepts liegt dieses Kundenwissen bereits strukturiert mittels der an der Kundenschnittstelle erfassten Kunden-Features vor.

In einem ersten Schritt ist daher zunächst die Qualität der berücksichtigten Kunden-Features sicherzustellen (vgl. Abbildung 48).[653] Innerhalb dieses Schrittes wird auch der Feature-Name aus fachlicher Sicht festgelegt. Auf Basis der in den kundenorientierten Anwendungssystemen vorhandenen Verknüpfungen von Kunden-Features zu Kunden, Sales Opportunities etc. können neben der

[653] Organisatorisch kann diese Aufgabe in Anlehnung an QFD bei dem QFD-Team angesiedelt sein. Zur Ausgestaltung des QFD-Teams vgl. G. Herzwurm, S. Schockert und W. Mellis (1997), S.70ff. sowie R. Gust (1995), S.4.

fachlichen Bewertung der Kunden-Features auch qualitative Merkmale, wie z.B. die Anzahl der Nennungen, von welchen Kunden die Nennungen stammen (z.B. Kundengruppe bzw. Nennung nur durch Interessenten) etc., zur Qualitätssicherung und Bewertung der Kunden-Features mit herangezogen werden.
Die weitere Vorgehensweise im Produktentwicklungsprozess erfolgt analog dem bisherigen Prozess. Bei der Erstellung des *House of Quality* werden dabei die Kunden-Features den dafür verantwortlichen Baugruppen und Teilen zugeordnet. Im Zuge der Umsetzung (Konstruktion) des Produktes in einen Digital Mock-Up wird die Zuordnung durch die Verknüpfung von Form-Features mit Kunden-Features realisiert. Die im Zuge der Konstruktion getätigten Festlegungen mit Auswirkungen auf Kunden-Features führen parallel zu einer Änderung der jeweiligen Ausprägungen von Kunden-Features. Beispielsweise wird bei der Konstruktion eines Zahnrades neben der Geometrie auch der Leistungsbereich definiert. Dieser Leistungsbereich stellt ein Kunden-Feature dar, dessen Wert entsprechend vom Konstrukteur angepasst werden muss.

Abbildung 48: Teilaktivitätsdiagramm *Kunden-Feature basierte Produktentwicklung*

Innerhalb des Entwicklungs- und Konstruktionsprozesses werden zudem neue Kunden-Features erstellt, die das Produkt aus Kundensicht charakterisieren.

Nach dem Durchlaufen des Entwicklungs- und Konstruktionsprozesses ist ein neuer Digital Mock-Up entstanden, der sowohl aus Form-Features als auch aus semantischen Features besteht.

7.3.3 Kunden-Feature basierte Produktverbesserung

Neben der dargestellten Unterstützung bei der kundenorientierten Entwicklung neuer Produkte ermöglicht die Anwendung des vorliegenden Konzepts eine permanente kundenorientierte Weiterentwicklung von Produkten (Kunden-Feature basierte Produktverbesserung, vgl. Abbildung 49). Ausgangspunkt ist hierbei ebenfalls die kontinuierliche Erfassung von Kundenwissen an der Kundenschnittstelle (vgl. Abschnitt 7.3.1).

Bei der Kunden-Feature basierten Produktverbesserung erfolgt eine kontinuierliche Qualitätssicherung von neuen sowie geänderten Kunden-Features.[654]

Sind neue, an der Kundenschnittstelle erfasste Kunden-Features vorhanden, so müssen diese innerhalb des Digital Mock-Up den verantwortlichen Form-Features zugeordnet werden. Des Weiteren werden veränderte sowie neue Kunden-Features über das Attribut ‚Neu' gekennzeichnet, so dass sie innerhalb der produktorientierten Anwendungssystemoberflächen für den Anwender entsprechend visualisiert werden können, z.B. durch eine farbliche Hervorhebung innerhalb des CAD-Systems. Handelt es sich bei den neuen bzw. veränderten Kunden-Features um als kritisch eingestufte Kunden-Features[655], so muss ebenfalls eine entsprechende Visualisierung erfolgen.

Im nächsten Prozessschritt erfolgt die Analyse der vorhandenen Kunden-Features. Auf Basis dieser Ergebnisse kann eine Entscheidung darüber getroffen werden, ob auf Grund von Kundenrückmeldungen eine Produktverbesserung initiiert werden muss oder ob eine Lifecycle bedingte Produktverbesserung zu dem geplanten Zeitpunkt durchgeführt wird. Dementsprechend schließt sich der Analyse von Kunden-Features entweder der Teilprozess *Lifecycle bedingte*

[654] Die Qualitätssicherung kann hierbei analog zur Qualitätssicherung von Kunden-Features bei der Produktentwicklung durch ein QFD-Team erfolgen. Ebenfalls erfolgt innerhalb dieses Schrittes die Festlegung der Feature-Namen von neuen Kunden-Features aus fachlicher Sicht.

[655] Eine Einstufung eines Kunden-Features als ‚kritisch' bedeutet im Rahmen dieser Arbeit, dass die Merkmals- bzw. Attributswerte eines Kunden-Features als dringend zu verbessern eingestuft werden. Die Einstufung als ‚kritisch' kann z.B. durch eine hohe Reklamationshäufigkeit oder durch ein bestehendes Gefahrenpotential ausgelöst werden.

Produktverbesserung oder der Teilprozess *Kunden-Feature getriggerte Produktverbesserung* an. Diese werden im Folgenden erläutert.

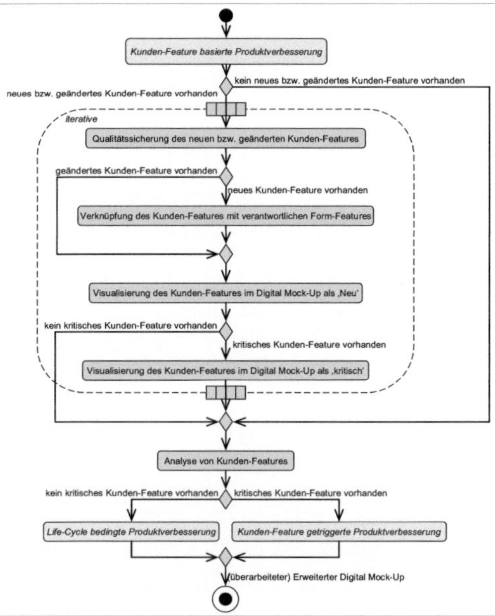

Abbildung 49: Teilaktivitätsdiagramm *Kunden-Feature basierte Produktverbesserung*

7.3.3.1 Lifecycle bedingte Produktverbesserung

Innerhalb des Teilprozesses Lifecycle bedingte Produktverbesserung erfolgt zunächst die Überprüfung, ob eine Überarbeitung des Produktes auf Grund des aktuellen Produktlebenszykluses erforderlich ist (vgl. Abbildung 50). Ist dies nicht der Fall, so wird dieser Teilprozess wieder beendet.

Ist eine Lifecycle bedingte Überarbeitung eines Produktes erforderlich, so kann für dieses Produkt der TQM-Prozess auf Basis der innerhalb der bereits vergangenen Produkteinsatzphase gesammelten Kunden-Features sowie deren Attribute durchgeführt werden. Damit erfolgt die Berücksichtigung der *Stimme des Kunden* über eine breite Kundenbasis sowie kontinuierlich über einen Zeitraum hinweg.[656]

Auf die Durchführung des TQM-Prozesses folgt die Änderung von Form-Features. Dies stellt den Konstruktionsprozess im engeren Sinne dar. Nach der Änderung von Konstruktionsmerkmalen ist ein weiterer Prozessschritt erforderlich, bei dem die durch die konstruktiven Veränderungen bedingten Änderungen von Merkmalen und Attributen von Kunden-Features innerhalb des Digital Mock-Up aktualisiert werden.

Der Konstruktionsprozess im engeren Sinne sowie die Aktualisierung von Merkmalen und Attributen von Kunden-Features erfolgt dabei iterativ, bis sämtliche geplanten Veränderungen durchgeführt sind.

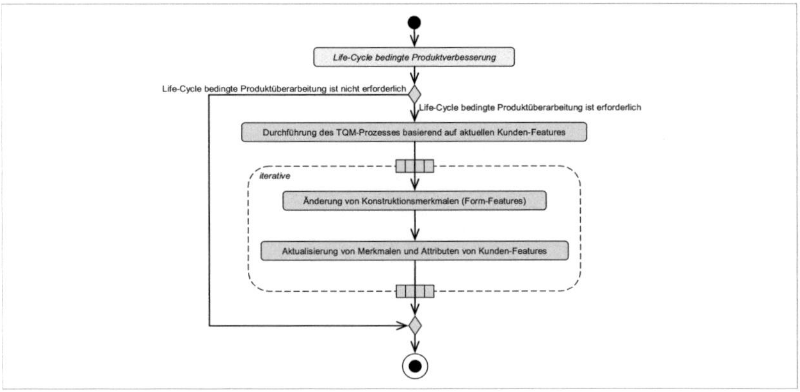

Abbildung 50: Teilaktivitätsdiagramm *Lifecycle bedingte Produktverbesserung*

7.3.3.2 Kunden-Feature getriggerte Produktverbesserung

Die kontinuierliche Durchführung der Analyse von Kunden-Features innerhalb des Kunden-Feature basierten Produktverbesserungsprozesses (vgl. Abschnitt 7.3.3) eröffnet die Möglichkeit, zeitnah kritische Kunden-Features zu erkennen sowie einen Prozess zur Schaffung einer Abhilfe einzuleiten. Dieser Prozess

---

[656] Im Rahmen der empirischen Voruntersuchung konnte festgestellt werden, dass die ‚Stimme des Kunden' in der Regel mittels einer Befragung zu gewissen Zeitpunkten wie z.B. im Vorfeld eines Produktverbesserungsprozesses mit selektiven Kunden erfolgt.

der so genannten Kunden-Feature getriggerten Produktverbesserung ist in Abbildung 51 dargestellt.

In diesem Teilprozess wird zunächst der TQM-Prozess für die als kritisch eingestuften Kunden-Features durchgeführt, aus dem die erforderlichen Produktverbesserungen hervorgehen. Analog zu dem in Abschnitt 7.3.3.1 dargestellten Teilprozess erfolgt bei der Kunden-Feature getriggerten Produktverbesserung der Konstruktionsprozess im engeren Sinne sowie die Aktualisierung von Merkmalen und Attributen von Kunden-Features iterativ, bis alle kritischen Merkmale verbessert sind.

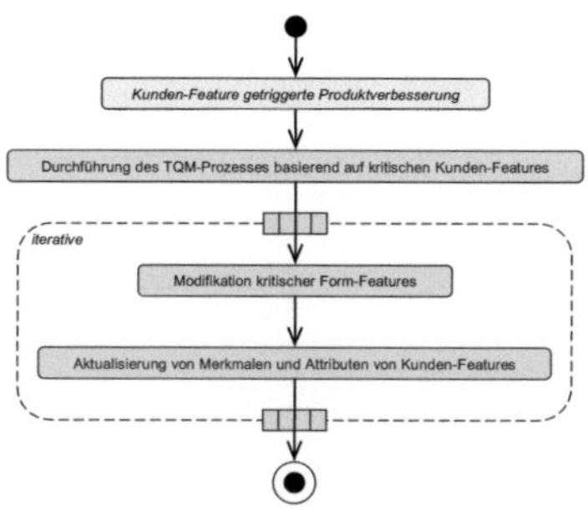

Abbildung 51: Teilaktivitätsdiagramm *Kunden-Feature getriggerte Produktverbesserung*

Nach Abschluss des Teilprozesses *Lifecycle bedingte Produktverbesserung* oder *Kunden-Feature getriggerte Produktverbesserung* sind in den produktorientierten Anwendungssystemen erweiterte DMUs verfügbar, welche die Fertigung kundenorientierter Produkte ermöglichen.

Ziel des vorliegenden Konzepts ist es jedoch, sowohl die Produktentwicklung als auch die Produktion auf Basis von Kundenwissen zu verbessern. Daher erfolgt in einem weiteren Schritt die Nutzung von Kunden-Features im Kontext der Produktion.

7.3.4 Kunden-Feature basierte Produktion

Wie in den vorhergehenden Abschnitten dargestellt, ist das Ergebnis der *Kunden-Feature basierten Produktentwicklung* sowie der *Kunden-Feature basierten Produktverbesserung* ein erweiterter Digital Mock-Up. DMUs enthalten gemäß der in Abschnitt 4.1.3 erläuterten Definition neben den Form- und Kunden-Features weitere semantische Informationen zu Produktionsprozessen und -systemen (Produktions-Features[657]).

In einem ersten Schritt werden daher bei der Kunden-Feature basierten Produktion Zusammenhänge zwischen Produktions- und Kunden-Features analysiert.[658] Hierbei wird der Fragestellung nachgegangen, inwieweit Produktionsverfahren sowie Produktionsabläufe Einfluss auf die Ausprägung von Kunden-Features haben.[659]

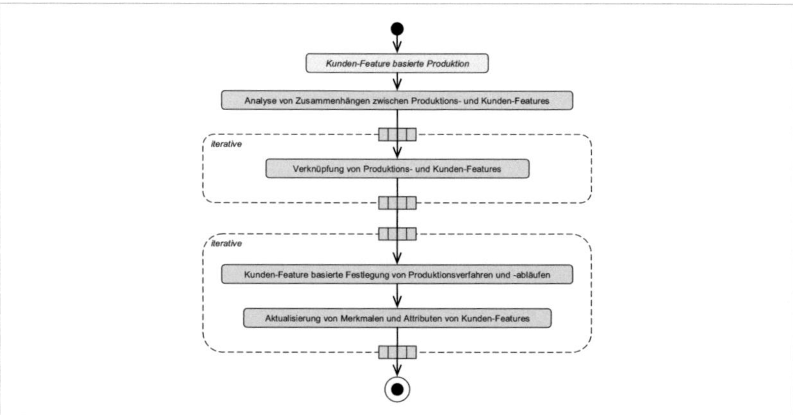

Abbildung 52: Teilaktivitätsdiagramm *Kunden-Feature basierte Produktion*

Die Erstellung von Verknüpfungen erfolgt in einem nächsten Schritt iterativ so lange, bis alle erkannten Zusammenhänge im DMU erfasst sind.

---

[657] Der Begriff *Produktions-Feature* ist vom Autor geprägt und umfasst im Rahmen dieser Arbeit sämtliche semantischen Features, welche Informationen bzgl. der Ausgestaltung der Produktion enthalten. Eine weitere Differenzierung in z.B. Produktionsprozess-Features oder Produktionsverfahrens-Features ist zur Darstellung des vorliegenden Konzepts nicht notwendig und wird deshalb im Rahmen dieser Arbeit auch nicht vorgenommen.

[658] Das Konzept der Digitalen Fabrik beinhaltet die Integration von Produkt-, Produktions- und Fabrikplanung. Im Rahmen dieser Arbeit erfolgt jedoch eine Trennung dieser Prozesse, um die Darstellung des entwickelten Konzepts besser erläutern zu können. Die in Abschnitt 7.3.4 dargestellten Teilprozesse sind in der Praxis deshalb häufig in die in Abschnitt 7.3.2 sowie in Abschnitt 7.3.3 erläuterten Teilprozesse integriert.

[659] Die Planung von Produktionsverfahren und Produktionsabläufen wird hier im weiten Sinne verstanden und beinhaltet neben der Produktionsprogramm-, Materialbedarfs- und Produktionsprozessplanung, die Fabrikplanung sowie die Produktionssystemplanung. Vgl. hierzu u.a. E. Westkämper (2007), S.38.

Bei der Planung und Festlegung von Produktionsabläufen sowie bei der Auswahl von Fertigungsverfahren kann die kundenorientierte Sicht mittels der Kunden-Features mit berücksichtigt werden. Damit erfolgt eine Verbesserung der Produktion aus *Sicht des Kunden*. Der Festlegung von Fertigungsverfahren und Produktionsabläufen schließt sich die Aktualisierung von Merkmalen und Attributen der verknüpften Kunden-Features an.

Nach dem Abschluss dieser, in Abbildung 52 dargestellten, Teilprozesse sind in den vorhandenen DMUs aktuelle Kunden-Features vorhanden, die in den kundenorientierten Unternehmensbereichen die Prozesse an der Kundenschnittstelle erheblich unterstützen können.

7.3.5 Nutzung von Kunden-Features an der Kundenschnittstelle

Innerhalb des dargestellten Gesamtprozesses stellt die Nutzung von Kunden-Features an der Kundenschnittstelle den letzten Teilprozess dar (vgl. Abbildung 53). In diesem Teilprozess werden Kunden-Features, die die Produkte aus Kundensicht repräsentieren, zur Unterstützung der einzelnen Transaktionsphasen[660] eingesetzt.

Sind innerhalb der kundenorientierten Anwendungssysteme Kunden-Features mit Kunden, Sales-Opportunities, Terminen etc. verknüpft, so kann eine Unterstützung der Kundenschnittstelle insofern erfolgen, als dass das System im Falle von Veränderungen verknüpfter Kunden-Features entsprechende Hinweise auf z.B. neue Verkaufschancen generiert.

> *Beispiel:* Ein Außendienstmitarbeiter erfährt von einem Kunden ein Merkmal (Kunden-Feature mit Ausprägung), das für ihn kaufentscheidend ist. Da die aktuelle Produktgeneration dieses Kriterium nicht erfüllt, verknüpft der Außendienstmitarbeiter das betroffene Kunden-Feature mit diesem Kunden sowie einer Sales-Opportunity.
>
> Nach einer konstruktiven Veränderung dieses Produktes, die eine Änderung des Kunden-Features beinhaltet, erhält der Außendienstmitarbeiter vom System einen Hinweis, dass die mit dem Kunden-Feature verknüpfte Sales-Opportunity auf Grund einer Änderung erneut angegangen werden kann.

660 Vgl. Abschnitt 3.1.2.

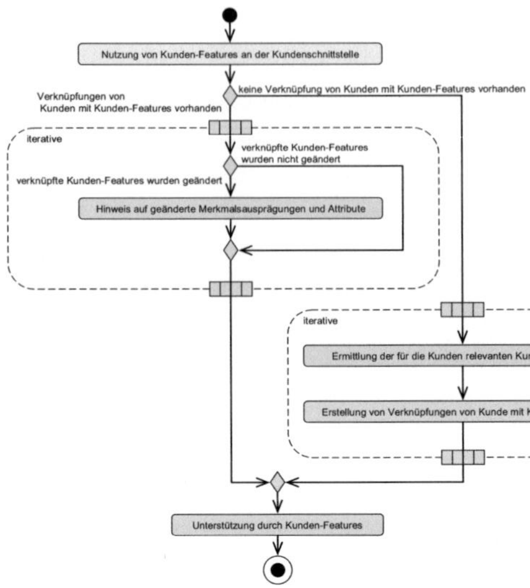

Abbildung 53: Teilaktivitätsdiagramm *Nutzung von Kunden-Features an der Kundenschnittstelle*

Im Rahmen regulärer Kundenkontakte (rechter Zweig in Abbildung 53) können Kunden-Features eingesetzt werden, um Kundenanforderungen an Produkte aus Sicht des Kunden strukturiert zu evaluieren und zu erfassen, und darauf basierend individualisierte Angebote zu erstellen sowie individuellen Service zu bieten.

Der Teilprozess *Nutzung von Kunden-Features an der Kundenschnittstelle*, welcher der Übersichtlichkeit halber im Vorhergehenden separat dargestellt wurde, läuft innerhalb des Konzepts parallel und eng verzahnt mit dem in Abschnitt 7.3.1 erläuterten Teilprozess *Erfassen von Kunden-Features* ab. Damit ist der in Abbildung 46 gezeigte Gesamtprozess geschlossen.
Der detaillierte Gesamtprozess, welcher sich aus der Zusammenfassung der dargestellten Teilprozesse ergibt, ist in Abbildung 54 abgebildet.

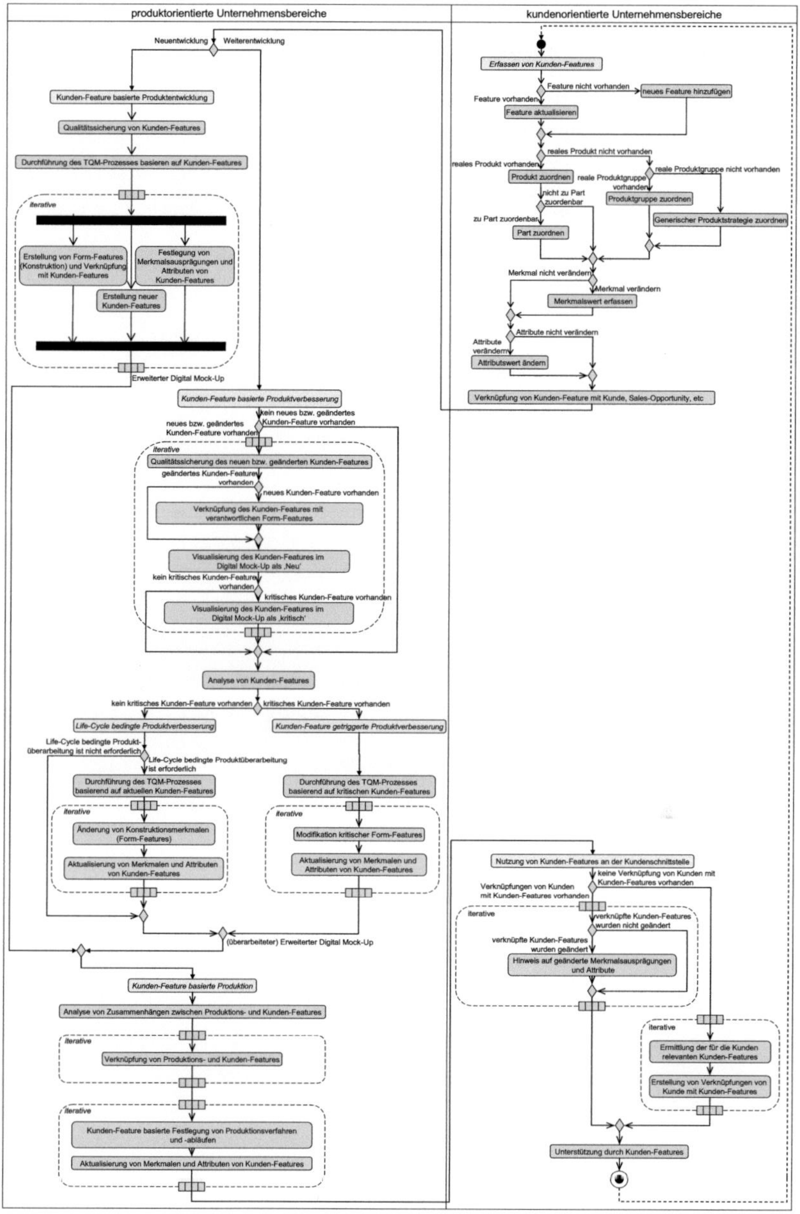

Abbildung 54: Aktivitätsdiagramm Gesamtprozess

7.4 Zusammenfassung Fachkonzept

In diesem Kapitel wurde ein Fachkonzept zur Schließung der Informationslücke zwischen kundenorientierten und produktorientierten Anwendungssystemen erstellt. Durch die Anwendung dieses Fachkonzepts können Unternehmen in die Lage versetzt werden, in einer bestehenden IT-Systemlandschaft Kundenwissen an der Kundenschnittstelle strukturiert zu erfassen und in den produktsowie kundenorientierten Unternehmensbereichen anzuwenden.

Zur Erreichung dieser Zielsetzung war es notwendig, auf den unterschiedlichen Integrationsebenen (vgl. Abbildung 38) eine Zusammenführung der relevanten

- Prozesse,
- Methoden,
- Daten und
- IT-Systeme

herbeizuführen.

Die im Rahmen des Fachkonzepts als relevant identifizierten ***Prozesse*** ergeben sich aus den in Abschnitt 7.1 erstellten Use Cases. Dies sind die Entwicklungs-, Produktions-, Marketing-, Vertriebs- und Serviceprozesse. Diese wurden gemäß den Anforderungen an das Integrationskonzept dahingehend erweitert, dass sie die Erfassung und Nutzung von Kundenwissen mittels Kunden-Features beinhalten. Da in den veränderten Prozessen auch Aktivitäten enthalten sind, die sich aus den in den jeweiligen Anwendungsbereichen eingesetzten Methoden ergeben, ist die Betrachtung der relevanten Methoden auf einer separaten Ebene erforderlich. Eine zusammenfassende Darstellung der auf der Prozessebene des Fachkonzepts berücksichtigten Prozesse sowie die betroffenen Methoden findet sich in Tabelle 4.

Prozess	Ausprägung	erweitert/verändert	Methoden
Entwicklungsprozess	Neuentwicklung	Nutzung von Kunden-Features	QFD, FBAD, VDPM, DF
	Weiterentwicklung	Nutzung von Kunden-Features	QFD, FBAD, VDPM, DF
Produktionsprozess	Produktionsplanung	Nutzung von Kunden-Features	FBAD, VDPM, DF
	Produktionssteuerung	Nutzung von Kunden-Features	FBAD, VDPM, DF
Marketingprozess		Erfassung von Kunden-Features	CRM
		Nutzung von Kunden-Features	CRM
Vertriebsprozess		Erfassung von Kunden-Features	CRM
		Nutzung von Kunden-Features	CRM
Serviceprozess		Erfassung von Kunden-Features	CRM
		Nutzung von Kunden-Features	CRM

Tabelle 4: Relevante Prozesse im Fachkonzept

Die auf der Methodenebene betrachteten ***Methoden*** sind das Quality Function Design, das Feature Based Assembly Design, das Vollständige Digitale Produktmodell, die *Digitale Fabrik* sowie das Customer Relationship Management. Im Fachkonzept wurden diese Methoden um die Erfassung und Nutzung von Kunden-Feature-Objekten erweitert. Zur Umsetzung dieser Erweiterungen ist es wiederum erforderlich die diese Methoden unterstützenden Anwendungssysteme entsprechend anzupassen. Einen Überblick über die bei der Konzepterstellung berücksichtigten Methoden und die vorgenommenen Erweiterungen sowie die betroffenen Anwendungssysteme gibt Tabelle 5.

Methode	Ausprägung	erweitert/verändert	Funktion	IT-Systeme
Quality Function Design (QFD)	House of Quality	Kunden-Features als strukturiert erfasste Kundenanforderungen	strukturierte Zuordnung von Kunden-Features zu verantwortlichen Parts; in Verbindung mit Feature-Mapping semiautomatisiert	
Feature based Assembly Design (FBAD)		Einführung der Klasse Kunden-Feature, welche als semantische Features strukturiertes "Kundenwissen" i.S.v. Wissen des Kunden enthalten.	Vehikel um semantisches Kundenwissen mit geometrischen Elementen zu verknüpfen	CAx CIM PDM PLM
Vollständiges Digitales Produktmodell (VDPM)		erweitert um eine Kundensicht, welche durch Kunden-Features repräsentiert wird	Einbringen von Kundenwissen als Produktparameter	CAx CIM PDM PLM
Digitale Fabrik (DF)			einbringen von Kundenwissen als Produktionsparameter	CAx CIM PDM PLM
Customer Relationship Management (CRM)	kommunikatives CRM	Erweiterung um Objekt-Klasse "Kunden-Feature" und entsprechender Eingabemasken	strukturierte Erfassung von "Kundenwissen" i.S.v. Wissen des Kunden	CRM-System
	operatives CRM	Verknüpfung von Kunden-Feature Objekten mit Objekten anderer Klassen	Nutzung von Kunden-Features an der Kundenschnittstelle	CRM-System
	analytisches CRM	produktorientierte Analysen	Analyse über Kunden-Features	CRM-System

Tabelle 5: Relevante Methoden im Fachkonzept

Auf der Integrationsebene ***IT-Systeme*** wird zwischen produktorientierten Anwendungssystemen, die in den produktorientierten Unternehmensbereichen zum Einsatz kommen, und kundenorientierten Anwendungssystemen, die in kundenorientierten Unternehmensbereichen zum Einsatz kommen, unterschieden. Durch die im Fachkonzept enthaltene Erweiterung der relevanten Anwendungssysteme (vgl. Tabelle 6) wurde erreicht, dass in den jeweiligen Unternehmensbereichen eine strukturierte Erfassung, Zuordnung und Nutzung von Kunden-Feature-Objekten in der gewohnten Arbeitsumgebung möglich ist. Voraussetzung hierzu war die Erweiterung der den Anwendungssystemen zu Grunde liegenden Datenmodelle.

IT-Systeme	Ausprägung	erweitert/verändert	Funktion	Datenmodell
produktorientierte Anwendungssysteme	CAx CIM PDM PLM	strukturierte Erfassung, Zuordnung und Anwendung von Kunden-Features	Nutzung von Kunden-Features in der gewohnten Arbeitsumgebung	produktorientiertes Datenmodell
kundenorientierte Anwendungssysteme	CRM-System	strukturierte Erfassung, Zuordnung und Anwendung von Kunden-Features	Nutzung von Kunden-Features in der gewohnten Arbeitsumgebung	kundenorientiertes Datenmodell

Tabelle 6: Relevante IT-Systeme im Fachkonzept

Die im Fachkonzept als relevant betrachteten ***Daten*** sind die in den Datenmodellen der produktorientierten und kundenorientierten Anwendungssystemen enthaltenen Klassen und deren Objekte. Im Fachkonzept wurden beide Datenmodelle um die Klasse *Kunden-Feature* erweitert (vgl. Tabelle 7). Hierdurch ist es möglich, Objekte der Klasse Kunden-Feature in den produktorientierten Anwendungssystemen mit Objekten anderer Klassen (z.B. geometrischen Features) zu verknüpfen. Analog hierzu wurde das Verknüpfen von Kunden-Feature-Objekten mit Objekten anderer Klassen in den kundenorientierten Anwendungssystemen möglich.

Datenmodell	erweitert/verändert	Funktion
produktorientieres Datenmodell	erweitert um semantische Feature-Klasse "Kunden-Feature"	Zuordnung von Kunden-Feature-Objekten zu Parts
kundenorientiertes Datenmodell	erweitert um Objekt-Klasse "Kunden-Feature"	Zuordnung von Kunden-Feature-Objekten zu Kunden, Verkaufschancen, Terminen etc.

Tabelle 7: Relevante Daten im Fachkonzept

Unter Einbeziehung aller vier genannten Ebenen ist die Informationslücke zwischen den produktorientierten und den kundenorientierten Unternehmensbereichen unter Einhaltung der erläuterten Anforderungen geschlossen. Damit ist die Zielsetzung des Fachkonzepts erreicht.

Über die Anwendbarkeit des generisch erstellten Fachkonzepts kann bis hierhin noch keine Aussage getroffen werden. Daher schließt sich im Gang dieser Arbeit auf die Erstellung des Fachkonzepts eine qualitative Erprobung an (vgl. Abschnitt 5.1). Die Erprobung erfolgt mit Hilfe einer prototypischen Realisierung. Damit soll zum einen die Realisierbarkeit des Fachkonzepts getestet werden. Zum anderen dient die prototypische Realisierung als Grundlage zur Diskussion mit Experten aus der Praxis. Hierdurch sollen weitere Erkenntnisse gewonnen werden, mit denen eine Weiterentwicklung des Konzepts erfolgen kann. Die prototypische Umsetzung des Fachkonzepts sowie die Durchführung der Erprobung ist Inhalt des nachfolgenden Kapitels.

8. Umsetzung des Konzepts, Entwicklung und Erprobung eines Prototypen

In dem vorangegangenen Kapitel wurde aufbauend auf den in Kapitel 6 empirisch hergeleiteten Kernanforderungen ein Fachkonzept zur Schließung der Informationslücke zwischen kundenorientierten und produktorientierten Anwendungssystemen erstellt.

In einem nächsten Schritt ist zu zeigen, dass dieses Konzept realisiert werden kann. Zu diesem Zweck wurden bestehende Standard-Anwendungssysteme prototypisch erweitert. Mit Hilfe dieses Prototyps konnte eine Erprobung des Konzepts erfolgen.

Die Umsetzung und Erprobung erfolgt in vier Schritten, welche die folgenden Unterkapitel darstellen:
In einem ersten Schritt wird das dargestellte Fachkonzept verfeinert und damit in ein DV-Konzept überführt (Abschnitt 8.1). Daran schließt sich die Auswahl von Standardanwendungssoftware, auf deren Basis die prototypische Erweiterung erfolgt, an (Abschnitt 8.2). Die Erstellung der Komponenten der prototypischen Realisierung ist Inhalt von Abschnitt 8.3. In einem letzten Schritt erfolgt die Erprobung des erstellten Prototyps (Abschnitt 8.4).

8.1 Erstellung DV-Konzept

Innerhalb des entwickelten Fachkonzepts ist die Kernanforderung enthalten, dass eine Integration auf Basis bestehender Anwendungssysteme erfolgen muss (vgl. Abschnitt 6.4.5). Deshalb stellt die prototypische Realisierung des Fachkonzepts eine Erweiterung eines kunden- sowie produktorientierten Standard-Anwendungssystems dar (vgl. Abschnitt 7.1.5).
Daraus ergibt sich, dass eine Überführung des Fachkonzepts in ein DV-Konzept nur für die Punkte notwendig ist, an denen eine Implementierung in den Standard-Anwendungssystemen noch nicht vorhanden ist.
Die damit verbundene selektive Verfeinerung des Fachkonzepts beruht dabei auf den Erkenntnissen der empirischen Untersuchungen:

Im Bereich der produktorientierten Anwendungssysteme haben CAD-Systeme bei industriellen KMUs eine nahezu vollständige Verbreitung (vgl. Abschnitt 4.2.1). Des Weiteren sind die im Einsatz befindlichen CAD-Systeme fast ausschließlich Standard-Anwendungssysteme, von denen zudem annähernd 50% die *Feature-Technologie* unterstützen (vgl. Abschnitt 4.1.3). Daher wird innerhalb des DV-Konzepts als produktorientiertes Anwendungssystem ein featurebasiertes CAD-System angenommen.
Auf der Seite der kundenorientierten Anwendungssysteme wird auf Grund der weiten Verbreitung von Standard-CRM-Systemen ein solches der prototypischen Realisierung zu Grunde gelegt (vgl. Abschnitt 6.4.2).

Damit sind die Bereiche des Fachkonzepts determiniert, für die im Folgenden ein DV-Konzept erstellt wird. Hierbei wird zunächst eine Detaillierung der Datensicht vorgenommen (Abschnitt 8.1.1). Darauf aufbauend erfolgt die Festlegung und Ausgestaltung der erforderlichen Softwarekomponenten (Abschnitt 8.1.2).

8.1.1 DV-Konzept Datensicht

Grundlage der Ableitung der Datensicht des DV-Konzepts ist die in Abschnitt 7.2.2.3 dargestellte Gesamtdatenstruktur des Fachkonzepts. Diese Datenstruktur enthält drei Bereiche, deren Konkretisierung erforderlich ist:

1. Gemäß der dargestellten Festlegung auf ein featurebasiertes Standard-CAD-System als Anwendungssystem innerhalb des Paketes ‚produktorientiertes Anwendungssystem' ist eine Überführung dieses Paketes in ein DV-Konzept nicht erforderlich.[661]
2. Das Paket ‚kundenorientieres Anwendungssystem' wird im vorliegenden Fall durch ein Standard-CRM-System repräsentiert. Als weitere Einschränkung wird im Folgenden das Vorhandensein eines objektorientierten CRM-Systems vorausgesetzt. Damit ist eine Konkretisierung dieses Paketes im Rahmen dieser Arbeit ebenfalls nicht notwendig.

[661] Auf Grund der Einschränkung auf feature-basierte CAD-Systeme kann ebenfalls eine objektorientierte Datenstruktur angenommen werden.

3. Die Objektklasse ‚Kunden-Feature' ist weder in am Markt verfügbaren CAD- noch in CRM-Systemen verfügbar. Deshalb ist es notwendig, diese Klasse im Rahmen des DV-Konzepts näher zu spezifizieren.

Damit kann festgestellt werden, dass die Datensicht des DV-Konzepts für eine prototypische Realisierung aus der Detaillierung der Klasse ‚Kunden-Feature' besteht.

Im Rahmen der Verfeinerung werden für diese Klasse die Attribute (Attributname, Attribut-Typ, Zusicherung und Initialwert) wie folgt spezifiziert:[662]
Jedes Objekt enthält einen Primärschlüssel ‚KFID' (Kunden-Feature ID). Des Weiteren sind die Produkt ID (PoID) sowie die Part ID (PaID) des jeweils zugeordneten Produktes bzw. Parts als Schlüsselattribute enthalten. Zudem benötigen Objekte der Klasse Kunden-Feature zwangsläufig einen Namen (Feature-Name). Dieser Name stellt ein Pflichtattribut des Typs *char*[663] dar.
Zusätzlich benötigt jedes Objekt der Klasse Kunden-Feature einen Wert (Feature-Wert). Der Inhalt dieses Attributes kann dabei einen konkreten Zahlenwert, einen semantischen Ausdruck oder eine beliebige Kombination daraus beinhalten. Der Typ dieses Attributes ist daher *char*.
Um zu Kunden-Feature-Objekten ergänzende Bemerkungen erfassen zu können, wird ein weiteres Attribut vom Typ *char* mit dem Namen ‚Kommentar' definiert.
Aus den in Abschnitt 7.1.5 dargestellten Anforderungen ergibt sich zusätzlich die Notwendigkeit, Kunden-Feature-Objekte als ‚Neu' bzw. ‚Dringend' kennzeichnen zu können. Dies wird über zwei weitere Attribute (‚Neu' und ‚Dringend') realisiert, die jeweils die Zustände ‚Wahr' oder ‚Falsch' annehmen können und daher vom Typ *boolean* sind. Der Initialwert des Attributes ‚Neu' ist dabei ‚Wahr', der Initialwert des Attributes ‚Dringend' wird auf ‚Falsch' festgelegt.
Zur Realisierung einer Historie (vgl. Abschnitt 7.1.5) werden den Objekten noch die Attribute ‚Erzeugt am', ‚Erzeugt von' sowie ‚Geändert am' und ‚Geändert

---

[662] Vgl. A.-W. Scheer (1998), S.145.
[663] Zu Attributstypen vgl. B. Oestereich (2006), S.78 sowie M. Fowler (2004), S.56f.

von' hinzugefügt. Die Attributstypen der Datumsangaben sind dabei *date*, diejenigen die Namen von Mitarbeitern enthalten *char*.

Die Operationen[664], welche innerhalb der Klasse ‚Kunden-Feature' im DV-Konzept zu detaillieren sind, werden im Folgenden kurz dargestellt:
Um neue Kunden-Feature-Objekte erstellen zu können, wird die Operation ‚CreateNew' implementiert. Diese Operation erzeugt neue Objekte als Instanzen der Klasse Kunden-Feature.
Zum Ändern bestehender Kunden-Feature-Objekte wird die Operation ‚Modify' benötigt. Diese Operation ermöglicht das Ändern von Attributen und Merkmalswerten bestehender Objekte. Der Feature-Name ist in dieser Operation nicht änderbar, da die Änderung des Feature-Namens einer fachlichen Änderung entspricht (vgl. Abschnitt 7.3.3).
Eine Änderung des Feature-Namens bedarf wie in Abschnitt 7.3.3 beschrieben der fachlichen Kontrolle z.B. durch das QFD-Team. Deshalb wird hierfür eine separate Operation ‚Modify-QM' implementiert, die die Änderung sämtlicher Attribute sowie Merkmale einschließlich des Feature-Namens ermöglicht.

Unter Einbeziehung der dargestellten Verfeinerung der Klasse Kunden-Feature ergibt sich das in Abbildung 55 gezeigte Klassendiagramm, welches die Datensicht des DV-Konzepts darstellt.

[664] Zu Operationen innerhalb der objektorientierten Systementwicklung vgl. G. Booch, J. Rumbaugh und I. Jacobson (2006), S.79f.

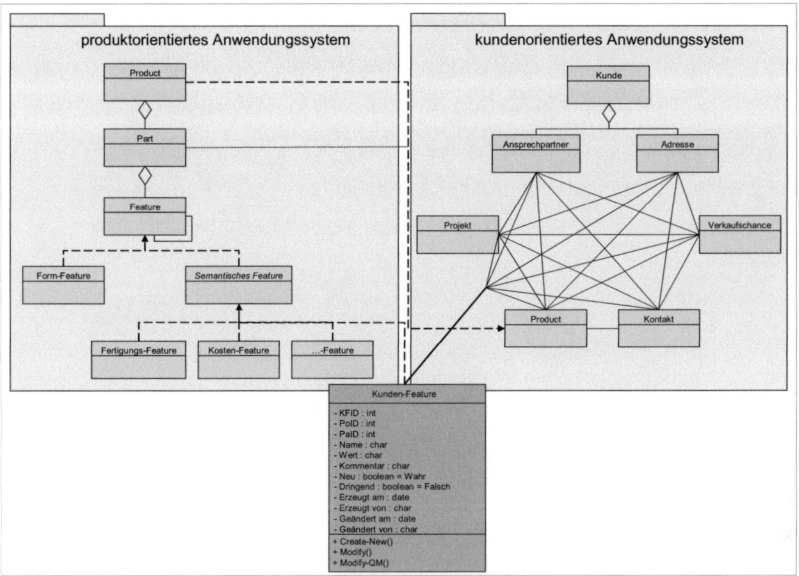

Abbildung 55: Datensicht des DV-Konzepts

In der Datensicht des DV-Konzepts wird eine Schnittstelle zum unidirektionalen Übertragen der Produkt/Part-Liste vom CAD- ins CRM-System vorgesehen. Diese ist erforderlich, um innerhalb des CRM-Systems die Verknüpfung von Kunden-Feature-Objekten mit Produkten bzw. Parts realisieren zu können. Auf Grund der Zielgruppe industrieller Mittelstand kann davon ausgegangen werden, dass eine Änderung der Produkt/Part-Liste in längeren Zyklen erfolgt. Aus diesem Grund wird diese Schnittstelle innerhalb des Prototyps manuell realisiert.

Auf die Erstellung der Datensicht folgt im Rahmen dieser Arbeit die Ausarbeitung eines Komponentenmodells, in dem die Zuordnung der Implementierung auf unterschiedliche Systeme erfolgt.

8.1.2 DV-Konzept Komponentenmodell

Die zu implementierende prototypische Realisierung besteht, wie bereits dargestellt, aus mehreren eigenständigen Software-Komponenten[665], welche z.B. eine Erweiterung bestehender Anwendungssysteme darstellen. Daher wird im Folgenden ein Komponentenmodell[666] erstellt, das unter Berücksichtigung der logischen Aspekte die physische Verteilung anzeigt (vgl. Abbildung 56).

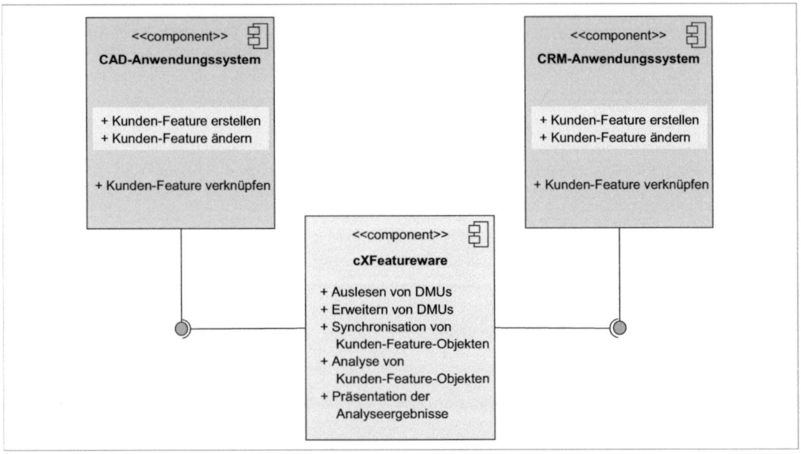

Abbildung 56: DV-Konzept Komponentenmodell

Wie in Abbildung 56 ersichtlich, sind für die prototypische Realisierung drei Software-Komponenten erforderlich:

Die Erweiterung des Standard-CAD-Systems (Komponente CAD-Anwendungssystem) erfolgt um die Operationen *Kunden-Feature erstellen* sowie *Kunden-Feature ändern*, die bereits innerhalb der Klasse Kunden-Feature enthalten sind. Weiter wird innerhalb der Komponente CAD-Anwendungssystem eine Funktion zur Verknüpfung von Kunden-Features mit beliebigen Features des DMU benötigt (*Kunden-Feature verknüpfen*).

---

[665] Der Begriff (Software-)Komponente wird innerhalb der Systementwicklung unterschiedlich abgegrenzt. Unter einer Software-Komponente wird im Rahmen der prototypischen Umsetzung des Fachkonzepts innerhalb dieser Arbeit ein physisches Teilsystem (Einheit) aus Softwarecodes verstanden. Vgl. hierzu u.a. J. Seemann und J. Wolff von Gudenberg (2006), S.124f., B. Oestereich (2006), S.291f. sowie P. Stevens und R. Pooley (2000), S.188.

[666] Vgl. J. Seemann und J. Wolff von Gudenberg (2006), S.121ff., B. Oestereich (2006), S.291f., S.61ff. sowie P. Stevens und R. Pooley (2000), S.187ff.

Innerhalb der Komponente CRM-Anwendungssystem ist analog zur Komponente CAD-Anwendungssystem die Implementierung der Operationen *Kunden-Feature erstellen*, *Kunden-Feature ändern* sowie *Kunden-Feature verknüpfen* notwendig.

In einer zusätzlichen Software-Komponente (cX-Featureware[667]) werden die für den Austausch von Kunden-Features notwendigen Funktionen implementiert. Dazu gehört das Auslesen von DMUs aus dem CAD-Anwendungssystem (inkl. extrahieren von Objekten der Klasse Kunden-Feature), das Erweitern von DMUs um Objekte der Klasse Kunden-Feature innerhalb des CAD-Anwendungssystems sowie die Synchronisation von Objekten der Klasse Kunden-Feature zwischen den Komponenten CAD-Anwendungssystem und CRM-Anwendungssystem.

Des Weiteren beinhaltet diese Komponente die zur Analyse von Objekten der Klasse Kunden-Feature notwendigen Funktionalitäten.

Die verwendeten Programmiersprachen ergeben sich aus den als Komponenten eingesetzten Standard-Anwendungssystemen. Dies bedingt, dass in einem nächsten Schritt eine Auswahl des CAD-Anwendungssystems sowie des CRM-Anwendungssystems erfolgen muss.

8.2 Auswahl von Anwendungssystemen

Die Auswahl der beiden Standard-Anwendungssysteme erfolgt anhand folgender Kriterien:

- Bei der Auswahl werden gemäß den in Abschnitt 6.4.5 genannten Anforderungen nur Anwendungssysteme berücksichtigt, bei denen es sich um Standard-Anwendungssysteme handelt.
- Innerhalb der Standard-Anwendungssysteme ist die Eignung dieser für industrielle KMUs erforderlich. Bei der Auswahl werden daher nur Standard-Anwendungssysteme berücksichtigt, die in der Praxis eine Verbreitung innerhalb industrieller KMUs haben.

---

667 *cX-Featureware* ist eine Abkürzung für ‚customer exchange Featureware'. Dieser Begriff wurde vom Autor kreiert und als Bezeichnung für eine selbst erstellte Software-Komponente gewählt.

Des Weiteren werden Anwendungssysteme ausgeschlossen, welche die folgenden Anforderungen nicht erfüllen:

- Wie in Abschnitt 8.1.1 dargestellt, ist es eine notwendige Voraussetzung, dass sowohl das CAD- als auch das CRM-Anwendungssystem objektorientiert realisiert sind.
- Für den Austausch von Daten ist es notwendig, dass beide Systeme über offene Schnittstellen verfügen.
- Eine weitere Voraussetzung bei der Auswahl des CAD-Anwendungssystems ist die Feature-Basierung. Gemäß den dargestellten Anforderungen ist es eine notwendige Voraussetzung, dass das CAD-Anwendungssystem featurebasiert ist (vgl. Abschnitt 8.1.1).

Auf der Grundlage dieser dargestellten Anforderungen ist eine Auswahl von zwei Software-Produkten erfolgt. Die Softwareauswahl sowie die ausgewählten Anwendungssysteme werden im Folgenden detailliert beschrieben.

8.2.1 Auswahl eines CAD-Anwendungssystems

Die Auswahl eines für die prototypische Umsetzung des Fachkonzepts geeigneten CAD-Anwendungssystems basiert im Wesentlichen auf zwei Kriterien:

- Erfüllung der genannten Anforderungen[668] (vgl. Abschnitt 8.2)
- Marktverbreitung des CAD-Systems

In einem ersten Schritt wurden hierbei alle CAD-Anwendungssysteme selektiert, welche die oben genannten Bedingungen erfüllen. Daraufhin sind basierend auf der Verbreitung im industriellen Sektor die wesentlichen fünf Systeme näher untersucht worden. Wie aus Tabelle 8 ersichtlich, sind die in der engeren Auswahl befindlichen CAD-Anwendungssysteme, bezogen auf die im Kontext dieser prototypischen Realisierung relevanten Eigenschaften, sehr ähnlich.

[668] Der Erfüllungsgrad der Anforderungen wurde auf Basis des Marktspiegels *CAD-Mechanik Systeme* des CAD-CAM-REPORTS vom Autor bewertet (vgl. G. Friederici (2006)).

Eine Ausnahme stellt hierbei das Produkt *Auto CAD Mechanical* der Firma Autodesk GmbH im Bereich der Datenverwaltung dar.[669] Die Machbarkeit bzw. der Aufwand für die prototypische Realisierung des Konzepts wird für jedes der vier verbliebenen Anwendungssysteme als grundsätzlich vergleichbar eingeschätzt.

Systemhersteller **Systembezeichnung**	**Autodesk GmbH** **AutoCAD Mechanical**	**Dassault Systèmes** **CATIA Version 5**	**PTC** **Pro/ENGINEER Wildfire**	**UGS** **Solid Edge**	**SolidWorks Deutschland** **SolidWorks**
Haupteinsatzbereiche*	Maschinen-, Werkzeug-, Formenbau. Zulieferindustrie. Elektromechanik	Maschinen-, Werkzeug-, Formenbau, Automobil- und Luftfahrtindustrie	Maschinen-, Werkzeug-, Formenbau, Automobil-, Luftfahrt-, Fertigungs-, Konsumgüterindustrie	Maschinenbau, Formenbau, Konsumgüter u.a.	Maschinen-, Anlagen-, Werkzeug-, Formenbau, Automobil- u. Luftfahrtindustrie, Produktdesign
Modellierung/Berechnung*					
rechnerinternes Modell	2D-Modell-,3D-Volumen-Modell	2D-Geometrie, 3D-Flächen, 3D-Volumen-, B-Rep-, Hybridmodell	3D-Volumen-, 3D-Flächenmodell, Hybridmodell	2D/3D- Kanten, 3D-Flächen-, Volumen-Modell (Hybrid, Brep)	3D-Flächen-, 3D- Volumen-, Hybridmodell
Makros*	ja	ja	ja	ja	ja
welche Art	VBA	Geometrie-, Kommandomakros	Geometrie-, Kommandomakros	Geometrie-, Kommandomakros	Geometrie-, Kommandomakros
Feature-Bearbeitung*	ja	ja	ja	ja	ja
Parametrik*	ja	ja	ja	ja	ja
automatiche Explosionsdarstellung*	ja	ja	ja	ja	ja
Datenverwaltung*					
Datenbank-Integration	Autodesk Vault	Oracle, DB2	Oracle, Informix, MS-SQL, MS Access usw.	Solid Edge Insight, Teamcenter Express	Oracle, Informis, MS-SQL, MS Access über Solution Partner
Datenbank-Schnittstellen	Excel	SQL	dBase, ODBC, SQL, Oracle usw.	MS-SQL	dBase, ODBC, SQL, Oracle über Solution Partner
Schnittstellen*					
Programmierschnittstellen (API)	C++, Visual Basic, LISP	C++, Visual Basic	C++, Visual Basic, u.a.	C++, Visual Basic	C++, Visual Basic
Hardware/Betriebssystem*					
Betriebssystem	Windows XP	Unix, Windows 2000/XP	Unix, Linux, Windows NT, XP, Solaris	Windows XP	Windows XP
Einsatz CAD-Systeme**					
Anzahl Nennungen (N=209)	68	57	49	18	17

Tabelle 8: CAD-Anwendungssystem Auswahlkriterien[670]

Als Basis der prototypischen Realisierung wurde das System *CATIA* in der Version 5, Release 16, von *Dassault Systèmes* ausgewählt. Gründe hierfür waren zum einen die weite Verbreitung dieses Anwendungssystems in industriellen Unternehmen. Zum anderen lassen die im Rahmen einer Voruntersuchung gewonnenen Erkenntnisse die technische Umsetzung mit diesem System als Erfolg versprechend erscheinen.

Im Folgenden wird dieses Anwendungssystems kurz vorgestellt.

Bei *CATIA* handelt es sich um ein Standard-Anwendungssystem im Bereich CAD, welches von Dassault Systèmes und IBM entwickelt und vertrieben wird.

---

[669] Im Gegensatz zu den anderen betrachteten Anwendungssystemen ist das Produkt *Auto CAD Mechanical* bei der Datenbank-Integration auf eine proprietäre Lösung sowie bei der Datenbank-Schnittstelle auf das MS Excel-Format beschränkt. Vor allem die proprietäre Lösung der Datenbank-Integration kann bei der prototypischen Realisierung einen Mehraufwand bedingen. Deshalb wird dieses Produkt bei der weiteren Auswahl nicht berücksichtigt.

[670] Quelle: Eigene Darstellung, * vgl. G. Friederici (2006), ** Die Anzahl der Nennungen bezieht sich auf die Verbreitung in industriellen Unternehmen im Postleitzahlengebiet 4, 5 und 6 in der Bundesrepublik Deutschland. Betrachtet wurden hierbei Unternehmen der Zweige Maschinenbau (43%), Fahrzeugbau (21%), Anlagenbau (18%) sowie Werkzeugbau (18%). Vgl. F.-N. Rudolph und J. R. Dietrich (2003).

Die aktuelle Version 5 wird in vielen Branchen, wie z. B. in der Luft- und Raumfahrt, im Automobil-, Schiff-, Maschinen- und Anlagenbau, in der Elektro-, Elektronik- und Konsumgüterindustrie, von Industrieunternehmen jeglicher Größenordnung eingesetzt. Das CAD-System ist geometrieorientiert und unterstützt neben der dreidimensionalen, eine parametrisierte und featurebasierte Konstruktion. *CATIA* ist modular erweiterbar, so dass neben der eigentlichen Konstruktion über Zusatzmodule z.B. FEM-Berechnungen, NC-Programmierung, Kinematik-Simulationen usw. unterstützt werden.[671]

Auf die Auswahl des CAD-Systems folgt die Auswahl eines CRM-Anwendungssystems, welches die zweite Basis der prototypischen Umsetzung bildet.

8.2.2 Auswahl eines CRM-Anwendungssystems

Die Auswahl eines für die prototypische Umsetzung des Fachkonzepts geeigneten CRM-Anwendungssystems basiert auf den Ergebnissen der beiden im Rahmen dieser Arbeit durchgeführten Untersuchungen. Hierbei ist zunächst eine Vorauswahl von fünf CRM-Anwendungssystemen anhand des Einsatzes in mittelständischen Industrieunternehmen auf Basis der quantitativen Exploration erfolgt. In einem zweiten Schritt sind die Ausprägungen der Auswahlkriterien für diese Systeme anhand der Ergebnisse der durchgeführten Voruntersuchung[672] ergänzt worden. Anhand der in Tabelle 9 dargestellten Kriterien ist danach die Endauswahl eines Anwendungssystems erfolgt.

---

[671] Vgl. E. Braß (2005), S.7, D. R. Ziethen (2004), S.15 sowie IBM (2005), S.2.

[672] Vgl. Abschnitt 5.1. Im Rahmen der Voruntersuchung wurde mit einer vom Autor betreuten Diplomarbeit flankierend der Auswahlprozess eines CRM-Systems bei einem Anlagenbau-Unternehmen begleitet. Hierdurch ergab sich für den Autor die Möglichkeit, an Workshops mit CRM-Systemherstellern teilzunehmen und aktiv Details zu den Produkten zu erfragen.

Systemhersteller **Systembezeichnung**	**Microsoft** **CRM 3.0**	**CAS** **genesisWorld 7**	**Sage** **Sage CRM**	**Sage** **ACT!**	**Adito** **Adito CRM**
Haupteinsatzbereiche (Branchenlösungen)	branchenneutral (Branchenlösungen über Partner)	branchenneutral (Branchenlösungen über Partner)	branchenneutral (Branchenlösungen über Partner)	branchenneutral	branchenneutral
Funktionsbereiche					
Marketing	ja	ja	ja	ja	ja
Vertrieb	ja	ja	ja	ja	ja
Service	ja	ja	ja	nein	ja
Technologie					
Workflows	ja	bedingt	ja	nein	ja
Individuelle Anpassungen	ja	ja	ja	bedingt	ja
Erweiterbarkeit / Programmierbarkeit / Systemoffenheit	bedingt	bedingt	nein	nein	bedingt
Struktur	Client-Server	Client-Server	Client-Server	Client-Server	Client-Server
Entwicklungsumgebung	Visual Studio	Delphi 7	k. A.	k. A.	Java
Datenverwaltung					
Datenbanktechnologie	MS SQL	Oracle, MS SQL	MS SQL	MS SQL	Oracle, MS SQL, InterBase etc.
Datenbank-Schnittstellen	ja	ja	ja	ja	ja
Hardware/Betriebssystem					
Client-Plattform	Windows	Windows	beliebig, vollständig webbasierend	Windows	Windows, Linux, Unix
Einsatz CRM-Systeme					
Anzahl Nennungen (N=143)	4,9%	3,5%	2,1%	1,4%	1,4%

Tabelle 9: CRM-Anwendungssystem Auswahlkriterien[673]

Gemäß den in Abschnitt 8.1 dargestellten Anforderungen stellt die Erweiterbarkeit des CRM-Systems mittels zusätzlichen Programmcodes eine notwendige Voraussetzung dar. Diese Voraussetzung ist bei den in der engeren Auswahl befindlichen Systemen des Systemherstellers *Sage* nicht gegeben. Deshalb werden diese beiden Systeme nicht weiter betrachtet. Für die CRM-Systeme der Firma *Microsoft* sowie der Firma *CAS* werden Branchenlösungen durch Business-Partner erstellt. Bei der im Rahmen dieser Arbeit betrachteten Zielgruppe industrieller Mittelstand verfügen diese beiden Systeme zudem über eine höhere Verbreitung als das CRM-System von *Adito*. Deshalb wird der weitere Auswahlprozess auf *Microsoft CRM 3.0* sowie *CAS genesisWorld 7* eingeschränkt.

Der Aufwand für die prototypische Realisierung des Konzepts wird für beide verbliebenen Anwendungssysteme als vergleichbar eingeschätzt. Im Rahmen der geführten Gespräche mit den beiden Herstellern ist beim Autor der Eindruck entstanden, dass eine Unterstützung[674] bei der prototypischen Umsetzung bei der Firma *CAS* eher gegeben ist. Damit wird die Machbarkeit auf Basis von *genesisWorld 7* als am höchsten eingeschätzt und dieses somit als CRM-Standard-Anwendungssystem für die prototypische Erweiterung ausgewählt.

673 Quelle: Eigene Darstellung. Die Ergebnisse entstammen der im Rahmen dieser Arbeit durchgeführten Voruntersuchung sowie der vom Autor durchgeführten quantitativen Exploration (vgl. Kapitel 6).

674 Unter der Unterstützung durch den Softwarehersteller wird in diesem Kontext z.B. der Zugang zu Informationen bzgl. Programmierschnittstellen, die zur Verfügung Stellung von Ansprechpartnern bei technischen Fragen sowie die Offenlegung und Nutzung von Programmmodulen verstanden.

Im Folgenden wird das ausgewählte CRM-Anwendungungssystem kurz dargestellt. Daran anschließend erfolgt die Erläuterung der prototypischen Umsetzung des Konzepts.

Das Produkt *genesisWorld* ist ein CRM-Standard-Anwendungssystem, das von der mittelständischen Firma CAS Software AG mit Sitz in Karlsruhe entwickelt und über Business-Partner vertrieben wird. Die verwendete Version 7 von *genesisWorld* basiert auf *Borland Delphi* sowie einer *Microsoft SQL* Datenbank. Wie aus Tabelle 9 ersichtlich, unterstützt *genesisWorld* kundenorientierte Prozesse in den Bereichen Marketing, Vertrieb und Service. Des Weiteren bietet das System bereits die Möglichkeit einer beliebigen Verknüpfung von Datensätzen, wie z.B. die Verknüpfung von Kontakten mit Verkaufschancen, Adressen oder Projekten. Zur Einbindung externer Systeme verfügt das System über diverse Connectoren. Auf Grund der Client-Server-Architektur besteht das System aus einer Client- sowie einer Serverkomponente. Die Administration erfolgt größten Teils über eine Management-Konsole, die Bestandteil der Serverkomponente ist.[675]

Mit der erfolgten Auswahl eines CAD- sowie eines CRM-Standard-Anwendungssystems sind die Voraussetzungen für die prototypische Umsetzung gegeben, die sich im Folgenden anschließt.

8.3 Prototypische Umsetzung

Zu Beginn der prototypischen Umsetzung wird ein Konfigurationsszenario erstellt, das einer typischen Implementierung in einem mittelständischen Industrieunternehmen entspricht. Dieses ist in Abbildung 57 dargestellt und bildet die Grundlage der folgenden prototypischen Realisierung.

[675] Vgl. CAS (2005a) sowie CAS (2005b).

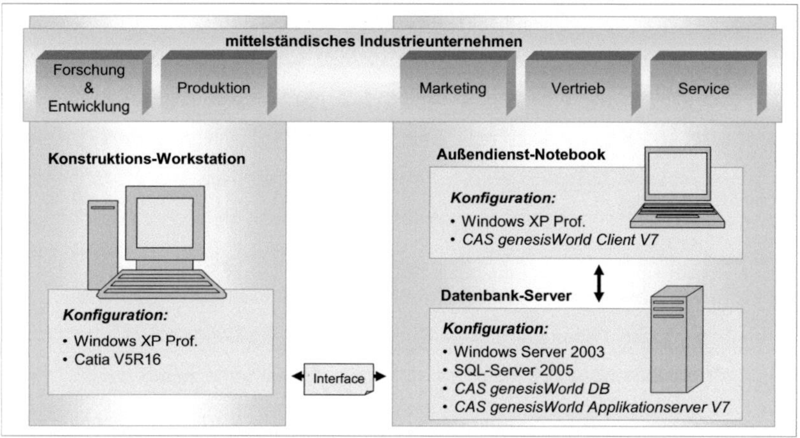

Abbildung 57: Konfigurationsszenario der prototypischen Realisierung[676]

Wie aus Abbildung 57 ersichtlich, umfasst ein Konstruktionsarbeitsplatz im Rahmen der prototypischen Realisierung eine Workstation, die mit einem Windows Betriebssystem[677] sowie *Catia V5R16* ausgestattet ist.[678]

Diese Konfiguration wird im Rahmen der prototypischen Umsetzung sowohl für einen Arbeitsplatz in der Konstruktion als auch für einen Arbeitsplatz in der technischen Produktionsplanung[679] angenommen.[680]

In den Bereichen Marketing, Vertrieb und Service wird gemäß Abbildung 57 eine Konfiguration erstellt, die einen Datenbank-Server sowie einen mobilen Arbeitsplatz eines Mitarbeiters an der Kundenschnittstelle umfasst.[681]

---

676 Quelle: Eigene Darstellung.

677 Das Betriebssystem *Windows XP Professional* wurde gemäß der Herstellerempfehlung von Dassault Systèmes in Bezug auf die Installation von *Catia V5R16* ausgewählt.

678 Die dem Szenario zu Grunde gelegte Konfiguration entspricht der Minimalausstattung, ohne darüber hinausgehende Konfigurationen auszuschließen. So sind z.B. bei einer typischen Arbeitsplatzumgebung zusätzliche Anwendungssysteme wie Kommunikations- und Office-Systeme enthalten, welche jedoch im Rahmen dieser Arbeit unwesentlich sind und daher zur Reduzierung der Komplexität nicht weiter berücksichtigt werden.

679 Vgl. Abschnitt 4.2ff.

680 Innerhalb der prototypischen Umsetzung wird das CAD-Anwendungssystem *Catia V5R16* als ein beispielhaftes CAx-Anwendungssystem verstanden, welches im betrachteten Kontext ebenso durch ein feature-basiertes CAx-Anwendungssystem aus dem Bereich der technischen Produktionsplanung (z.B. CAP-System) ersetzt werden könnte.

681 Innerhalb des industriellen Mittelstandes stellt der Außendienst den in Umfang, Bedeutung und Wert mit Abstand wichtigsten Customer Touch Point dar (vgl. K. Backhaus und M. Voeth

- Der Datenbank-Server ist notwendiger Bestandteil von *genesisWorld 7*. Als Minimalkonfiguration wird für diesen ein *Windows* basierter Server eingesetzt, auf dem ein *Microsoft SQL-Server* betrieben wird.[682] Innerhalb des *SQL-Servers* wird eine Datenbank mit Beispieldaten (*CAS genesisWorld DB*) ausgeführt. Ein Bestandteil des Datenbank-Servers ist der Applikationsserver von *genesisWorld* in der Version 7, welcher z.B. die Managementkonsole zur Administration des CRM-Anwendungssystems enthält.
- Der mobile Arbeitsplatz wird durch eine Konfiguration realisiert, die auf einem Notebook betrieben werden kann. Bestandteil dieser Konfiguration ist ein *Windows* Betriebssystem[683] sowie die Client-Anwendung von *genesisWorld 7*.[684]

Aus dem dargestellten Konfigurationsszenario lässt sich die technische Struktur ableiten. Diese wird im Folgenden gemäß dem in Abschnitt 8.1.2 erläuterten Komponentenmodell um die prototypischen Komponenten erweitert. Damit ergibt sich die in Abbildung 58 abgebildete, *erweiterte technische Struktur*.

(2007), S.263ff.) Deshalb wird in der vorliegenden Konfiguration ein mobiler Arbeitsplatz eingesetzt, welcher über sämtliche Funktionalitäten des CRM-Anwendungssystems der Bereiche Marketing, Vertrieb und Service verfügt.

682 Gemäß den Systemanforderungen von *genesisWorld* ist ein *Microsoft SQL-Server* in der Version 2000 oder höher erforderlich. Bei der prototypischen Umsetzung wird ein aktueller *Microsoft SQL-Server* in der Version 2005 eingesetzt. Dieser wiederum erfordert als Betriebssystem *Windows Server 2003*.

683 Auf Grund der Empfehlungen von *CAS* wird bei der prototypischen Realisierung *Microsoft Windows XP Professional* als Betriebssystem eingesetzt.

684 Weitere Anwendungssysteme wie z.B. Office-Anwendungen, welche auf mobilen Arbeitsplätzen von Außendienstmitarbeitern eingesetzt werden, haben auf die Umsetzung des Konzepts keine Auswirkungen und werden daher nicht weiter berücksichtigt.

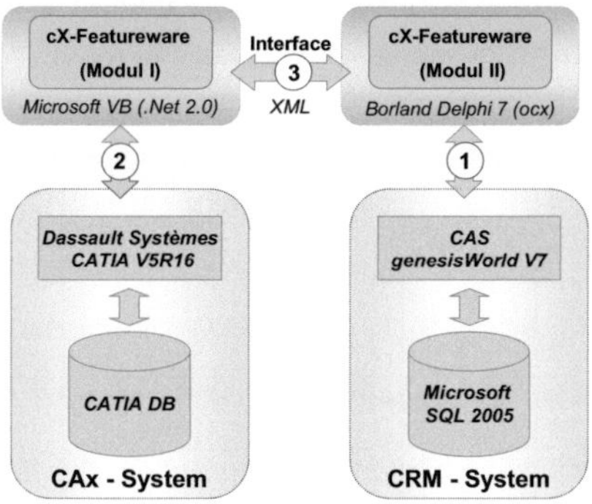

Abbildung 58: Technische Struktur der prototypischen Umsetzung

Die prototypischen Erweiterungen sind dabei in Abbildung 58 mit den Nummern eins bis drei gekennzeichnet. Diese werden auf Grund der ausgewählten Anwendungssysteme in unterschiedlichen Programmiersprachen realisiert:

- Die Erweiterung des CRM-Anwendungssystems *genesisWorld* (1) erfolgt mittels Programmierung und Einbindung von ***OLE C**ontrols* basierend auf dem *Microsoft VB**X**-Standard* (OCX)[685]. Diese Komponenten werden innerhalb der *Borland Delphi 7* Entwicklungsumgebung erstellt.[686] Über diese Komponenten wird auch der indirekte Schreib- und Lesezugriff auf die *Microsoft SQL 2005* Datenbank ermöglicht.
- Die zusätzliche Funktionalität innerhalb der Catia-Oberfläche (2) wird über *Microsoft **V**isual **B**asic for **A**pplications* (VBA)-Makros sowie einer in *Visual Basic .Net 2.0* erstellten Softwarekomponente realisiert.[687] Bestandteil der VBA-Makros ist u.a. der indirekte Schreib- und Lesezugriff auf die Catia-Datenbank, in der die DMUs abgelegt sind.
- Der Austausch von Daten zwischen den ersten beiden Komponenten wird über eine Schnittstelle (3) realisiert.

[685] Einen vertiefenden Einblick in die Erstellung von OCX-Komponenten mittels *Borland Delphi 7* gibt u.a. W. Doberenz und T. Gewinnus (2007), S.65ff.
[686] Das Softwareprodukt *genesisWorld* ist in der Entwicklungsumgebung *Borland Delphi 7* erstellt, weshalb zur Sicherstellung der Kompatibilität die Erweiterungskomponente von *genesisWorld* ebenfalls in *Borland Delphi 7* entwickelt wurde.
[687] Zur Vertiefung von *Microsoft Visual Basic .Net* vgl. u.a. M. Schüttengruber (2006), S.35ff., Microsoft Corporation (2004), S.4ff. sowie J. Richter (2002), S.3ff.

Im Folgenden wird die prototypische Umsetzung der in Abschnitt 7.1.5 erläuterten Anforderungen innerhalb der drei genannten Bereiche vorgestellt.

8.3.1 Prototypische Erweiterung des CRM-Anwendungssystems

Ausgangspunkt der Erläuterung der prototypischen Erweiterung des CRM-Anwendungssystems ist die in Abbildung 59 dargestellte Arbeitsoberfläche von *genesisWorld*. Auf der linken Seite befindet sich darin die so genannte Schaltzentrale, die einen schnellen Zugriff auf Objekte der unterschiedlichen Klassen ermöglicht.

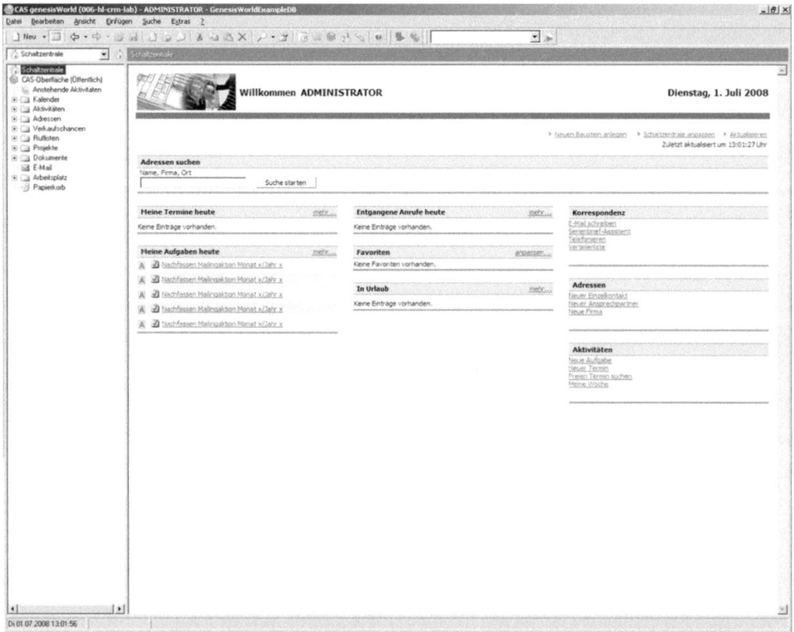

Abbildung 59: Arbeitsoberfläche *genesisWorld*

Bestandteil der Erweiterung von *genesisWorld* ist das Hinzufügen der Klasse Kunden-Feature in die Schaltzentrale (vgl. Abbildung 60 (1)). Hierüber ist der direkte Aufruf einer Listenansicht der bestehenden Kunden-Feature-Objekte möglich (2).

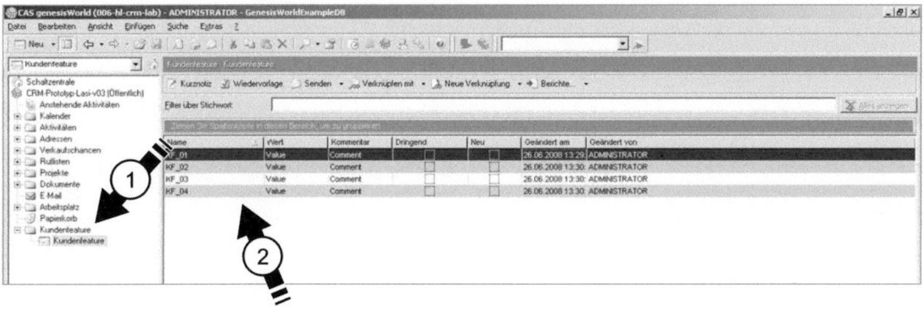

Abbildung 60: Erweiterte Schaltzentrale

Das Erstellen von neuen bzw. die Bearbeitung bestehender Kunden-Features erfolgt über eine neue Oberfläche (Kunden-Feature-Fenster), die dem System über ein OCX hinzugefügt wurde (vgl. Abbildung 61). Um dem Benutzer eine intuitive Benutzung der zusätzlichen Funktionen zu ermöglichen, orientiert sich die Gestaltung der neuen Maske an den bestehenden *genesisWorld* Eingabemasken.

Im oberen Bereich des Kunden-Feature-Fensters sind diejenigen Funktionen verfügbar, die innerhalb von *genesisWorld* auf alle Objekte angewendet werden können. Dazu gehören z.B. das Erstellen einer Kurznotiz zu einem Objekt, das Erstellen einer Wiedervorlage, die Ausgabe von Objekten in unterschiedlichen Berichtsformen sowie das Verknüpfen von Objekten unterschiedlicher Klassen wie Kunde oder Verkaufschance.[688] Die in diesem Kontext erfassten Informationen verbleiben im CRM-System und gehen gemäß den in Abschnitt 7.1.5 genannten Anforderungen nicht in DMUs ein.

Der mittlere Bereich des Kunden-Feature-Fensters ist analog zur *genesisWorld* Eingabemaske in drei Sub-Formulare (*TSMain*, *Journal* und *Akte*) aufgeteilt, die über einen entsprechenden Reiter ausgewählt werden können.

Das Sub-Formular *TSMain* (Standard) enthält zwei Drop-Down Felder, mittels denen eine Zuordnung des ausgewählten Kunden-Features mit einem Produkt und/oder Part vorgenommen werden kann (vgl. Abschnitt 7.1.5).

Zentraler Bestandteil dieses Fensters ist die mittig positionierte Eingabemaske zur Erfassung und Darstellung der Attribute des ausgewählten Kunden-

[688] Vgl. CAS (2005c).

Features. Die Änderung des Feature-Namens ist gemäß der in Abschnitt 7.1.5 erläuterten Anforderung nur für neue Kunden-Features möglich.

Im unteren Teil des Fensters sind im rot umrandeten Bereich die für die Administration von Kunden-Features notwendigen Funktionen enthalten, die beim Vorliegen der notwendigen Berechtigung angezeigt werden.

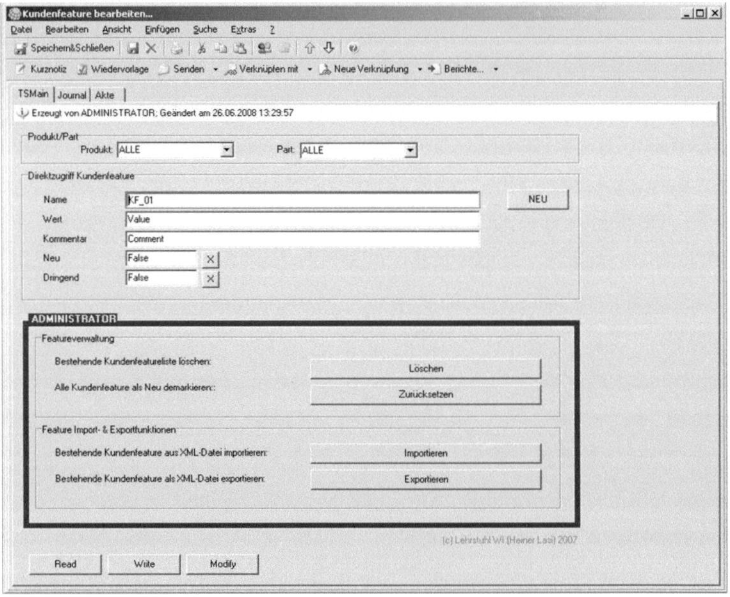

Abbildung 61: Eingabemaske Kunden-Feature – TSMain

Im Sub-Formular *Journal* wird die Historie des ausgewählten Kunden-Features tabellarisch angezeigt (vgl. Abbildung 62). Diese Ansicht beinhaltet gemäß den in Abschnitt 7.1.5 genannten Anforderungen eine Auflistung aller Änderungen sowie die dazugehörigen Attribute (z.B. Änderungsdatum und Sachbearbeiter).[689]

[689] Vgl. CAS (2005c).

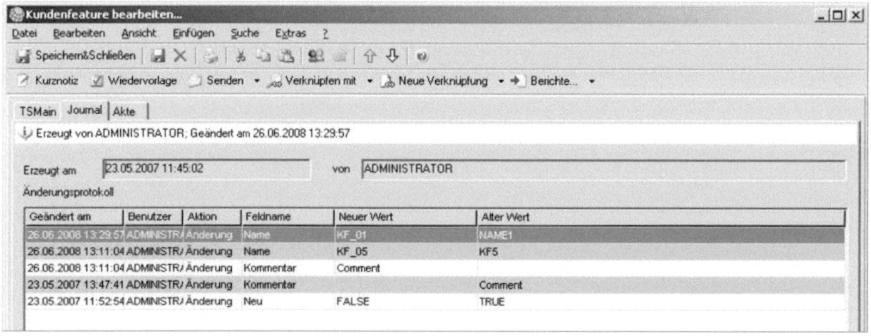

Abbildung 62: Eingabemaske Kunden-Feature - Journal

Über das Sub-Formular *Akte* erhält der Anwender eine tabellarische Darstellung der mit dem Kunden-Feature verknüpften Objekte wie z.B. Aktivitäten, Dokumente oder Verkaufschancen (vgl. Abbildung 63). Analog hierzu sind die in den *Akten* aufgeführten Objekte, die mit Kunden-Features verknüpft sind, referenziert.[690]

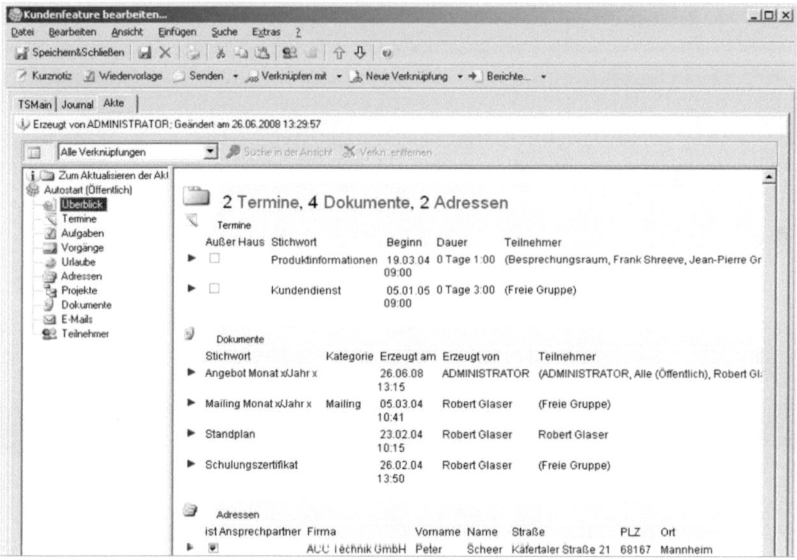

Abbildung 63: Eingabemaske Kunden-Feature - Akte

[690] Vgl. CAS (2005c).

Die in *genesisWorld* implementierte Schnittstelle zum Austausch der Kunden-Feature-Daten ist Bestandteil von Abschnitt 8.3.3.

Mittels der dargestellten prototypischen Erweiterung von *genesisWorld* sind folgende Teilziele der prototypischen Realisierung erreicht:

- Der im Fachkonzept erläuterte Anwendungsfall *produktorientiertes Kundenwissen erfassen* (vgl. Abschnitt 7.1.1, Use Case I) kann innerhalb des erweiterten CRM-Systems durchgeführt werden.
- Das *Anwenden von kundenorientiertem Produktwissen an der Kundenschnittstelle* wird gemäß dem in Abschnitt 7.1.4 dargestellten Use Case IV vom erweiterten CRM-System unterstützt.
- Bei der Erweiterung des CRM-Systems konnten alle Anforderungen, die im Rahmen des Use Cases I sowie des Use Cases IV an ein kundenorientiertes Anwendungssystem erhoben wurden, erfüllt werden.

Die Erprobung der Durchführbarkeit der genannten Use Cases schließt sich in Abschnitt 8.4 an.

8.3.2 Prototypische Erweiterung des CAD-Anwendungssystems

Die Arbeitsoberfläche von *CATIA V5*, die den Ausgangspunkt der Erläuterung der prototypischen Erweiterung des CAD-Anwendungssystems darstellt, ist in Abbildung 64 ersichtlich. Diese kann eine 2D- oder 3D-Darstellung des geöffneten Produktes oder Parts beinhalten. Auf der linken Seite befinden sich die Bestandteile des DMU innerhalb einer Baumstruktur. Die Baumstruktur enthält dabei sowohl geometrische als auch die jeweils dazu verknüpften semantischen Features.

Im Rahmen der prototypischen Erweiterung werden zunächst die vorhandenen DMUs mittels eines Templates um die Feature-Klasse *Kunden-Feature* erweitert.[691] Durch diese Erweiterung wird die Baumstruktur von Produkten bzw. Parts innerhalb der Arbeitsoberfläche von *CATIA* um einen ‚Container' ergänzt (vgl. Abbildung 64, (1)), in dem dann Kunden-Feature-Objekte erstellt oder be-

[691] Das Anlegen einer Klasse ‚Kunden-Feature' ist notwendig, da beim Hinzufügen neuer Kunden-Features eine Vererbung von Attributen erfolgen muss.

reits in der Feature-Bibliothek[692] vorhandene Kunden-Feature-Objekte eingefügt werden können.[693] Alle Kunden-Feature-Objekte, die sich innerhalb dieses Containers befinden, werden als dem entsprechenden Part/Produkt zugeordnet interpretiert.[694] Damit können jedem Part/Produkt spezifische Kunden-Features zugeordnet werden. Existieren innerhalb eines Produktes mehrere Kunden-Features mit identischem Namen in Containern unterschiedlicher Parts, so tragen diese Parts zur Erfüllung eines ‚Kunden-Merkmales' bei.

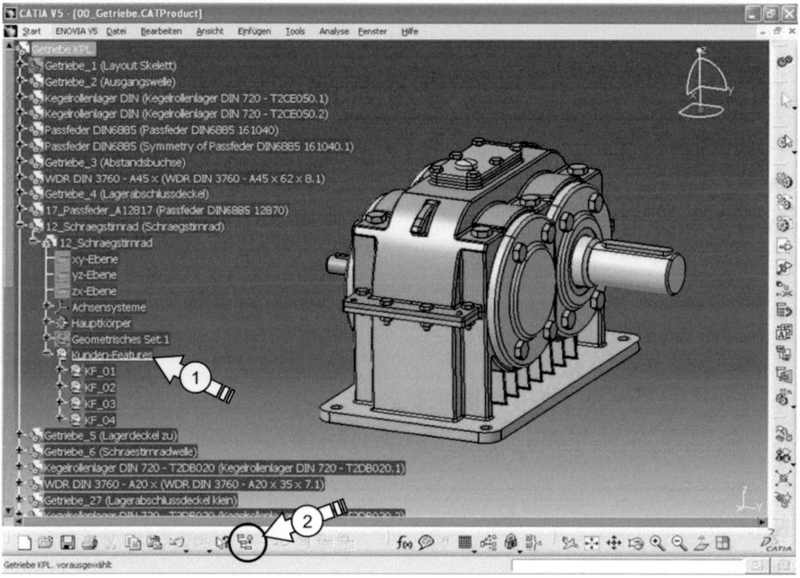

Abbildung 64: Arbeitsoberfläche Catia V5

Mittels der bisherigen Erweiterungen des DMU innerhalb von *CATIA* sind folgende Teilziele des Konzepts prototypisch realisiert:

- Kundenwissen ist mittels semantischer Kunden-Features strukturiert sowie explizit in DMUs verfügbar.

[692] Kunden-Features können analog zu Features anderer Klassen in der *CATIA* Feature-Bibliothek gespeichert werden.

[693] Gemäß dem in Abschnitt 7.1.2 dargestellten Use Case II erfolgt die Instanziierung im Rahmen der Produktentwicklung innerhalb der Konstruktion von Form-Features.

[694] Beim Einfügen von Kunden-Feature-Objekten aus der Feature-Bibliothek in den Container ‚Kundenfeature' werden neue Objekte mit identischem Feature-Name instanziiert.

- Kunden-Features können dezidiert Parts sowie Produkten zugeordnet werden, wodurch eine 'Verantwortlichkeit zur Erfüllung von Kundenanforderungen' abgebildet ist.
- Die *Stimme des Kunden* ist innerhalb der Arbeitsumgebung sowie in der *Sprache von Ingenieuren* in produktorientierten Unternehmensbereichen verfügbar.

Gemäß den in den Use Cases II und III dargestellten Anforderungen ist es weiterhin erforderlich, Kunden-Features innerhalb der produktorientierten Anwendungssysteme in einer für Produkt- bzw. Qualitätsmanager angepassten Oberfläche darstellen und bearbeiten zu können.[695] Diese Anforderung ist in der prototypischen Umsetzung im Modul *cXFeatureware* enthalten, das aus der erweiterten *CATIA*-Oberfläche über eine Schaltfläche in der unteren Symbolleiste erreicht werden kann (vgl. Abbildung 64 (2)).

Die Standardoberfläche der prototypischen Erweiterung *cXFeatureware* ist in Abbildung 65 dargestellt. In diesem Modul werden analog zur CATIA-Oberfläche Produkte in einer Baumstruktur abgebildet. Die oberste Ebene enthält den Namen des geöffneten Produktes, aus dem anhand der Farbcodierung der Status der darin enthaltenen Kunden-Feature-Objekte bereits ersichtlich ist (vgl. Abbildung 65 (1)). Bei der prototypischen Realisierung können dabei drei Zustände angenommen werden:

- Ist der Produktname in der Standardfarbe *schwarz* abgebildet, so enthält das Produkt inklusive aller darin enthaltenen Parts keine Kunden-Feature-Objekte, die neu bzw. geändert sind oder einen als ‚kritisch' markierten Zustand besitzen.
- Ein in *blau* dargestellter Produktname bedeutet, dass das Produkt bzw. die darin enthaltenen Parts mindestens ein Kunden-Feature-Objekt enthalten, das neu ist bzw. geändert wurde. Als ‚kritisch' markierte Kunden-Feature-Objekte sind nicht vorhanden.
- Sind als ‚kritisch' eingestufte Kunden-Feature-Objekte einem Produkt oder einem dazugehörigen Part zugeordnet, so wird der Produktname in

[695] Vgl. Abschnitt 7.3.2.

roter Farbe hervorgehoben. Ein Vorhandensein neuer bzw. geänderter Kunden-Feature-Objekte innerhalb eines Produktes wird in diesem Fall nicht signalisiert.

Die zweite Ebene der Baumstruktur enthält alle im Produkt enthaltenen Parts. Sind einem Part zugeordnete Kunden-Feature-Objekte vorhanden, so ist ein weiterer Drill-down möglich. Die Farbcodierung der Part-Namen entspricht der erläuterten Codierung der Produktnamen (vgl. Abbildung 65 (2)).
Die dritte Ebene enthält die den Parts zugeordneten Kunden-Feature-Objekte. Diese sind ebenfalls entsprechend dem Produktname bzw. dem Part-Name farbcodiert (vgl. Abbildung 65 (3)).

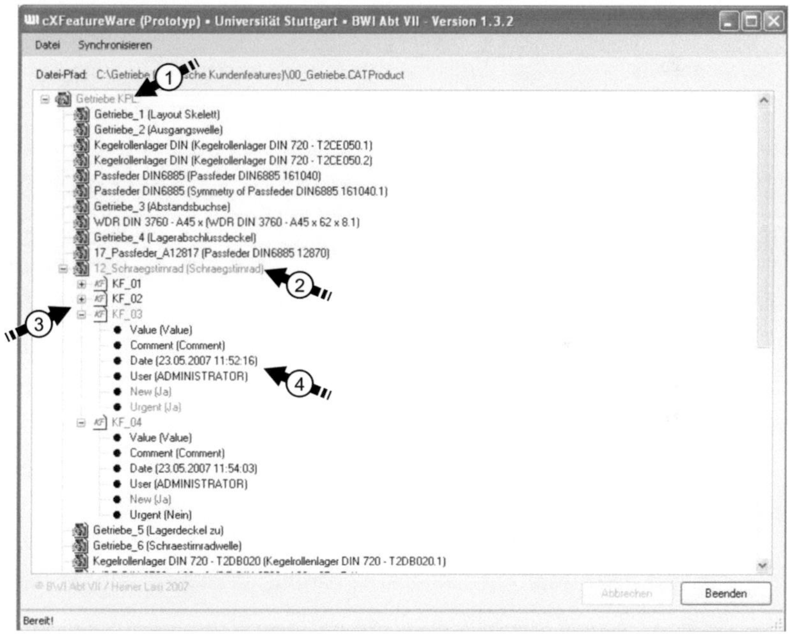

Abbildung 65: Oberfläche *cXFeatureware*

Wie aus Abbildung 65 (4) ersichtlich, sind die Attribute zu Kunden-Feature-Objekten in einer vierten Ebene sichtbar. Ebenfalls in dieser Oberfläche enthalten sind die Historieinformationen zur letzten Änderung des Kunden-Feature-

Objektes. Das Editieren von Attributen der Kunden-Feature-Objekte kann über einen Doppelklick erfolgen. Damit ist es möglich, die produktorientierte Verwaltung von Kunden-Feature-Objekten über das Modul *cXFeatureware* durchzuführen. Des Weiteren ist mit der dargestellten erweiterten Funktionalität eine grobe Analyse von Produkten aus Kundensicht möglich.

Mit der gezeigten Erweiterung sind folgende zusätzliche Funktionen, die weitere Möglichkeiten der Produktanalyse ermöglichen, grundsätzlich realisierbar:[696]

- Durch das Vertauschen der Dimensionen *Parts* und *Kunden-Feature-Objekte* in *cXFeatureware* besteht die zweite Ebene der Baumstruktur aus den einem Produkt zugeordneten Kunden-Feature-Objekten. Die dritte Ebene enthält in diesem Fall die den Kunden-Feature-Objekten zugeordneten Parts. Diese Anordnung gibt einen schnellen Überblick darüber, welche Parts zur Erfüllung eines Kunden-Feature-Objektes beitragen.
- Wird die Dimension Kunden-Feature-Objekte als unabhängige Variable angenommen, so stellt diese die erste Ebene der Baumstruktur dar. Durch Drill-down in die zweite und dritte Ebene ist in diesem Fall eine Betrachtung von Produkten ausgehend von der Kundensicht möglich. Hierdurch werden Analysen machbar, die aufzeigen, welche Produkte mittels welcher Parts, welche Kunden-Features in welchem Umfang erfüllen.
- Die bisher dargestellten Analysen beziehen sich auf konkrete Produkte. Wird als Betrachtungsgegenstand statt realer Produkte die Feature-Bibliothek angenommen, so eröffnet sich die Möglichkeit, die Methoden der featurebasierten Konstruktion[697] auf die Kunden-Features auszuweiten und damit eine Kunden-Feature basierte Konstruktion zu ermöglichen.

[696] Die erläuterten zusätzlichen Analysefunktionen basieren auf den im Modul *cXFeatureware* realisierten Grundfunktionen. Eine Implementierung der zusätzlichen Analysefunktionen in den aktuellen Stand der prototypischen Realisierung ist nicht erfolgt, da mit der Grundfunktionalität sowie der beispielhaft implementierten Ansicht die Machbarkeit dieser Analysefunktionen bereits gezeigt wurde.

[697] Vgl. Abschnitt 4.2.3

Durch die innerhalb des Moduls *cXFeatureware* realisierten Funktionalitäten sind im Rahmen der prototypischen Umsetzung folgende Teilziele erreicht:

- Darstellung der Charakterisierung von Produkten aus Kundensicht innerhalb produktorientierter Anwendungssysteme
- Möglichkeit des Reportings von als ‚dringend' gekennzeichneten sowie neuen Kunden-Feature-Objekten als Auslöser von Produktverbesserungsprozessen
- Möglichkeit der permanenten Durchführung von Qualitätsanalysen aus Kundensicht

Mit dem Erreichen dieser Teilziele sowie der über die Erweiterung des DMU erreichten Teilziele ist die Durchführbarkeit der in Abschnitt 7.1 dargestellten Use Cases II und III innerhalb eines Standard-CAD-Systems gegeben.

Auf Grund der bisher erfolgten getrennten Betrachtung der prototypischen Erweiterung von *genesisWorld* sowie von *CATIA*, ist die Schnittstelle zur Übertragung von Kunden-Feature-Objekten bisher noch nicht thematisiert worden. Dies schließt sich im folgenden Abschnitt an.

8.3.3 Prototypische Realisierung der Datenschnittstelle

Neben der Erweiterung eines CAD-Anwendungssystems sowie eines CRM-Anwendungssystems ist die dritte wesentliche Komponente der prototypischen Realisierung des Integrationskonzepts die Schaffung einer Schnittstelle zum Austausch von Daten (vgl. Abbildung 58).[698]

Bei der Gestaltung von Schnittstellen kann grundsätzlich nach dem Automatisierungsgrad in vollautomatische und teilautomatische Datenschnittstellen unter-

[698] Als Schnittstelle wird im Kontext dieses Kapitels die Festlegung eines Austauschformates zur Übertragung von Daten zwischen mindestens zwei Anwendungssystemen verstanden, um eine Integration auf Datenebene zu erreichen. Vgl. hierzu P. Mertens (2005), S.2, H. R. Hansen und G. Neumann (2001), S.1042ff. sowie S. Conrad, W. Hasselbring, A. Koschel und R. Tritsch (2006), S.18.

schieden werden.[699] Des Weiteren ist im Kontext der Datenintegration ein Integrationsansatz zu wählen.[700]

Die Zielsetzung bei der Realisierung der Datenübertragung zwischen dem CAD- und dem CRM-Anwendungssystem innerhalb der prototypischen Umsetzung ist es, die grundsätzliche Machbarkeit zu demonstrieren. Dies kann mit einer teilautomatischen Schnittstelle gezeigt werden. Da die Realisierung einer vollautomatischen Schnittstelle einen wesentlich höheren Aufwand erfordert, wird die Datenübertragung im Rahmen dieser Arbeit als teilautomatische Schnittstelle mit einer Punkt-zu-Punkt-Verbindung zwischen den beiden Systemen realisiert.

Die bidirektional zu übertragenden Daten zwischen den beteiligten Anwendungssystemen sind Kunden-Feature-Objekte. Da es sich hierbei um strukturierte Daten handelt, werden als Datenaustauschformat *Extensible Markup Language* (XML)-Dokumente[701] verwendet.[702]
Die zu realisierenden Schnittstellen bestehen damit aus der Funktionalität, Kunden-Feature-Objekte in XML-Dokumente exportieren sowie Kunden-Feature-Objekte aus XML-Dokumenten importieren zu können.
Auf Grund der unterschiedlichen Programmiersprachen muss diese Schnittstelle zum einen in *Visual Basic* sowie zum anderen in *Delphi 7* realisiert werden (vgl. Abbildung 58 (3)). Der Austausch zwischen den Modulen findet über eine Textdatei statt.

---

[699] Unter einer vollautomatisierten Schnittstelle wird ein Datenaustausch zwischen Anwendungssystemen ohne einen Benutzereingriff verstanden. Im Gegensatz hierzu ist bei einer manuellen Schnittstelle eine Benutzeraktion erforderlich. Vgl. P. Mertens (2005), S.8 sowie M. Meyer und S. Weingärtner (2002), S.209f.

[700] Der Integrationsansatz beschreibt den Weg, über den die Datenintegration realisiert werden soll (vgl. M. Kaib (2004), S.67). Hierbei ist zwischen den Grundtypen der Schaffung von Punkt-zu-Punkt-Verbindungen sowie der Realisierung einer Hub-and-Spoke-Architektur zu unterscheiden. Vgl. hierzu T. Winkeler, E. Raupbach und L. Westphal (2001), S.8f., M. Meyer und S. Weingärtner (2002), S.209f., M. Hunsicker (2002), 256f. und M. Kaib (2004), S.68ff. Zur Diskussion der Ansätze vgl. u.a. M. Kaib (2004), S.68ff.

[701] Im Rahmen dieser Arbeit wird die vom World Wide Web Consortium (W3C) entworfene XML-Spezifikation in der Version 1.0 angewendet. Zum Aufbau von XML-Dokumenten vgl. H. R. Hansen und G. Neumann (2001), S.1045ff., E. R. Harold und W. S. Means (2005), S.12ff., U. Hammerschall (2005), S.113ff. sowie K. Samaschke (2006), S.36ff.

[702] Zu dokumentenzentrierten Datenaustauschformaten sowie deren Eignung zum Import und Export von strukturierten Daten vgl. H. R. Hansen und G. Neumann (2001), S.1042ff.

```
<?xml version="1.0" encoding="UTF-8" standalone="yes"?>
<!--
 Dieses Dokument ist ein maschinell generiertes Datentransferformat des Programms:
 "Universität Stuttgart - BWI Abt VII - cXFeatureware" .NET 2.0 für CATIA V5R16.
-->
<Kundenfeature>
  <Row>
    <KFID>0001</KFID>
    <PoID>1234</PoID>
    <PaID>5678</PaID>
    <Name>KF1</Name>
    <Value>Value</Value>
    <Comment>NEU 1</Comment>
    <Date>14.01.2008 11:12:13</Date>
    <User>User1</User>
    <New>Nein</New>
    <Urgent>Ja</Urgent>
  </Row>
  <Row>
    <KFID>0002</KFID>
    <PoID>1234</PoID>
    <PaID>6789</PaID>
    <Name>KF2</Name>
    <Value>Value</Value>
    <Comment>NEU 2</Comment>
    <Date>15.01.2008 15:31:00</Date>
    <User>User2</User>
    <New>Ja</New>
    <Urgent>Nein</Urgent>
  </Row>
  <Row>
  ...
  ...
  </Row>
</Kundenfeature>
```

Abbildung 66: Beispielhaftes XML-Dokument

Die Syntax eines für den Austausch von Kunden-Feature-Objekten beispielhaft erstellten XML-Dokumentes ist in Abbildung 66 abgebildet. Wie daraus ersichtlich, enthalten die von *cXFeatureware* generierten XML-Dokumente gemäß der Spezifikation zunächst einen Dokumenten-Header (Prolog), welcher die XML-Deklaration enthält.[703] Im Rahmen der prototypischen Realisierung wird der XML-Deklaration ein Kommentar angehängt, der angibt, von welcher *cXFeatureware* Komponente das Dokument erstellt wurde.

[703] Vgl. K. Samaschke (2006), S.36f.

Auf den Prolog folgt das Eltern-Tag *Kundenfeature*[704], das die mittels der XML-Datei zu übertragenden Kunden-Feature-Objekte umschließt. Einzelne Kunden-Feature-Objekte werden darin als Datensatz innerhalb des Tags *Row* beschrieben. Gemäß der in Abschnitt 8.1.1 dargestellten Datensicht der prototypischen Realisierung enthält jeder Datensatz folgende Attribute:

- den Primärschlüssel <KFID>, welcher ganzzahlige Werte enthält und den Datensatz eindeutig identifiziert
- die Produkt ID <PoID> des zugeordneten Produktes sowie die Part ID <PaID> des zugeordneten Parts
- der Tag <Name> umschließt den Namen des Kunden-Feature-Objektes
- den Wert eines Kunden-Feature-Objektes (Tag <Value>)
- einen Bereich für Kommentare, welcher vom Tag <Comment> umschlossen ist
- das Attribut ‚Neu' (Tag <New>)
- das Attribut ‚Dringend' (Tag <Urgent>)
- die Tags <Date> und <User> enthalten den Zeitpunkt der letzten Veränderung des Kunden-Feature-Objektes sowie den Namen des Benutzers, der diese Änderung veranlasst hat. Zur Bildung einer Historie wird der Inhalt dieser beiden Tags in den Modulen *cXFeatureware* zu den bestehenden Einträgen hinzugefügt

Durch die Verwendung einer auf XML-Dokumenten basierenden Schnittstelle ergeben sich folgende weitere Optionen:

- Die Schnittstelle ist über das Hinzufügen weiterer Tags erweiterbar. Damit lassen sich zusätzliche Anforderungen an die Ausgestaltung von Kunden-Feature-Objekten und deren Attributswerte einfach umsetzen.
- Eine Durchführung weiterer Analysen von Kunden-Feature-Objekten kann mittels Analyseanwendungssystemen erfolgen. Eine Vielzahl an Analyse-Tools verfügt bereits über XML-Schnittstellen, so dass ein Import von Kunden-Feature-Objekten in solche Systeme möglich ist.[705]

[704] In der prototypischen Umgebung wird der Begriff ‚Kunden-Feature' als ‚Kundenfeature' verwendet, um Syntax-Probleme mit dem Sonderzeichen ‚-' zu vermeiden.
[705] Vgl. C. Bange und S. Schwalm (2005), S.210.

- Als Erweiterung der prototypischen Umsetzung ist anstelle des XML-Dokumentes ein direkter Datenaustausch mit PDM- bzw. PLM-Systemen im XML-Format vorstellbar. Mit diesem Schritt wäre ein Hub-and-Spoke Integrationsansatz erreicht.

Die Initiierung des Datenaustausches erfolgt in der vorliegenden Umsetzung manuell. Zur Durchführung der Vorgänge sind in beiden *cXFeatureware*-Modulen Schaltflächen zum Starten eines Import- bzw. Exportvorganges vorhanden. Wie aus Abbildung 67 ersichtlich, steht diese Funktion nur Benutzern mit einer entsprechenden Berechtigung zur Verfügung.

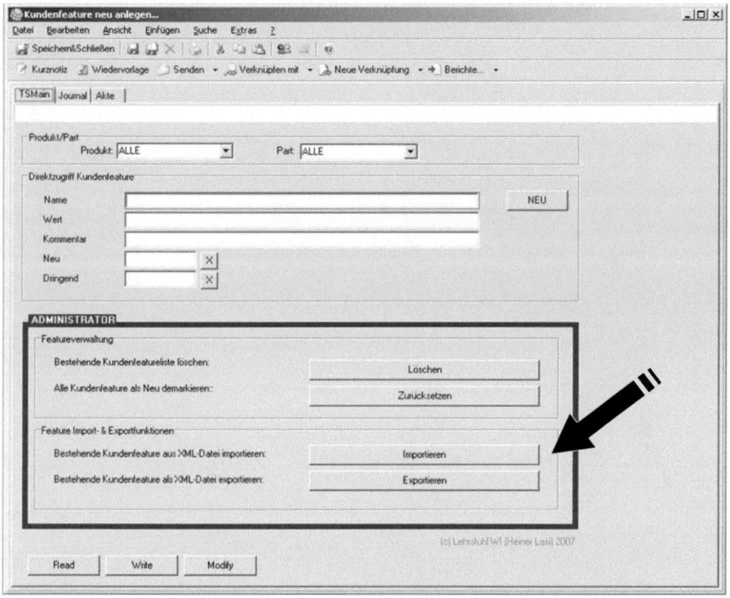

Abbildung 67: Import und Export von Kunden-Feature-Objekten in *genesisWorld*

In Abbildung 68 ist die Realisierung der Import- und Exportauslösung innerhalb der *cXFeatureware*-Oberfläche dargestellt.

Abbildung 68: Manuelle Synchronisation in *cXFeatureware*

Nach Abschluss einer erfolgreichen Durchführung der Exportfunktion erhält der Anwender eine Bestätigung (vgl. Abbildung 69).

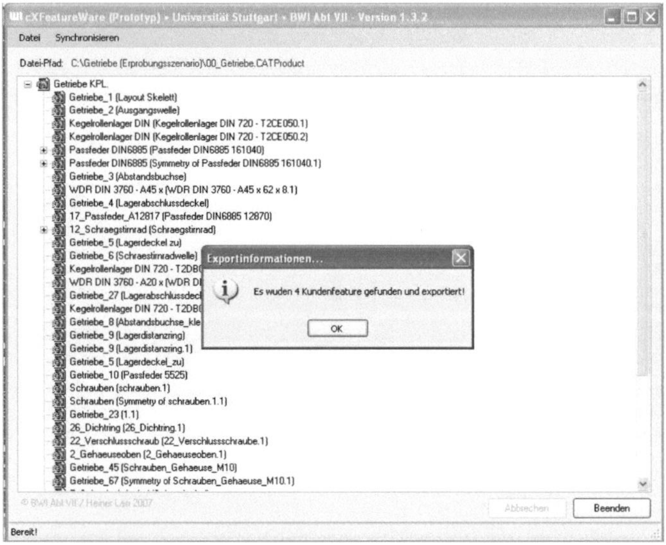

Abbildung 69: Exportieren von Kunden-Feature-Objekten aus *cXFeatureware*

Beim Import von XML-Dokumenten an der Schnittstelle von *cXFeatureware* führt das jeweilige Modul einen Abgleich mit den bereits bestehenden Kunden-Feature-Objekten durch. Die sich durch den Import ergebenden Änderungen werden dem Benutzer in einer Informationsmaske berichtet (vgl. Abbildung 70).

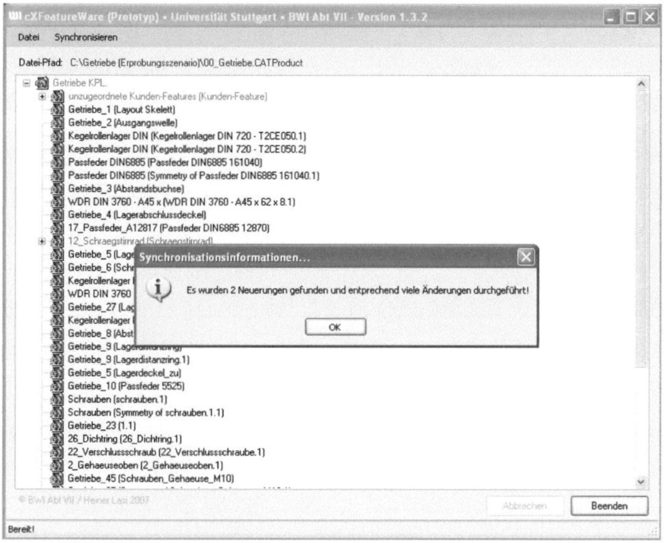

Abbildung 70: Importieren von Kunden-Feature-Objekten in *cXFeatureware*

Mit der prototypischen Realisierung der Schnittstelle zwischen dem erweiterten CRM-System (vgl. Abschnitt 8.3.1) und dem erweiterten CAD-System (vgl. Abschnitt 8.3.2) ist die prototypische Umsetzung des Konzepts abgeschlossen.

Die Zielsetzung der prototypischen Umsetzung ist es, eine Durchführung der Use Cases I bis IV (vgl. Abschnitt 7.1) in bestehenden Anwendungssystemen zu ermöglichen. Die Überprüfung des Erreichens dieses Zieles sowie die Erprobung des Integrationskonzepts mittels der dargestellten prototypischen Realisierung ist Bestandteil des folgenden Abschnitts.

8.4 Erprobung und Analyse der prototypischen Umsetzung

Die Erprobung der prototypischen Umsetzung erfolgt mit Hilfe einer beispielhaften Durchführung der in Abschnitt 7.1 dargestellten Use Cases. Hierzu wurde anhand der empirischen Erkenntnisse ein Erprobungsszenario entwickelt, welches einen typischen Fall in der Praxis darstellt (vgl. Abschnitt 5.2).

Im Folgenden werden daher zunächst die angenommenen Rahmenbedingungen des Erprobungsszenarios dargelegt. Darauf folgend werden die Durchführung sowie die Erkenntnisse aus der Durchführung erläutert.

8.4.1 Darstellung des Erprobungsszenarios

Zur Durchführung der Erprobung wird ein im Kontext dieser Arbeit typisches Unternehmen angenommen, welches folgende Rahmenbedingungen erfüllt:

- *Annahme 1: Bei dem betrachteten Unternehmen handelt es sich gemäß dem Fokus dieser Arbeit um einen industriellen mittelständischen Betrieb (vgl. Abschnitt 2.2).*

  Diese Annahme trägt mit dazu bei, dass die Komplexität des Erprobungsszenarios überschaubar bleibt. Würde als Umfeld des Erprobungsszenarios eine Konzernstruktur angenommen werden, so wäre die Durchführung auf Grund einer Vielzahl an beteiligten Unternehmensbereichen und Entscheidungsträgern wesentlich umfangreicher, ohne dass hierdurch ein Erkenntniszuwachs gewonnen würde.
- *Annahme 2: Das beispielhaft dargestellte Unternehmen hat eine funktionale Organisationsstruktur (vgl. Abschnitt 2.6) und verfügt u.a. über die Unternehmensbereiche F&E, Produktion, Marketing, Vertrieb und Service.*

  Diese Annahme trägt dazu bei, dass eine auf die Konzeptentwicklung aufbauende Darstellung ermöglicht wird. Auf die Erkenntnisse, welche die fachliche und funktionale Erprobung der prototypischen Umsetzung betreffen, hat diese Annahme keine Auswirkungen.
- *Annahme 3: In den Bereichen Marketing, Vertrieb und Service wird zur Unterstützung dieser Bereiche ein einziges Anwendungssystem eingesetzt. Dieses ist im Erprobungsszenario die prototypisch erweiterte Version von genesisWorld V7.*

  Die Annahme, dass ein einziges Anwendungssystem eingesetzt wird, ist notwendig, um einen Einsatz mehrerer Anwendungssysteme in unterschiedlichen kundenorientierten Bereichen bzw. zur Unterstützung unterschiedlicher Funktionen auszuschließen. Diese Situation, die im Rahmen der empirischen Untersuchung mehrfach angetroffen wurde, würde vorgelagerte Integrationsaktivitäten bei den bestehenden Anwendungssystemen erforderlich machen. Des Weiteren würde eine solche Situation die Erweiterung aller im Einsatz befindlichen kundenorientierten Anwendungssysteme bedingen.

- *Annahme 4: Die Entwicklungs- und Konstruktionsprozesse werden gemäß der VDI-Richtlinie 2221 durchgeführt (vgl. Abschnitt 4.1).*
  Diese Annahme gewährleistet, dass bei der Durchführung des Erprobungsszenarios der Einsatz von etablierten Methoden zum Entwickeln und Konstruieren technischer Systeme und Produkte gemäß dieser VDI-Richtlinie Anwendung findet. Hierzu zählt insbesondere die im vorliegenden Konzept enthaltene Unterscheidung in Neu- und Weiterentwicklung eines Produktes sowie die sich daraus ergebenden Konstruktionsabläufe, auf denen das vorliegende Konzept aufbaut.
- *Annahme 5: Eine weitere Annahme betrifft die Implementierung von QFD. Als Voraussetzung wird die Anwendung von zumindest den ersten zwei Phasen des QFD-Prozesses in der Produktentwicklung angenommen.*
  Gemäß dieser Anforderung kann bei der Durchführung des Erprobungsszenarios die fachliche Zuordnung von Kundenanforderungen zu Baugruppen und Bauteilen (Parts) im Rahmen des QFD-Prozesses mittels eines *House of Quality* angenommen werden (vgl. Abschnitt 4.1.2). Daraus ergibt sich, dass eine für die genannte Zuordnung verantwortliche Instanz innerhalb des Erprobungsszenarios als gegeben vorausgesetzt werden kann. Eine organisatorische Implementierung dieser Instanz wird daher im Rahmen der Erprobung nicht weiter thematisiert.
- *Annahme 6: In allen produktorientierten Unternehmensbereichen werden featurebasierte CAx-Anwendungssysteme eingesetzt, welche über eine Integration auf Datenebene verfügen.*
  Für die Implementierung des Konzepts ist die Verwendung von DMUs über die Funktionsbereiche Entwicklung und Produktion hinweg eine notwendige Voraussetzung (vgl. Abschnitt 7.2). Dies wird über die Annahme einer vorhandenen Integration auf Datenebene innerhalb der produktorientierten Unternehmensbereiche gewährleistet. Als beispielhaftes featurebasiertes CAx-Anwendungssystem wird im Erprobungsszenario das prototypisch erweiterte CAD-System *CATIA* V5R16 eingesetzt.

- *Annahme 7: Bei dem im Erprobungsszenario beispielhaft verwendeten Produkt handelt es sich um ein (komplexes) Investitionsgut.*

  Zur Erprobung des vorliegenden Konzepts sind vor allem Produkte geeignet, die neben einem definierten Einsatzzweck auch auf Grund ihrer Komplexität mehrere, vom Einsatzort abhängige sowie vom Kunden wahrnehmbare Anforderungen erfüllen. Die Komplexität kann sich dabei sowohl auf Grund einer hohen Anzahl an Parts, die die Zielerreichung des Produktes beeinflussen, als auch aus den Randbedingungen, welche zum Teil erst im Betrieb als solche erkannt werden, ergeben. Diese Merkmale sind bei mechanischen Komponenten von technischen Investitionsgütern in besonderem Maße gegeben. Deshalb wird im Erprobungsszenario ein *einstufiges Stirnradgetriebe* als beispielhaftes Produkt gewählt.[706] Die Annahme 7 impliziert weiter, dass als Substitut für dieses Produkt grundsätzlich Mitbewerberprodukte verfügbar sind. Dies ist Voraussetzung, um im Erprobungsszenario das Erfassen von Kundenwissen über Mitbewerberprodukte darstellen zu können.

Mit diesen getroffenen Annahmen ist die Durchführung des Erprobungsszenarios in einer praxisnahen Konfiguration gewährleistet. Der Ablauf des Erprobungsszenarios entspricht hierbei einer produktlebenszyklusorientierten Durchführung der in Abschnitt 7.1 erstellten Use Cases (vgl. Abbildung 71).

[706] Einstufige Stirnradgetriebe sind charakterisiert durch zwei parallele Wellen, auf denen je ein außenverzahntes Zahnrad (Stirnrad) sitzt. Sie kommen in der Praxis als Komponente von mechanischen Investitionsgütern z.B. bei Generatoren, Verdichtern, Pumpen, in der Förder- und Automatisierungstechnik sowie bei unterschiedlichsten Arbeitsmaschinen zur Anpassung der Drehzahl- und des Drehmomentes zum Einsatz. Hierbei sind je nach Einsatzzweck unterschiedliche Anforderungen von Relevanz (z.B. Drehzahlbereich, Leistungsbereich, Übersetzungsbereich, Einbaugröße, Gewicht oder Spiel). Zur Gestaltung und Spezifikation von Stirnradgetrieben vgl. u.a. H. Haberhauer und F. Bodenstein (2007), S.515ff. sowie G. Niemann und H. Winter (1989), S.31ff.

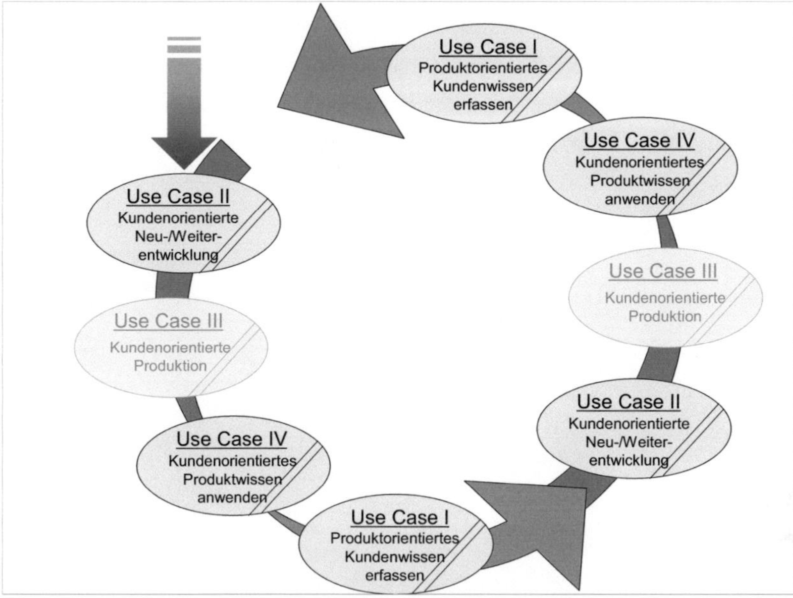

Abbildung 71: Erprobungsszenario der prototypischen Realisierung

8.4.2 Durchführung der Erprobung

Als Startpunkt der Erprobung wird auf Grund der lebenszyklusorientierten Gestaltung des Erprobungsszenarios der Use Case II gewählt. Gemäß dem Beginn eines Produktlebenszykluses mit der Neuentwicklung wird für den Use Case II bei der ersten exemplarischen Durchführung im Erprobungsszenario die Variante Use Case IIa (Neuentwicklung) gewählt, mit der Annahme, dass es sich um einen Folgezyklus handelt.[707] Damit beginnt das Erprobungsszenario mit der Neuentwicklung eines einstufigen Stirnradgetriebes, zu dessen Produktkategorie bereits Kunden-Features vorliegen.

8.4.2.1 Erprobungsszenario Schritt 1

Gemäß der in Abschnitt 4.1 dargestellten methodischen Vorgehensweise bei der Entwicklung von Produkten erfolgt in den ersten Konstruktionsphasen zu-

[707] Die Annahme eines Folgezykluses beinhaltet, dass die Implementierung des Konzepts (Erweiterung der DMUs um die Klasse Kunden-Feature, Erfassung von Kundenwissen an der Kundenschnittstelle gemäß Use Case I etc.) bereits erfolgt ist.

nächst die Planung und Konzipierung. Für das im Erprobungsszenario zu konstruierende Stirnradgetriebe werden diese Phasen als abgeschlossen angenommen. Damit kann, auf Basis der in Abschnitt 8.4.1 dargestellten Randbedingungen, das Vorhandensein eines *House of Quality* für das Stirnradgetriebe unterstellt werden.[708]

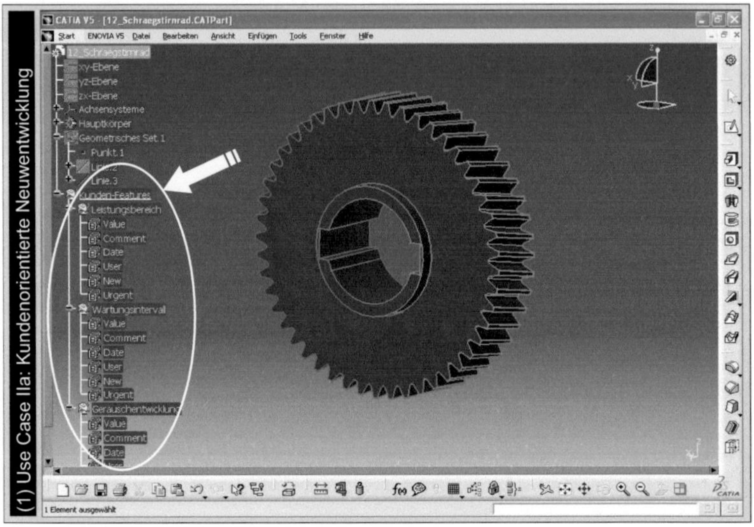

Abbildung 72: Kunden-Features auf Part-Ebene

Die beispielhafte Durchführung des Erprobungsszenarios beginnt daher mit der Gestaltung des Stirnradgetriebes innerhalb des erweiterten CAD-Anwendungssystems (Konstruktion im engeren Sinne). Im Erprobungsszenario wurde die Konstruktion mittels der ‚Zusammensetzung' aus 35 bestehenden Parts simuliert.[709]

- Hierbei wurden beispielhaft einigen geometrischen Elementen Kunden-Feature-Objekte, auf die diese Einfluss haben, zugeordnet. In Abbildung 72 ist als Beispiel die Konstruktionsoberfläche eines Schrägstirnrades

[708] Auf die Durchführung des TQM-Prozesses mit dem *House of Quality* als Artefakt wird im Rahmen der Erprobung nicht näher eingegangen, da es sich hierbei um die Anwendung von etablierten Methoden handelt.

[709] Die Konstruktion von Parts im engeren Sinne ist im Rahmen dieser Arbeit nicht erfolgt. Auf die Erkenntnisse der Erprobung des Konzepts hat dies keine einschränkenden Auswirkungen, da die Erstellung geometrischer Elemente nicht Bestandteil des Konzepts ist.

dargestellt, das als Part im konstruierten Stirnradgetriebe Verwendung findet. Im Beispiel beeinflusst das Schrägstirnrad den *Leistungsbereich*[710], das *Wartungsintervall*[711] sowie die *Geräuschentwicklung*[712] des Getriebes. Da es sich bei diesen drei Eigenschaften um vom Kunden wahrgenommene Merkmale handelt, wurden diese dem Part im Rahmen der Konstruktion als exemplarische Kunden-Features mit beispielhaften Attributswerten zugeordnet.

- Analog hierzu wurden folgende weitere exemplarische Zuordnungen von Kunden-Features zu Parts mit beispielhaften Attributswerten vorgenommen:
  - Lastwechselschlag[713] zu Passfeder DIN 6885 und
  - Vibration[714] zu Kegelrollenlager.
- Die vom Kunden wahrnehmbare Eigenschaft *Wärmeentwicklung*[715] wird als zunächst nicht berücksichtigt angenommen. Damit kann diese zu einem späteren Zeitpunkt im Erprobungsszenario als Kunden-Feature hinzugefügt werden (vgl. Abschnitt 8.4.2.3).
- Im Erprobungsszenario wird als eine kundenbasierte Anforderung an das Stirnradgetriebe ein Leistungsbereich von mindestens 15 kW angenommen. Die Auswahl bzw. Erstellung der Parts kann hierbei u.a. auf der Eignung aus Kundensicht, d.h. der Ausprägung der Kunden-Features basieren. Im Erprobungsszenario erfolgt beispielsweise die Auswahl des Stirnradpaares u.a. nach der Spezifikation des Leistungsbereiches. Die Einhaltung dieser Spezifikation kann damit direkt über den Wert eines Kunden-Feature-Objektes geprüft werden.

---

[710] Unter dem *Leistungsbereich* eines Getriebes wird die übertragbare Leistung verstanden (vgl. H. Haberhauer und F. Bodenstein (2007), S.515). Dieser wird bei einem einfachen Stirnradgetriebe hauptsächlich durch die Ausprägungen der Zahnräder, der Wellen sowie der Lager determiniert.

[711] Unter *Wartung* werden in Anlehnung an DIN 31051 *„alle Maßnahmen zur Verzögerung des Abbaus des vorhandenen Abnutzungsvorrats“* verstanden (DIN (2003), S.3). Das Wartungsintervall ist damit der vom Hersteller vorgegebene max. Zeitraum zwischen zwei Wartungen.

[712] Die *Geräuschentwicklung* bezeichnet die Abgabe von Schwingungen im Frequenzbereich des hörbaren Schalls (vgl. DIN (1985), S.2).

[713] Der *Lastwechselschlag* bezeichnet das Verhalten eines Zahnradpaares bei Änderung der Last. Einflussgrößen hierauf sind das Flankenspiel, das Radial- und Axialspiel sowie das Eintrittsspiel (vgl. hierzu DIN (1976), S.17f. und DIN (1978), S.2ff.).

[714] Unter *Vibration* werden in diesem Zusammenhang wahrnehmbare, deterministische und stochastische Schwingungen von mechanischen Bauteilen verstanden (Vgl. DIN (2000b), S.2f.).

[715] Die *Wärmeentwicklung* bezeichnet die thermische Veränderung der Bezugstemperatur an der Bauteiloberfläche. Vgl. hierzu DIN (1993), S.3 und DIN (2004), S.6f.

Nach dem ‚Zusammenbau' der Parts ist das in Abbildung 73 dargestellte Getriebe entstanden.[716]

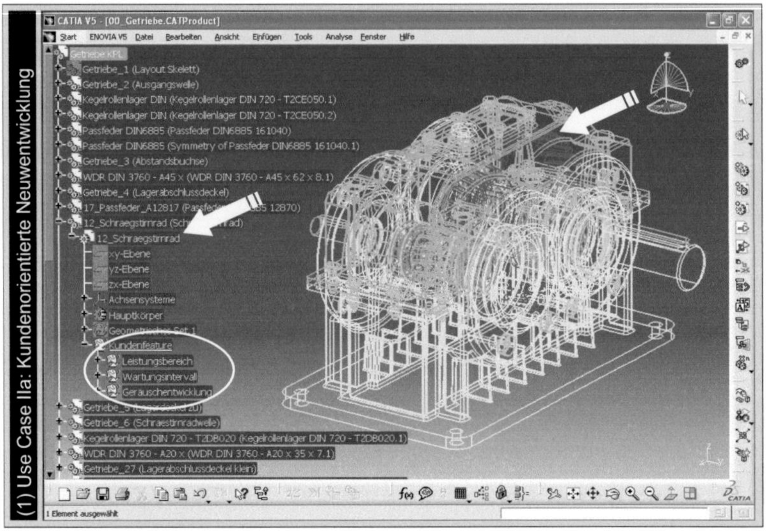

Abbildung 73: Kunden-Features im 3D-Produkt-Explosionsmodell

Wie am Beispiel Schrägstirnrad dargestellt, lassen sich innerhalb der prototypischen CAD-Umgebung Kunden-Feature-Objekte auf Part-Ebene hinzufügen und editieren. Des Weiteren ist eine Übersicht der im Produkt enthaltenen Kunden-Features in der *cXFeatureware*-Oberfläche innerhalb des CAD-Systems möglich (vgl. Abbildung 74). Diese Sicht charakterisiert damit das konstruierte Produkt aus Kundensicht.[717]

Mit der beispielhaften Durchführung der Konstruktion eines Stirnradgetriebes wurde die Machbarkeit der Umsetzung des Konzepts in Bezug auf eine kundenorientierte Entwicklung von Produkten mit Hilfe von Kunden-Features inner-

[716] Das im Erprobungsszenario verwendete Stirnradgetriebe inklusive aller Parts wurde fachlich als Demonstrationsobjekt von Dassault Systèmes entwickelt.

[717] Mit der Darstellung kann die generelle Machbarkeit einer Visualisierung der Kundensicht innerhalb der CAD-Anwendungsumgebung gezeigt werden. Die Darstellungsweise entspricht dabei nicht den gestalterischen Anforderungen an ein produktives Anwendungssystem.

halb gewohnter Anwendungssysteme gezeigt.[718] Die im Rahmen der Durchführung gewonnenen Erkenntnisse werden in Abschnitt 8.4.3 erläutert und diskutiert.

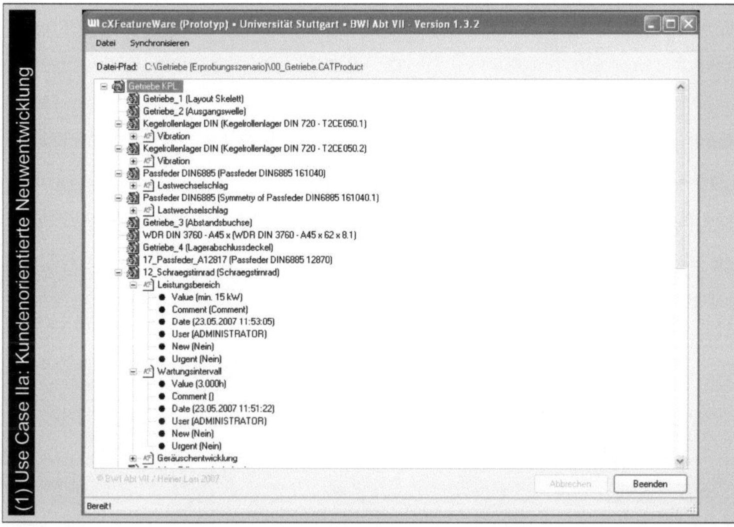

Abbildung 74: Kunden-Feature Sicht in cXFeatureware

Gemäß dem lebenszyklusorientierten Ablauf des Erprobungsszenarios schließt sich an die kundenorientierte Entwicklung (Use Case II) die kundenorientierte Produktion (Use Case III) an. Dieser Use Case wurde, wie in Abschnitt 8.3 erläutert, im Rahmen der prototypischen Realisierung nicht separat umgesetzt. Daher wird dieser Use Case im Erprobungsszenario übersprungen. Auf die Durchführung des Use Cases II folgt damit im Erprobungsszenario die Durchführung von Use Case IV.

8.4.2.2 Erprobungsszenario Schritt 2

Im Erprobungsszenario wird nach Abschluss des ersten Schrittes angenommen, dass das entwickelte Stirnradgetriebe produziert und am Markt angeboten

[718] Bei der Konstruktion des Getriebes handelt es sich um eine im Konzept zu Grunde gelegte kundenorientierte Konstruktion, da die Auswahl der Parts bzw. die Gestaltung der Parts im Falle einer Erstellung derselben auf Basis der kundenorientierten Anforderungen gemäß dem *House of Quality* erfolgt.

wird. Damit kann in einem nächsten Schritt die Erprobung des Use Cases IV (kundenorientiertes Produktwissen anwenden) erfolgen.

Wie in Abschnitt 7.1.4 dargestellt, läuft der Use Case IV an der Kundenschnittstelle ab. Dieser Use Case wird daher von dem prototypisch erweiterten CRM-Anwendungssystem unterstützt. Bevor eine Anwendung von kundenorientiertem Produktwissen zu einem neuen Produkt an der Kundenschnittstelle erfolgen kann, ist innerhalb der prototypischen Realisierung eine manuelle Synchronisation der Kunden-Feature-Objekte mittels des Moduls *cXFeatureware* notwendig (vgl. Abschnitt 8.3.3). In Abbildung 75 ist die Durchführung der Synchronisation im Erprobungsszenario innerhalb der prototypischen Umgebung dargestellt.

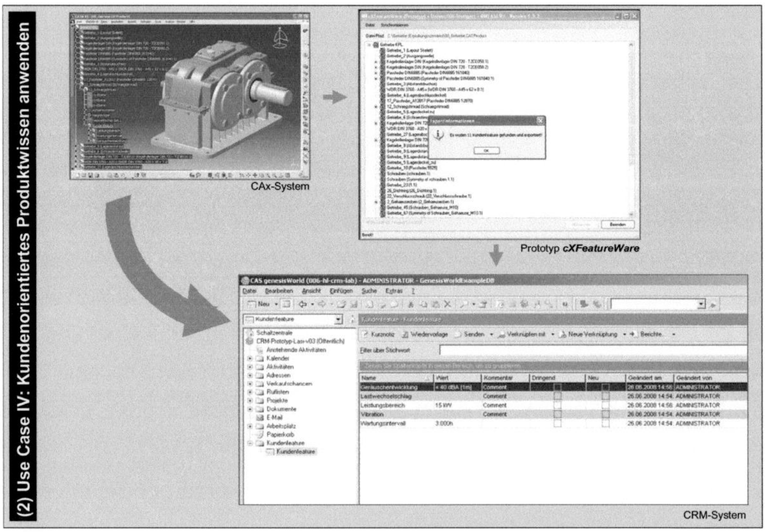

Abbildung 75: Synchronisation von Kunden-Feature-Objekten im Erprobungsszenario

Nach der Durchführung der Synchronisation liegen im erweiterten CRM-Anwendungssystem die Kunden-Feature-Objekte des in Schritt 1 erstellten Stirnradgetriebes vor. In der Erprobungsumgebung kann danach exemplarisch gezeigt werden, wie mittels der beispielhaften Kunden-Feature-Objekte *Leistungsbereich*, *Wartungsintervall*, *Geräuschentwicklung*, *Lastwechselschlag* und

Vibration die in Abschnitt 7.1.4 dargestellten Marketing-, Vertriebs- und Serviceprozesse unterstützt werden können:[719]

- Die vom Kunden wahrnehmbaren technischen Spezifikationen des Stirnradgetriebes (z.B. der *Leistungsbereich*) sind innerhalb der CRM-Oberfläche im Zugriff und können damit verkaufsfördernd eingesetzt werden (vgl. Abbildung 76). Als Beispiel hierfür wird im Erprobungsszenario ein Verkaufsgespräch herangezogen. Der Außendienstmitarbeiter ist mittels der Kunden-Feature-Objekte in die Lage versetzt, innerhalb des CRM-Systems verkaufsunterstützende Argumente (z.B. *Wartungsintervall* oder *Leistungsbereich*) direkt im Zugriff zu haben.
- Die Durchführung von Analysen über Kunden-Feature-Objekte zu z.B. Kundenreklamationen ist im erweiterten CRM-System grundsätzlich möglich.[720] Damit ist das in Abschnitt 7.1.4 genannte Szenario der Durchführung von proaktiven Wartungs- und Reparaturmaßnahmen innerhalb des Erprobungsszenarios machbar.
- Die Durchführung von Marketingmaßnahmen, die gezielt auf den Einsatz von Produktfunktionen ausgerichtet werden, ist im prototypisch erweiterten CRM-System darstellbar. Hierzu wird beispielhaft im System eine Kampagne angelegt, die als Filterkriterium den Wert des Attributes *Vibration* hat. Entsprechend diesem Kriterium werden vom CRM-System alle Kundenadressen selektiert, die über eine Verknüpfung zu dem Produkt mit dementsprechend ausgeprägten Kunden-Feature-Objekten verfügen. Diesen Kunden könnten dann z.B. regelmäßig neue Schwingungsdämpfer angeboten werden.

---

[719] Die in Abschnitt 7.1.4 dargestellten Szenarien des Use Cases IV, welche eine Unterstützung in Bezug auf geänderte Kunden-Feature-Objekte beinhalten, werden im Rahmen des 5. Schrittes des Erprobungsszenarios (vgl. Abschnitt 8.4.2.5) dargestellt.

[720] Die genannten Analysefunktionen basieren auf den in CAS *genesisWorld* vorhandenen Reportingfunktionen. Eine Implementierung weiterer Analysefunktionen in den aktuellen Stand der prototypischen Realisierung ist nicht erfolgt, da mit den vorhandenen Reportingwerkzeugen bereits die Machbarkeit dieser Analysefunktionen gezeigt werden kann.

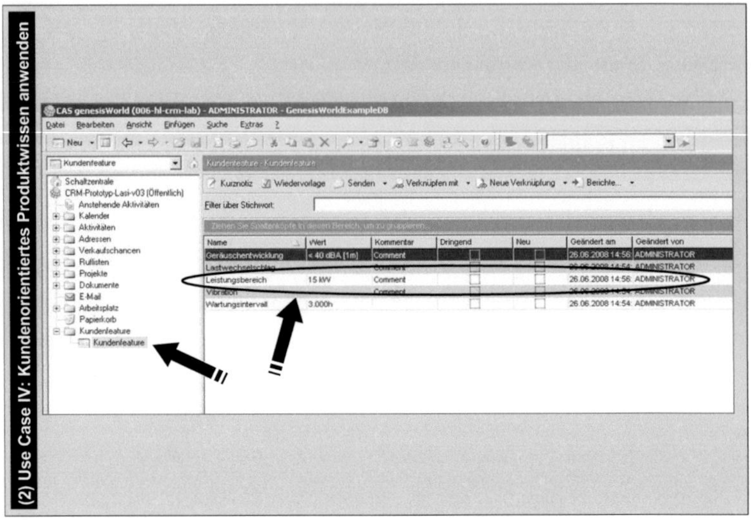

Abbildung 76: Produktauswahl mit Hilfe von Kunden-Feature-Attributen

Mit der beispielhaften Durchführung des Use Cases IV wurde die grundsätzliche Machbarkeit der Umsetzung des Konzepts in Bezug auf die Anwendung von kundenorientiertem Produktwissen an der Kundenschnittstelle innerhalb gewohnter CRM-Anwendungssysteme gezeigt. Die im Rahmen der Durchführung gewonnenen Erkenntnisse werden in Abschnitt 8.4.3 erläutert und diskutiert.

Gemäß dem lebenszyklusorientierten Ablauf des Erprobungsszenarios schließt sich an den Use Case IV die Erfassung von produktorientiertem Kundenwissen (Use Case I) an.

8.4.2.3 Erprobungsszenario Schritt 3

In einem dritten Schritt wird die Durchführung des Use Cases I (Erfassung von produktorientiertem Kundenwissen an der Kundenschnittstelle) mit Hilfe der prototypischen Umgebung erprobt. Nach dem Stand des Erprobungsszenarios wird in diesem Use Case das strukturierte Erfassen von Kundenwissen zu dem konkreten Beispielprodukt Stirnradgetriebe durchgeführt. Außerdem erfolgt in diesem Schritt das beispielhafte Erfassen von Kundenwissen zu Merkmalen von Getrieben, zu denen im Erprobungsszenario noch keine Kunden-Feature-Objekte existieren.

Dieser Use Case läuft an der Kundenschnittstelle ab. Daher erfolgt die Unterstützung durch das prototypisch erweiterte CRM-Anwendungssystem.

- Zum Erfassen bzw. Ändern von Attributen zu bereits bestehenden Kunden-Feature-Objekten ist zunächst die Selektion des betreffenden Kunden-Feature-Objektes notwendig. Dies erfolgt in der Kunden-Feature-Übersicht, die direkt über die Schaltzentrale[721] aufgerufen werden kann (vgl. Abbildung 76). Mittels eines Doppelklicks auf ein Kunden-Feature-Objekt öffnet sich die Eingabemaske ‚Kundenfeature bearbeiten'. Innerhalb dieser Eingabemaske lassen sich die Attribute des editierten Kunden-Feature-Objektes erfassen bzw. ändern (vgl. Abbildung 77). Erfolgte Änderungen werden im Journal vom System automatisch protokolliert und können über den Reiter *Journal* eingesehen werden. Im Erprobungsszenario wird auf Grund einer angenommenen Kundenrückmeldung in das Attributsfeld ‚Kommentar' des Kunden-Feature-Objektes *Wartungsintervall* die Information *„Mitbewerberprodukte verfügen über 4.000h Wartungsintervall; Kunden erwarten daher ein höheres Wartungsintervall*" eingetragen. Da eine Änderung eines Attributes erfolgt ist, wird zusätzlich das Attribut ‚Neu' auf „*Ja*" (True) gesetzt.[722]

[721] Als ‚Schaltzentrale' wird bei *genesisWorld* die auf der linken Seite der CRM-Oberfläche verfügbare Navigationsleiste bezeichnet. Diese wurde im vorliegenden Prototyp um das Objekt ‚Kundenfeature' erweitert.

[722] Das Konzept sieht vor, dass eine Änderung des Attributes ‚Neu' bei einer Änderung von Attributswerten vom System automatisch erfolgt. Innerhalb der prototypischen Umsetzung wurde dies nicht realisiert, so dass eine manuelle Änderung des Attributswertes ‚Neu' vorgenommen werden muss.

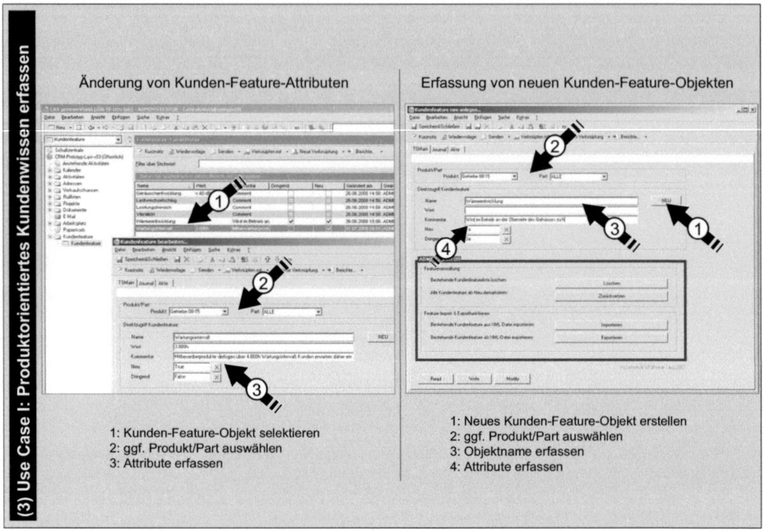

Abbildung 77: Erfassen von Kunden-Feature-Attributen und -Objekten

- Das Anlegen neuer Kunden-Feature-Objekte erfolgt ebenso über die oben dargestellte Eingabemaske. Zunächst wird hierbei über die Schaltfläche ‚Neu' ein neues Kunden-Feature-Objekt instanziiert. Im Erprobungsszenario wird das Szenario angenommen, dass ein Kunde den Außendienstmitarbeiter darauf hinweist, dass ein verbautes Stirnradgetriebe Probleme bereitet, da es an der Oberseite zu heiß wird. Da im angenommenen Erprobungsszenario die ‚Wärmeentwicklung' im Rahmen der Produktentwicklung nicht berücksichtigt wurde, besteht hierzu noch kein Kunden-Feature-Objekt. Der Außendienstmitarbeiter legt daher das neue Kunden-Feature-Objekt *Wärmeentwicklung* im System an. Da der Außendienstmitarbeiter technisch nicht beurteilen kann, welche Parts Einfluss auf die Wärmeentwicklung haben, ordnet er das Kunden-Feature-Objekt nur dem Produkt ‚Stirnradgetriebe' zu. Zusätzlich erfasst er die Attribute ‚Kommentar' („*Wird im Betrieb an der Oberseite des Gehäuses zu heiß*") sowie ‚Neu' („*Ja*") und ‚Dringend' („*Ja*") (vgl. Abbildung 77). Um die Herkunft der Kundenanforderung zu dokumentieren, erstellt der Außendienstmitarbeiter eine Verknüpfung des Kunden-Feature-Objektes ‚Wärmeentwicklung' mit dem Kunden sowie der Aktivität (Servicegespräch).[723]

Nach der Durchführung eines exemplarischen Use Case I erfolgt gemäß der Festlegung des Erprobungsszenarios eine erneute Durchführung des Use Cases II (kundenorientierte Neu-/Weiterentwicklung, vgl. Abbildung 71).

8.4.2.4 Erprobungsszenario Schritt 4

Die erneute Durchführung des Use Cases II im Erprobungsszenario erfolgt im Vergleich zu der in Abschnitt 8.4.2.1 dargestellten Durchführung mit folgenden geänderten Rahmenbedingungen:

- das Produkt Stirnradgetriebe existiert bereits, so dass es sich bei der wiederholten Durchführung um eine Weiterentwicklung des Produktes handelt.
- Zu diesem Produkt gibt es geänderte sowie neue Kunden-Feature-Objekte, die an der Kundenschnittstelle erfasst wurden.

Damit die innerhalb des erweiterten CRM-Anwendungssystems aktualisierten Kunden-Feature-Objekte in der CAD-Umgebung verfügbar sind, muss zunächst eine Synchronisation der Kunden-Feature-Objekte erfolgen. Dies geschieht analog zur in Abschnitt 8.4.2.2 dargestellten Synchronisation mittels der Komponente *cXFeatureware* (vgl. Abbildung 78).

Wie in Kapitel 4 sowie in Abschnitt 7.1.2 bereits ausgeführt wurde, steht zu Beginn eines jeden Entwicklungsprozesses eine F&E-Veranlassung. Im Erprobungsszenario basiert diese Entwicklungsveranlassung auf dem Kundenfeedback, das im vorhergehenden Schritt des Erprobungsszenarios erfasst wurde.

[723] Diese Verknüpfung stellt die Voraussetzung zur Durchführung des Use Cases IV (kundenorientiertes Produktwissen anwenden) dar.

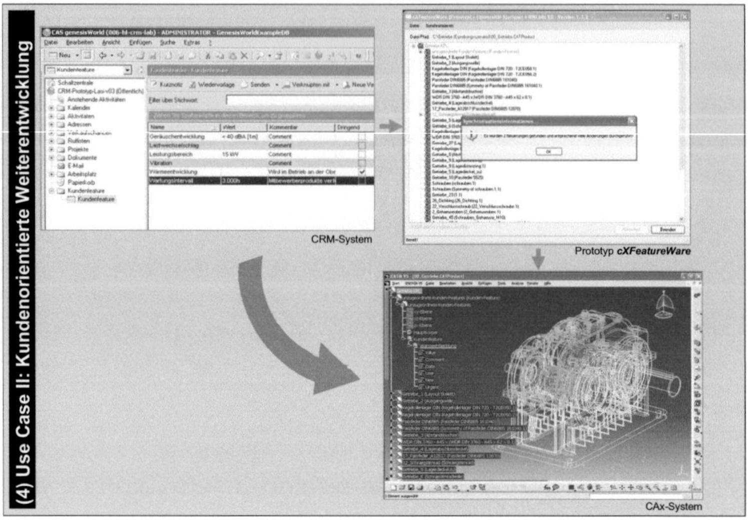

Abbildung 78: Synchronisation von Kunden-Feature-Objekten im Erprobungsszenario

Das Erprobungsszenario sieht vor, dass sich nach der Synchronisierung ein produktverantwortlicher Ingenieur zunächst eine Übersicht über das Kundenfeedback zu dem vorliegenden Stirnradgetriebe verschafft. Als erster Schritt innerhalb dieses Use Cases wird daher zunächst die kundenorientierte Produktsicht im erweiterten CAD-Anwendungssystem geöffnet (vgl. Abbildung 79). In dieser Oberfläche erhält der Anwender eine Übersicht über die dem Stirnradgetriebe zugeordneten Kunden-Feature-Objekte. Hierbei sind die geänderten bzw. neuen Kunden-Feature-Objekte wie folgt farblich codiert dargestellt:

- Das in Schritt drei geänderte Kunden-Feature-Objekte *Wartungsintervall* ist auf Grund der Attributwerte ‚Neu' (Ja) und ‚Dringend' (Nein) in blau dargestellt.
- Das in Schritt drei hinzugefügte Objekt *Wärmeentwicklung* ist auf Grund der Attributswerte ‚Neu' (Ja) und ‚Dringend' (Ja) in rot abgebildet.

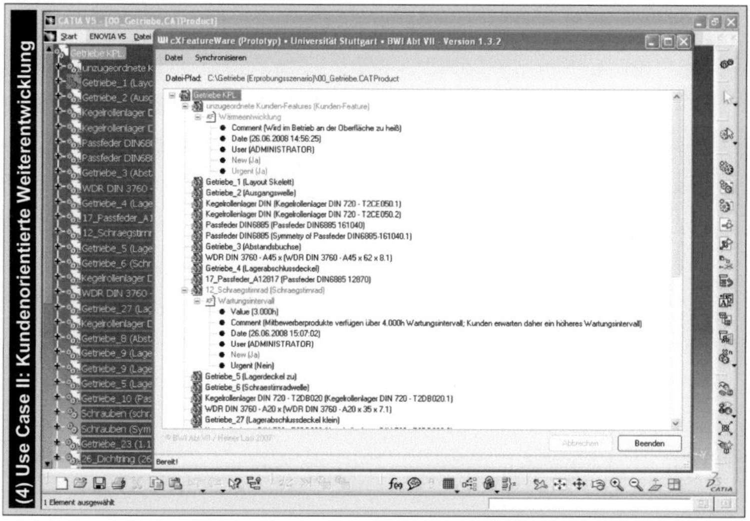

Abbildung 79: Kundenorientierte Produktsicht des Stirnradgetriebes

Im Erprobungsszenario wird im Folgenden angenommen, dass auf Grund des als dringend eingestuften Objektes *Wärmeentwicklung* eine Weiterentwicklung des Stirnradgetriebes initiiert wird. Diese Weiterentwicklung wird mit den folgenden Schritten in der prototypischen Umgebung simuliert:

- Zunächst wird das bisher nur dem Produkt zugeordnete Kunden-Feature-Objekt *Wärmeentwicklung* den dafür verantwortlichen Parts *Kegelrollenlager* (vier Stück) sowie den zwei *Schrägstirnrädern* zugeordnet.
- Aus Sicht des Produktverantwortlichen hat auch der im Getriebe zum Einsatz kommende Schmierstoff Einfluss auf die Wärmeentwicklung. Daher wird im DMU des Stirnradgetriebes ein semantisches Objekt *Schmierstoff* angelegt, dem ebenfalls das Kunden-Feature-Objekt *Wärmeentwicklung* zugeordnet wird.
- Es wird im Folgenden angenommen, dass eine konstruktive Veränderung an den Parts *Schrägstirnrad* vorgenommen wurde, die zu einer Änderung der Attributswerte der Kunden-Feature-Objekte *Wärmeentwicklung* sowie *Wartungsintervall* führen. Deshalb wird im Erprobungsszenario der Attributswert ‚Dringend' des Kunden-Feature-Objektes Wärme-

entwicklung auf „*Nein*" gesetzt, die Attributswerte ‚Neu' bei den betroffenen Kunden-Feature-Objekten *Wärmeentwicklung* und *Wartungsintervall* auf ‚Neu' (*Ja*) belassen. Zusätzlich führen die konstruktiven Veränderungen zu einer Verbesserung des Attributwertes ‚Wert' beim Kunden-Feature-Objekt *Wartungsintervall* auf den Wert „*4.500h*". Der Inhalt des Attributwertes ‚Kommentar' wird ebenfalls manuell auf „*Mitbewerberprodukte verfügen in der Regel nur über 4.000h*" geändert.

Mit diesen beispielhaft durchgeführten Änderungen am Stirnradgetriebe wird der zweite Durchlauf des Use Cases II im Erprobungsszenario als beendet betrachtet. Damit kann sich erneut die Durchführung des Use Cases IV (kundenorientiertes Produktwissen anwenden) anschließen.

8.4.2.5 Erprobungsszenario Schritt 5

Analog zur Durchführung des Use Cases IV im zweiten Schritt des Erprobungsszenarios (vgl. Abschnitt 8.4.2.2) wird auch an dieser Stelle angenommen, dass das weiterentwickelte Stirnradgetriebe produziert und am Markt angeboten wird. Um die Kunden-Feature-Objekte des weiterentwickelten Stirnradgetriebes im CRM-Anwendungssystem verfügbar zu machen, erfolgt zunächst eine erneute manuelle Synchronisation der Kunden-Feature-Objekte mittels des Moduls *cXFeatureware* (vgl. Abschnitt 8.3.3).

Nach der Durchführung der Synchronisation liegen im erweiterten CRM-Anwendungssystem die Kunden-Feature-Objekte des in Schritt 1 erstellten Stirnradgetriebes sowie die in Schritt 4 vorgenommenen Änderungen von Attributswerten der Kunden-Feature-Objekte *Wärmeentwicklung* und *Wartungsintervall* vor. Damit können an der Kundenschnittstelle neben den in Schritt 3 gezeigten u.a. folgende weitere Szenarien durchgeführt werden (vgl. Abschnitt 7.1.4):

- Die automatische Generierung von Benachrichtigungen an Vertriebsmitarbeiter auf Basis geänderter Kunden-Feature-Attributswerte, wie sie in der Darstellung des Use Cases IV in Abschnitt 7.1.4 erläutert ist, ist im aktuellen Stand der prototypischen Realisierung nicht implementiert. Die

Durchführung des diesbezüglich in Abschnitt 7.1.4 dargestellten Teils des Use Cases IV erfolgt im Rahmen des Erprobungsszenarios daher nur mittels einer manuellen Kontrolle von als ‚Neu' markierten Kunden-Feature-Objekten.[724]

Im Erprobungsszenario wird angenommen, dass der Vertriebsmitarbeiter, der auf Grund eines Kundenfeedbacks den Attributswert ‚Kommentar' des Kunden-Feature-Objektes *Wartungsintervall* verändert hatte (vgl. Abschnitt 8.4.2.3), im Vorfeld eines erneuten Kundenbesuches die mit dem Kunden verknüpften Kunden-Feature-Objekte betrachtet. Hierbei ist für ihn ersichtlich, dass eine Änderung des Attributswertes ‚Wert' des Kunden-Feature-Objektes *Wartungsintervall* auf Grund einer konstruktiven Weiterentwicklung (vgl. Abschnitt 8.4.2.4) erfolgt ist (vgl. Abbildung 80). Dies kann der Vertriebsmitarbeiter dann als Anlass nehmen, dem Kunden das verbesserte Stirnradgetriebe, welches nun seinen Anforderungen entspricht, anzubieten.

- Dieses Szenario kann gemäß dem in Abschnitt 7.1.4 dargestellten Use Case wie folgt erweitert werden: Mittels der Durchführung von Analysen über Kunden-Feature-Objekte zu z.B. Kundenreklamationen können proaktive Wartungs- und Reparaturmaßnahmen durchgeführt werden, die zu einer Erhöhung der Kundenzufriedenheit führen können. Im Erprobungsszenario wurde hierfür der im Folgenden dargestellte Anwendungsfall beispielhaft durchgeführt:[725]

  Ein Servicemitarbeiter erhält über einen Report aus dem erweiterten CRM-Anwendungssystem den Hinweis, dass das Kunden-Feature-Objekt *Wärmeentwicklung* nach einer Reklamation im Rahmen einer Produktweiterentwicklung geändert wurde. Innerhalb des produktorientierten CAD-Anwendungssystems ist nachvollziehbar, welche Parts bei der Weiterentwicklung zur Behebung der Reklamation konstruktiv verändert wurden. Im Beispiel wäre für den Servicemitarbeiter ersichtlich, dass

[724] Der Aufwand zur Implementierung dieser Funktionalität wurde auf Grund eines notwendigen ‚tiefen Eingriffes' in das *genesisWorld* CRM-System als sehr hoch eingeschätzt. Daher ist diese Funktion nicht prototypisch realisiert.

[725] Die genannten Analysefunktionen basieren auf den in CAS *genesisWorld* vorhandenen Reporting-Funktionen. Eine Implementierung weiterer Analysefunktionen in den aktuellen Stand der prototypischen Realisierung ist nicht erfolgt, da mit den vorhandenen Reporting-Werkzeugen bereits die Machbarkeit dieser Analysefunktionen gezeigt werden kann.

die Änderung der Schrägstirnräder einen Einfluss auf die Wärmeentwicklung hat. Auf Basis dieser Information wäre er in die Lage versetzt, bei den Kunden, bei denen das Problem ebenfalls auftauchen könnte, proaktiv die Schrägstirnräder zu wechseln.

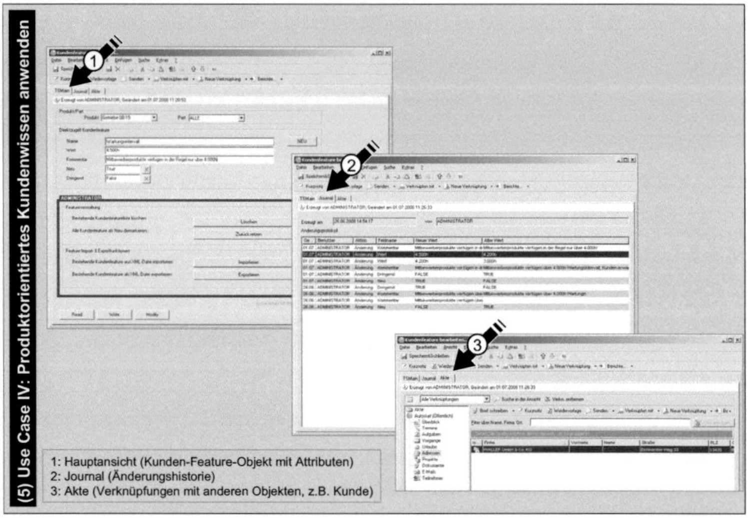

Abbildung 80: Ansicht geänderter Kunden-Feature-Objekte im CRM-Anwendungssystem

Anhand der Durchführung dieser beiden Szenarios konnte gezeigt werden, dass eine Unterstützung der Kundenschnittstelle durch Kunden-Feature-Objekte im Rahmen der Weiterentwicklung von Produkten grundsätzlich wie auf Basis des Konzepts realisierbar ist.

Gemäß dem in Abbildung 71 dargestellten Ablauf des Erprobungsszenarios, folgt auf die Anwendung des kundenorientierten Produktwissens wiederum der Use Case I (produktorientiertes Kundenwissen erfassen). Dieser Schritt wird im folgenden Abschnitt dargestellt.

8.4.2.6 Erprobungsszenario Schritt 6

Die erneute Durchführung des Use Cases I erfolgt an der Kundenschnittstelle analog zu dem in Abschnitt 8.4.2.2 dargestellten Szenario. Eine erneute Darstellung erfolgt daher nicht. Das in diesem Durchlauf erfasste Kundenwissen steht damit ebenfalls wieder in den produktorientierten Anwendungssystemen zur Verfügung und kann wieder den Auslöser für eine Weiter- oder Neuentwicklung eines Produktes darstellen. Damit ist der in Abbildung 71 dargestellte Erprobungsprozess (ab-)geschlossen.

Mit der Durchführung der in diesem Abschnitt dargestellten sechs Schritte des Erprobungsszenarios konnte gezeigt werden, dass die Zielsetzung des Konzepts, nämlich die Schaffung eines permanenten Kreislaufes, in dem

- Kundenwissen an der Kundenschnittstelle erfasst wird,
- dieses dann in den produktorientierten Unternehmensbereichen zur Verbesserung von Produkten und Produktionsprozessen eingesetzt werden kann und danach
- als kundenorientiertes Produktwissen die Kundenschnittstelle unterstützt,

mittels kundenbasierter Feature-Objekte in Verbindung mit Standard-Anwendungssystemen gemäß dem in Kapitel 7 erstellten Konzept realisiert werden kann.

Aussagen, die über die Machbarkeit der Umsetzung dieses Konzepts hinausgehen, wurden bisher nicht getroffen. Dies ist Bestandteil des folgenden Abschnitts, in dem die Erkenntnisse aus der Durchführung der Erprobung kritisch diskutiert werden.

8.4.3 Erkenntnisse aus der Erprobung

Die prototypische Umsetzung wurde anhand der Darstellung der Durchführung des Erprobungsszenarios gemäß dem vorhergehenden Abschnitt auf mehreren Fachveranstaltungen Experten aus der Wissenschaft und Praxis vorgestellt und mit diesen diskutiert.[726]

[726] Vgl. Fußnote 462.

Die Lösung stieß dabei durchweg auf viel Zuspruch. Die in den Diskussionen vorgebrachten Anmerkungen und Anregungen lassen sich im Wesentlichen vier Kategorien zuordnen:

- organisatorische Implementierung des Konzepts,
- Ausdehnung des Konzepts auf die Supply-Chain,
- weitere Vertiefung der zusätzlichen Analysemöglichkeiten und
- Übertragbarkeit des Konzepts auf immaterielle Produkte und Dienstleistungen.

Im Folgenden werden die Anmerkungen und Anregungen innerhalb dieser Kategorien näher betrachtet und diskutiert.

8.4.3.1 Organisatorische Implementierung des Konzepts

Bei der Durchführung des Erprobungsszenarios wurde gezeigt, dass Kundenwissen mittels der im Konzept vorgenommenen Erweiterung um Kunden-Feature-Objekte von der Kunden-Schnittstelle direkt bis zum Arbeitsplatz des Produktentwicklers verfügbar gemacht werden kann (technische Machbarkeit). Über die organisatorische Implementierung des Konzepts in die Organisationsstruktur sowie in die Prozesse innerhalb der produktorientierten Unternehmensbereiche wurden im Konzept keine Aussagen getroffen. Im Rahmen aller geführten Diskussionen wurde daher von den Experten die Notwendigkeit einer organisatorischen Einbindung des Konzepts in die produktorientierten Unternehmensbereiche betont.[727] Hierbei wurden von den Experten die folgenden Aspekte genannt:

- *An der Kundenschnittstelle erfasste oder geänderte Kunden-Feature-Objekte müssen vor dem Erscheinen in produktorientierten Systemen fachlich qualitätsgesichert werden.*

  Unter der fachlichen Qualitätssicherung von Kunden-Feature-Objekten wird an dieser Stelle die Gewährleistung der Plausibilität[728] verstanden. Hierzu gehört die korrekte Zuordnung der Kunden-Feature-Objekte zu den Parts sowie die formale und fachliche Stimmigkeit der Attributswerte

[727] Vgl. *gewollte teilautomatisierte Integration* in Abschnitt 2.7.3.
[728] Plausibilität i.S.v. logischer Fehlerfreiheit.

von Objekten. Die Experten waren sich grundsätzlich einig, dass die Gewährleistung der Plausibilität mittels einer organisatorischen Instanz, wie z.B. eines hierfür verantwortlichen Produktmanagers oder eines Qualitätsteams, im Unternehmen verankert werden muss. Diese Instanz hat die Aufgabe, die fachliche Richtigkeit der Kunden-Feature-Objekte zu prüfen und diese nach einer erfolgreichen Prüfung mit einer eventuell vorgenommenen Korrektur frei zu geben.

Ohne eine solche Instanz sehen die Experten eine Implementierung des Konzepts als kritisch, da eine Beachtung unqualifizierter Kundenanforderungen zu einem unnötigen Aufwand innerhalb des Entwicklungsprozesses führt.

- *Fachliche Bewertung*

  Neben der Sicherstellung der fachlichen Qualität sahen einige der Experten einen zusätzlichen Nutzen, wenn der qualitätssichernden Instanz zusätzlich die Abgabe einer fachlichen Bewertung obliegt. Als Beispiel für eine fachliche Bewertung wurde im Kontext des Stirnradgetriebes genannt, dass in Bezug auf das Wartungsintervall in Verbindung mit einem (neuen) Kunden-Feature-Objekt *Wartungsaufwand* eine ‚ausreichende' Verbesserung aus Kundensicht durch die Erhöhung des *Wartungsintervalls* und/oder der Verringerung des *Wartungsaufwandes* erfolgen kann. Der genannten Instanz sollte daher nach Meinung der Experten die Bewertung darüber obliegen, in welcher Weise die Verbesserung herbeigeführt werden soll. Um das Konzept dahingehend erweitern zu können, muss als eine neue Anforderung die Möglichkeit der Erfassung von gewichteten Relationen in DMUs berücksichtigt werden.

  Ein weiterer Anwendungsfall in diesem Zusammenhang ist die gewichtete Zuordnung von Verantwortlichkeiten. Über die Verwendung von gewichteten Relationen könnte am Beispiel des Wartungsintervalls eine bewertete Zuordnung der Verantwortlichkeit erfolgen. Damit wäre im DMU abbildbar, welches Part einen hohen und welches Part einen geringen Beitrag zum Zustandekommen des Wartungsintervalls leistet.

- *Qualitative Bewertung von Kunden-Feature-Objekten*

  In zwei der geführten Diskussionen wurde von Experten auf einen Sachverhalt explizit hingewiesen: Durch die Erfassung der Kunden-Feature-

Objekte bzw. deren Attributswerten an der Kundenschnittstelle besteht grundsätzlich die Möglichkeit, bei der Bewertung des Kundenfeedbacks mit einzubeziehen, von welchen Kunden (z.B. nach Zugehörigkeit zu Kundensegmenten) die Anforderungen stammen. Damit stehen im Rahmen der oben genannten fachlichen Bewertung zusätzlich qualitative Informationen zur Bewertung zur Verfügung. Hierin sahen einige der Experten ein enormes Potential. Als Beispiel wurde hierzu angeführt, dass in der Praxis häufig konfliktäre Anforderungen genannt werden. In diesem Fall wäre es möglich, die Anforderungen von A-Kunden priorisiert zu berücksichtigen. Weitere Beispiele in diesem Zusammenhang waren die Berücksichtigung der Häufigkeit von Nennung unter Berücksichtigung der Verteilung auf Kundensegmente sowie die Berücksichtigung des Kundenstatus (Kunde oder Interessent).

- *Nicht alle Kunden-Feature-Objekte müssen in allen produktorientierten Anwendungssystemen erscheinen.*

  Die im Erprobungsszenario dargestellte Machbarkeit der durchgängigen Nutzung von Kunden-Feature-Objekten als End-to-End-Ansatz[729] wurde von einigen Teilnehmern als sehr kritisch gesehen. Nach deren Meinung ist es erforderlich, eine weitere Ebene im Konzept einzuführen, die eine Selektion der angezeigten Kunden-Feature-Objekte nach Anwender und Anwendungssystem ermöglicht. Als Beispiel wurde hierzu angeführt, dass Kunden-Feature-Objekte, die ausschließlich bei einer Neuentwicklung zu beachten sind, zunächst auch ausschließlich im TQM-System Eingang finden sollten.

  Aus Sicht des Autors ist hierzu in einer weiteren Untersuchung zu klären, welche Anforderungen diesbezüglich in der Praxis vorhanden sind. In einem weiteren Schritt könnte darauf basierend eine Erweiterung des DMU mit Methoden des Identity Managements[730] untersucht werden.

- *Auswirkungen auf Prozesse (Prozess-Reorganisation)*

  In weiteren Rückmeldungen wurde von Experten angeregt, die Frage-

[729] Die Bezeichnung *End-to-End-Ansatz* wurde von einzelnen Experten verwendet, um die Anwendung von Kunden-Feature-Objekten bildhaft von dem einen Ende (Kundenschnittstelle) bis zum anderen Ende (Entwicklungsarbeitsplatz) zu charakterisieren.

[730] Zu Identity Management (IdM) vgl. u.a. D. Birch (2007), S.3ff, A. Scorer (2007), S.42ff. und D. Birch und N. McEvoy (2007), S.95ff.

stellung zu untersuchen, welche Auswirkungen sich durch eine Implementierung des Konzepts auf bestehende Entwicklungs- und Produktionsprozesse ergeben könnten. Hierbei wurden Vermutungen geäußert, dass durch die Verwendung von Kunden-Features eine tief greifende Prozessreorganisation möglich werden würde, wodurch eine engere Verzahnung von produktorientierten und kundenorientierten Prozessen erreichbar wäre.

Das grundsätzliche Bestreben, Kundenwissen so nahe wie möglich an die Produktentwicklung zu bringen, teilten alle Experten. Deutlich wurde im Rahmen der Gespräche, dass jeder Experte die organisatorische Ausgestaltung vor dem konkreten Hintergrund seines Unternehmens sah.

Dies führt zu der Erkenntnis, dass im Bereich der organisatorischen Implementierung unternehmensindividuelle Lösungen erforderlich sind. Unbenommen davon besteht jedoch weiterer Forschungsbedarf mit dem Ziel, Konzepte zur Implementierung von Kunden-Feature-Objekten in produktorientierten Unternehmensbereichen zu entwickeln. Im Rahmen dieser Forschung könnte dann auch die oben genannte Fragestellung weitergehend untersucht werden, inwieweit Entwicklungs- und Produktionsprozesse durch die Anwendung des Kunden-Feature basierten Konzepts reorganisiert werden können.

8.4.3.2 Ausdehnung des Konzepts auf die Supply-Chain

Im Untersuchungs- und Gestaltungsbereich der Arbeit lag der Fokus auf den Unternehmensbereichen Forschung und Entwicklung, Produktion, Marketing, Vertrieb und Service (vgl. Abbildung 2, Abschnitt 1.2.2).[731] Der Unternehmensbereich Beschaffung wurde, um die Komplexität des Untersuchungsgegenstandes zu reduzieren, nicht betrachtet. Daraus ergibt sich, dass eine Anwendung des Konzepts über Unternehmensgrenzen hinweg nicht Bestandteil dieser Arbeit ist und daher nicht untersucht wurde.

Von Seiten der Experten kam daher die Anregung, im Rahmen einer weiteren Forschung die Ausdehnung des Konzepts auf den Bereich der Beschaffung

[731] Vgl. bereichsübergreifende Integrationsreichweite, Abschnitt 2.7.4.

sowie unternehmensübergreifend auf die Supply Chain zu untersuchen.[732] Nach den Aussagen einiger Teilnehmer sollten dabei folgende Sachverhalte explizit berücksichtigt werden:

- *Potentiale durch Ausdehnung des Konzepts auf die Supply-Chain*
  Nach Meinung einiger Experten ist eine weitere interessante Fragestellung, inwieweit das vorliegende Konzept über Unternehmensgrenzen hinweg angewendet werden kann. Hintergrund der Fragestellung ist die von den Experten geäußerte Vermutung, dass mittels einer Anwendung des Konzepts über die Wertschöpfungskette hinweg weitere Potentiale zur Verbesserung von Produkten realisierbar sind. Beispielhaft wurde hierzu genannt, dass Produkte in der betrachteten Unternehmenskategorie aus zum Teil vielen zugekauften Parts bestehen. Eine Verbesserung von Produkten ist daher zum Teil wesentlich von der Verbesserung der verwendeten Zukaufparts abhängig. Diesbezüglich ist es nach Aussage der Experten notwendig, die Kunden-Feature-Objekte der Zukaufparts an die Zulieferer weiter zu reichen sowie deren Kunden-Feature-Objekte nach Änderungen der Parts zu erhalten.
- *Zusätzliche, kundenorientierte Analysemöglichkeiten im Bereich der Zuliefererbewertung*
  Von einigen Experten wurde zudem geäußert, dass weitere Vorteile durch die Möglichkeit des Einbezuges von Kunden-Feature-Objekten und deren Attributswerten bei der Lieferantenbewertung gesehen werden. Als Beispiel wurde hierzu genannt, dass der Beitrag der Zulieferparts zur Erfüllung der Kundenanforderungen bei der Bewertung von Lieferanten bisher nicht ausreichend berücksichtigt werden kann. Mittels der Ausdehnung des Konzepts über die Supply-Chain, so die Experten, wäre die Hinzunahme neuer Indikatoren bei der Lieferantenbewertung möglich.
- *Offene Fragestellungen in Bezug auf Vertraulichkeit und Wissensschutz*
  Im Rahmen der zur Ausdehnung des Konzepts über die Supply-Chain geführten Diskussionen wurde immer die Frage nach der Gestaltung von Zugriffsberechtigungsstrukturen kritisch diskutiert. Einige Teilnehmer be-

[732] Vgl. unternehmensübergreifende Integration, Abschnitt 2.7.4.

tonten die kritischen Aspekte der Vertraulichkeit sowie des Wissensschutzes, der bei einer Ausdehnung über die Supply-Chain gewährleistet werden muss. Eine Ausdehnung des Konzepts würde nach Meinung einiger Experten die Aufnahme von IdM-Methoden in das vorliegende Konzept bedingen.

- *Starke Komplexitätszunahme durch unterschiedliche Anwendungssysteme*
  Einen weiteren kritischen Aspekt sahen Teilnehmer in der Heterogenität der Anwendungssysteme bei unterschiedlichen Zulieferbetrieben. Nach Äußerungen der Experten aus der Praxis muss davon ausgegangen werden, dass mittelständische Industriebetriebe eine Vielzahl an Lieferanten haben, die über unterschiedlichste Anwendungssysteme in den produktorientierten Unternehmensbereichen verfügen. Kontroverse Ansichten bestehen dabei unter den Experten bei der Frage, welche Lieferanten sinnvoller Weise mit eingebunden werden sollten. Hier reicht die Einschätzung von ‚einer kleinen Anzahl an Lieferanten kritischer Parts' bis (soweit technisch möglich) ‚alle Lieferanten'.

Wie aus den dargestellten Punkten ersichtlich, besteht unter den Experten die einheitliche Meinung, dass eine Ausdehnung des Konzepts auf die Supply-Chain ein wichtiges Forschungsgebiet darstellt. Für Aussagen zu konkreten Potentialen sowie sich aus der Ausdehnung auf die Supply-Chain ergebenden weiteren Anforderungen an das Konzept können nach jetzigem Forschungsstand keine Aussagen getroffen werden. Auch dies sollte Inhalt einer weiteren Untersuchung sein.

8.4.3.3 Weitere Vertiefung der zusätzlichen Analysemöglichkeiten

Durch die Implementierung des Konzepts innerhalb einer Unternehmung sind Kunden-Feature-Objekte verfügbar, die semantisches Kundenwissen enthalten. Diese stellen neben der produktorientierten, der transaktionsorientierten und der kundenorientierten[733] eine weitere Datenkategorie dar. Nach Ansicht des Autors ermöglicht eine Implementierung des Konzepts eine relevante Erweite-

[733] Kundenorientiertes Wissen i.S. von Wissen *über* den Kunden, vgl. Abschnitt 1.3.2.

rung der Datenbasis von Managementunterstützungssystemen[734] (MUS). Damit eröffnen sich für Unternehmen dann neue, betriebswirtschaftlich hoch interessante Anwendungsfelder im Bereich der Entscheidungsunterstützung, wie z.B. das Aufdecken von Zusammenhängen von Transaktionen und Kundenerwartungen mittels Data-Mining.

Im Rahmen der durchgeführten Diskussionen fand zu dieser Annahme des Autors ebenfalls ein Meinungsaustausch statt. Hierzu wurden von den Diskussionsteilnehmern folgende Anmerkungen geäußert:

- Die Experten teilen die Ansicht, dass über die Implementierung des Konzepts neue Anwendungsfelder für Analysen zur Managementunterstützung entstehen. Zu der Frage, inwieweit adäquate Managementunterstützungssysteme bei der Zielgruppe bereits eingesetzt werden, gab es unterschiedliche Meinungen.
- Die Möglichkeit der Verknüpfung von transaktionsorientierten und kundenorientierten[735] Informationen wurde von den Experten als Gebiet mit großem Potential identifiziert. Hierdurch könnte nach Meinung der Experten die bisher häufig verwendete ‚Vermutung' über das Kundenverhalten durch Fakten ersetzt werden. Damit könnte nach den geäußerten Einschätzungen das Treffen von wesentlichen strategischen Entscheidungen, wie z.B. die Festlegung des Produktportfolios oder die Festlegung der geforderten Produktqualität, unterstützt werden.

Aus den zu diesem Themenbereich vorgebrachten Äußerungen ging aus Sicht des Autors deutlich hervor, dass weiterführende Aussagen zu möglichen Szenarios der Managementunterstützung bzw. zu der Einschätzung des Nutzens nur über eine vertiefende Untersuchung abgeleitet werden können. Eine Begründung hierfür ist sicherlich, dass der Themenbereich neu ist und die Experten daher aus der Praxis noch kein Erfahrungswissen hierzu einbringen konnten.

---

[734] Zu Managementunterstützungssysteme vgl. H.-G. Kemper, C. Unger und W. Mehanna (2006), S.1, E. Zahn (2005), S.439 und B. Knobloch (2002), S.335f.
[735] Kundenorientierte Informationen i.S. von Informationen vom Kunden

8.4.3.4 Übertragung auf immaterielle Produkte und Dienstleistungen

Die im Rahmen dieser Arbeit durchgeführte Forschung bezog sich auf Grund der Eingrenzung auf industrielle Unternehmen im Wesentlichen auf die Zielsetzung der kundenorientierten Verbesserung von physischen Produkten. Einige Experten sehen in dieser Abgrenzung den Ausgangspunkt für ein weiteres wichtiges Forschungsfeld. Nach Meinung einiger Diskussionsteilnehmer sollte in weiteren Forschungsarbeiten die Frage untersucht werden, inwieweit das entwickelte Konzept auf die kundenorientierte Verbesserung immaterieller Güter anwendbar ist. Hierzu wurden vor allem folgende Punkte angesprochen:

- Nach Ansicht der Experten werden viele Produkte des industriellen Mittelstandes am Markt in Verbindung mit Dienstleistungen angeboten. Die aus Kundensicht geäußerten Anforderungen beziehen sich damit auf ein Bündel an materiellen und immateriellen Gütern. Daher ist es nach Ansicht einiger Experten erforderlich, das Konzept auf die Anwendung mit immateriellen Gütern zu erweitern.
- Weiter wurde die Adaption des Konzepts auf immaterielle Produkte, wie z.B. Software, diskutiert. Im Rahmen der vorliegenden Arbeit war dies nicht Bestandteil der Forschung, so dass hierzu keine Aussagen getroffen werden können.

Aus der Tatsache, dass bei jeder der geführten Diskussionen die Anwendbarkeit des Konzepts auf immaterielle Güter von den Teilnehmern thematisiert wurde, kann aus Sicht des Autors ein Bedarf für ein solches Konzept im Kontext immaterieller Güter abgeleitet werden. Um eine Adaption des Konzepts auf diesen Bereich vornehmen zu können, müssen als zwingende Voraussetzung Digitale Produktmodelle für immaterielle Produkte vorhanden sein. Die Gespräche haben an dieser Stelle zu der Erkenntnis geführt, dass hierzu nach Einschätzung der Experten noch erheblicher Forschungsbedarf besteht.

Der in Abschnitt 5.1 dargestellte Forschungsprozess, welcher dieser Arbeit zu Grunde liegt, ist mit der Durchführung des Erprobungsszenarios zu Ende. Die im Rahmen der Durchführung des Erprobungsszenarios innerhalb der prototypischen Realisierung gewonnenen Erkenntnisse sowie der weitere Forschungsbedarf, welcher bei der Durchführung identifiziert wurde, können als Ausgangsbasis für weitere Forschungen dienen.

In dieser Arbeit schließt sich mit dem nächsten Kapitel das Schlusskapitel an, in dem eine Zusammenfassung der vorliegenden Forschung erfolgt sowie ein Ausblick auf weitere Forschungsbedarfe gegeben wird.

9. Zusammenfassung und Ausblick

9.1 Zusammenfassung

9.1.1 Ausgangspunkt und Zielsetzung

Gegenstand der Arbeit ist die Entwicklung eines Fachkonzepts zur Erfassung und Nutzung von kundenorientiertem Produktwissen über unterschiedliche Unternehmensbereiche hinweg. Motiviert ist die Forschung über Erkenntnisse von Voruntersuchungen, die eine teilweise erhebliche Informationslücke zwischen kundenorientierten und produktorientierten Unternehmensbereichen aufzeigen (vgl. Kapitel 1). Die Folge daraus ist, dass relevante Kundeninformationen respektive kundenorientierte Produktinformationen nicht in allen Unternehmensbereichen verfügbar sind. Das Ziel dieser Arbeit war es daher, ein Fachkonzept zu entwickeln, in dem bestehende Informationslücken zwischen unterschiedlichen Unternehmensbereichen mittels einer Erweiterung von etablierten Methoden und IT-Anwendungssystemen geschlossen werden können.[736]

Der Fokus der im Rahmen dieser Arbeit durchgeführten Forschung liegt auf mittelständischen Industriebetrieben. Durch diese Eingrenzung des Untersuchungsbereiches konnte eine Reduzierung der Komplexität auf ein Maß erreicht werden, das die Erstellung eines generischen Fachkonzepts für eine Unternehmensklasse ermöglicht.[737]

9.1.2 Lösungsweg

Der Lösungsweg der Arbeit folgt einer mehrstufigen Vorgehensweise, die auf einem modifizierten Triangulationsmodell basiert (vgl. Abschnitt 5.1). Ausgangspunkt der Forschung war die Durchdringung des Untersuchungsbereiches mit Hilfe einer qualitativen Vorstudie, die vom Autor mit Hilfe leitfadenbasierter Interviews durchgeführt wurde.

Aufbauend auf den Erkenntnissen der Vorstudie wurden in weiteren Schritten die kundenorientierten sowie die produktorientierten Unternehmensbereiche untersucht. Ziel hierbei war die empirische Ermittlung des Standes der einge-

[736] Vgl. Abschnitt 1.2.
[737] Vgl. Abschnitt 1.2.2.

setzten Methoden, der Prozesse sowie der IT-Unterstützung in den Bereichen Produktentwicklung, Produktion, Marketing, Vertrieb und Service.

- Die Exploration der produktorientierten Unternehmensbereiche konnte mit Hilfe einer Literaturrecherche (qualitative Sekundäranalyse) durchgeführt werden. Der Grund hierfür ist, dass dieser Untersuchungsbereich bereits Gegenstand mehrerer Forschungsarbeiten ist.
- Zu den vom Autor untersuchten Aspekten innerhalb der kundenorientierten Unternehmensbereiche wurden bisher wenige Forschungsarbeiten durchgeführt. Daher war es dem Autor nicht möglich, in diesem Bereich auf bestehende Forschungsergebnisse zurückzugreifen. Deshalb ist die Untersuchung dieses Bereiches mit Hilfe einer quantitativen und qualitativen Exploration erfolgt (vgl. Kapitel 6).

Auf Basis der Erkenntnisse dieser Forschung wurde als Hauptbestandteil der Arbeit ein Fachkonzept entwickelt, das die Integrationsebenen Prozesse, Methoden, IT-Systeme und Daten enthält (vgl. Kapitel 7).

In einem weiteren Schritt wurde die Anwendbarkeit des Konzepts anhand einer prototypischen Realisierung erprobt (vgl. Kapitel 8). Hierzu ist ein partielles DV-Konzept vom Fachkonzept abgeleitet worden, auf dessen Basis ein vertikaler Prototyp entwickelt wurde. Mit diesem konnte die Anwendbarkeit des Konzepts gemäß der erhobenen Anforderungen gezeigt werden.
Die qualitative Erprobung des Konzepts ist in einem letzten Schritt erfolgt. Hierzu wurde die prototypische Realisierung Experten aus der Forschung und Praxis vorgestellt und mit diesen diskutiert. Hierdurch konnten weitere Erkenntnisse gewonnen werden, die teilweise in das Konzept mit aufgenommen wurden oder teilweise einen weiteren Forschungsbedarf darstellen.

9.1.3 Erkenntnisse

Die Erkenntnisse dieser Arbeit leisten einen Beitrag zur Diskussion über Möglichkeiten und Grenzen der Integration von produktorientiertem Kundenwissen in industriellen Unternehmen. Sie sind im Rahmen des Forschungsprozesses entstanden und werden im Folgenden zusammengefasst dargestellt.

Bezogen auf die Ausgangssituation in mittelständischen Industrieunternehmen sind als Erkenntnisse aus der empirischen Untersuchung festzuhalten:[738]

- In den produktorientierten Unternehmensbereichen ist der Einsatz von Standard-CAx-Systemen flächendeckend vorhanden.
- In den kundenorientierten Unternehmensbereichen sind CRM-Standardsoftwarelösungen weit verbreitet. Diese werden mit unterschiedlichsten Funktionsschwerpunkten eingesetzt.
- Bei einer großen Anzahl der untersuchten Unternehmen ist eine Informationslücke zwischen kundenorientierten und produktorientierten Unternehmensbereichen vorhanden.
- Die identifizierten Integrationsbemühungen beschränken sich im Wesentlichen auf die Integration von Anwendungssystemen innerhalb dieser Unternehmensbereiche. Eine strukturierte Erfassung und Weitergabe von Kundenwissen über die Unternehmensbereiche hinweg konnte nicht festgestellt werden.
- Die in den Unternehmen etablierten Prozesse basieren auf Methoden, welche die Nutzung von Kundenwissen teilweise beinhalten (vgl. Kapitel 4). Eine durchgängige Nutzung sowie die Weiterentwicklung dieses Kundenwissens ist auf Grund der genannten Informationslücken nicht möglich. Daher besteht ein Bedarf an der Schaffung eines Closed-Loop, welcher die Erfassung, Nutzung und Weiterentwicklung über die Unternehmensbereiche hinweg ermöglicht.
- Weiter hat die Untersuchung gezeigt, dass als wesentliche Kernanforderungen (vgl. Abschnitt 6.4.5) an ein Integrationskonzept das Belassen sensibler Daten in den jeweiligen Unternehmensbereichen sowie die Beibehaltung der gewohnten Arbeitsumgebung angesehen werden. Eine Integration hat daher über die Erweiterung bestehender Anwendungssysteme zu erfolgen. Hierzu ist eine Erweiterung der jeweils zu Grunde liegenden Datenmodelle erforderlich.

[738] Vgl. Kapitel 3, Kapitel 4, Kapitel 5 und Kapitel 6.

Folgende Erkenntnisse lassen sich aus der auf die empirische Erhebung aufbauenden Konzeptentwicklung ableiten:

- Die Schaffung eines Closed-Loop ist über eine Erweiterung von etablierten Methoden möglich. Dies wurde im vorliegenden Fachkonzept unter Einbezug der Digitalen Fabrik, des vollständigen Digitalen Produktmodells, der Quality Function Design-Methode, der *Feature-Technologie* sowie des Customer Relationship Managements erreicht. Hierzu wurden diese im Konzept enthaltenen Methoden um semantische Feature-Objekte erweitert, die das Kundenwissen repräsentieren.
- Die im Konzept enthaltenen Erweiterungen der Methoden ermöglichen eine Veränderung der jeweiligen Prozesse (vgl. Kapitel 7). Zur Unterstützung dieser Prozesse ist eine funktionale Erweiterung bestehender Anwendungssysteme erforderlich.
- Nach Anpassung der Anwendungssysteme an die veränderten Prozesse ist die strukturierte Erfassung und Nutzung von Kundenwissen in den betrachteten Unternehmensbereichen möglich. Nach Meinung der befragten Experten können dadurch Verbesserungen in der Produktentwicklung, in der Produktion sowie in den Bereichen Marketing, Vertrieb und Service erreicht werden.

Eine zusammenfassende Darstellung des Fachkonzepts ist in Abbildung 81 abgebildet.

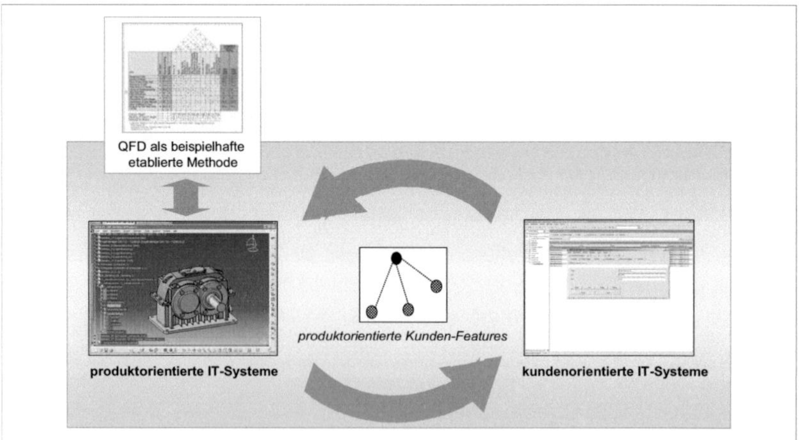

Abbildung 81: Zusammenfassende Darstellung des Fachkonzepts

Aus der im Anschluss an die Erstellung des Fachkonzepts durchgeführten Erprobung lassen sich zusammenfassend folgende Erkenntnisse ableiten:[739]

- Die Erprobung hat die technische Machbarkeit der Umsetzung des Konzepts gezeigt. Neben dieser sind bei der Implementierung organisatorische Maßnahmen zu treffen, die eine Qualitätssicherung und eine fachliche Bewertung sicher stellen.
- Aus Sicht einiger Experten könnte sich ein zusätzlicher Nutzen ergeben, wenn das Konzept auf die Supply-Chain ausgedehnt werden kann. Hierzu gibt es offene Fragen sowohl an die technische Machbarkeit als auch an die organisatorische Implementierung, die im Rahmen weiterer Forschungsarbeiten untersucht werden müssen.
- Mittels der semantischen Kunden-Feature-Objekte sowie deren Verknüpfung zu anderen Feature-Objekten und Kundenattributen sind zusätzliche produktorientierte und kundenorientierte Analysen möglich. Dies ist bei den Experten auf starkes Interesse gestoßen.
- Das Fachkonzept beruht auf dem Vorhandensein Digitaler Produktmodelle als Voraussetzung für die Anwendbarkeit. Von Experten wurde daher angeregt, im Rahmen weiterer Forschung die Adaption des Konzepts auf immaterielle Produkte und Dienstleistungen zu untersuchen.

9.2 Ausblick

Die Diskussion des Konzepts auf Basis der prototypischen Realisierung mit Experten aus der Forschung und Praxis hat gezeigt, dass das Bestreben, Kundenwissen so nah wie möglich an Produktentwicklungs- und Produktionsprozesse zu bringen, weitere Beachtung finden muss.

Aus Sicht der Experten stellt das entwickelte Fachkonzept in diesem Kontext einen Schritt in die richtige Richtung dar. Aus den genannten Rückmeldungen ist allerdings auch zu entnehmen, dass es noch erheblichen Forschungsbedarf in unterschiedlichen Bereichen gibt.

---

[739] Vgl. Abschnitt 8.4.

Eine Herausforderung liegt darin, das Konzept so weiter zu entwickeln, dass es branchenunabhängig sowohl für physische Produkte als auch für immaterielle Güter und Dienstleistungen sowie sämtliche Derivate anwendbar ist.

Des Weiteren konnte mittels der prototypischen Realisierung die grundsätzliche Machbarkeit in einem Umfeld mit einem CAD-System und einem CRM-System gezeigt werden. Die prototypische Umsetzung blieb dabei auf ein ‚Einprodukt'-Szenario beschränkt.
Die Umsetzung des Konzepts in einer variantenreichen Mehrprodukt-Umgebung mit beliebigen Kombinationen von Produkten und Services erfordert eine wesentlich komplexere Modellierung der Datenstrukturen. Um den Anforderungen von Unternehmen in globalen Märkten gerecht zu werden, ist eine solche Vertiefung zwingend erforderlich. Daher besteht auch in diese Richtung weiterer Forschungsbedarf.

Ein weiterer nahe liegender Forschungsbedarf ergibt sich aus der genannten Notwendigkeit einer organisatorischen Implementierung sowie des Einbezugs weiterer produktorientierter Anwendungssysteme. Hierzu könnten im Rahmen weiterer Forschungsarbeiten Implementierungskonzepte in Abhängigkeit konkreter Unternehmenskonfigurationen erstellt werden.

Die aufgeführten Resultate legen nahe, die Forschung auf dem Gebiet dieser Arbeit in den genannten Bereichen zu erweitern und zu vertiefen. Ein nach Ansicht einiger Experten sowie des Autors als besonders interessant erscheinender Schwerpunkt ist die Erweiterung des Konzepts im Bereich der Managementunterstützung[740]. Ausgangspunkt einer in dieser Richtung weiterführenden Forschung ist, dass Kunden-Feature-Objekte für die Unternehmenssteuerung relevante Informationen beinhalten. Dies sind einerseits relevante Informationen zur Unterstützung von Entscheidungen des Lower-Managements wie z.B. Rückmeldungen von der Kundenschnittstelle, die für die Planung und Steuerung von Produktionsprozessen eine Relevanz besitzen. Andererseits können

[740] Zur Begriffsabgrenzung von Managementunterstützung sowie des Lower-, Middle- und Top-Managements vgl. H.-G. Kemper, C. Unger und W. Mehanna (2006), S.1ff. und H.-G. Kemper (1999), S. 27ff.

Kunden-Feature-Objekte zur Fundierung von Entscheidungen des Middle- und Top-Managements beitragen. Dies ist z.B. der Fall, wenn strategische Entscheidungen wie z.B. die Festlegung des Produktportfolios oder der Aufbau neuer Geschäftsfelder mit Hilfe von aggregierten Kundenanforderungsentwicklungen unterstützt werden.

Hierzu ist die Aufbereitung und Bereitstellung dieser Informationen in Business Intelligence[741]-Umgebungen erforderlich. Um dies zu realisieren, ist die Erweiterung der operativen Quellsysteme um das führende System des Digitalen Produktmodells notwendig. Aus diesem können dann einzelne Sichten des Digitalen Produktmodells mittels ETL-Prozessen[742] extrahiert und in ein produktorientiertes Data Warehouse[743] geladen werden (vgl. Abbildung 82).

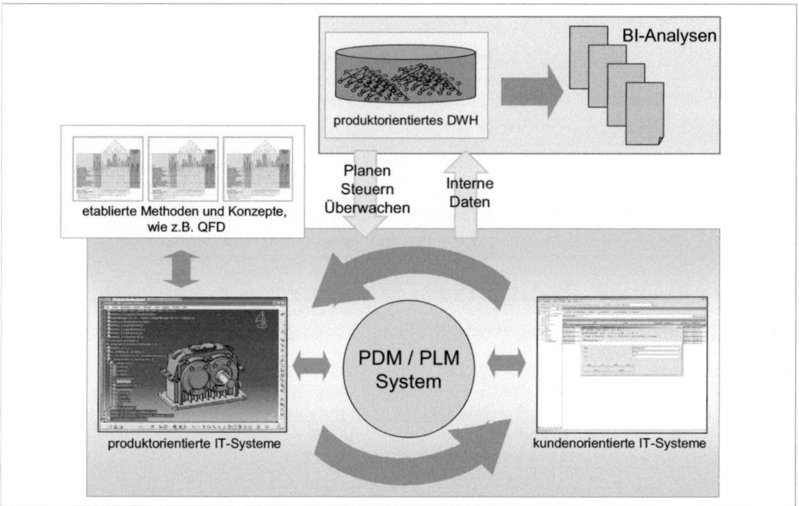

Abbildung 82: Ausblick vertiefende Forschung im Analysekontext[744]

[741] Zur Begriffsabgrenzung von Business Intelligence (BI) vgl. H.-G. Kemper, C. Unger und W. Mehanna (2006), S.1ff. Im Rahmen dieser Arbeit wird in Anlehnung an Kemper u.a. unter BI *„[…] ein integrierter, unternehmensspezifischer, IT-basierter Gesamtansatz zur betrieblichen Entscheidungsunterstützung verstanden*“ (H.-G. Kemper, C. Unger und W. Mehanna (2006), S.8).

[742] Zu Extraktions-, Transformations- und Ladeprozessen (ETL-Prozessen) vgl. H.-G. Kemper, C. Unger und W. Mehanna (2006), S.22.

[743] Zu Data Warehouse (DWH) vgl. H.-G. Kemper, C. Unger und W. Mehanna (2006), S.17f.

[744] In Anlehnung an H.-G. Kemper, C. Unger und W. Mehanna (2006), S.9.

Damit wären in BI-Umgebungen die Voraussetzungen geschaffen, um in transaktions- und kundenorientierten Analysen zusätzlich produktorientierte Merkmale mit einzubeziehen bzw. produktorientierte Analysen durchzuführen. Aus einer solchen Erweiterung von BI um produktorientiertes Kundenwissen ergibt sich eine Reihe an weitergehenden Fragestellungen, die einen offenen Forschungsbedarf darstellen. Hierzu gehören z.B. die Ausgestaltung von ETL-Prozessen aus Digitalen Produktmodellen oder die Modellierung von Kunden-Features und deren Relationen mit Transaktionen im DWH.

Kritisch anzumerken ist noch, dass das Konzept eine Momentaufnahme in Bezug auf die eingesetzten Methoden in den Bereichen F&E, Produktion sowie Marketing, Vertrieb und Service darstellt. Gerade in den Bereichen F&E und Produktion besteht eine konstante Veränderung der Methoden, die durch den Einsatz neuer Technologien im Bereich der IT ermöglicht werden. Auf Grund der steigenden Leistungsfähigkeit von Hard- und Software gewinnt der Einsatz von Methoden wie die virtuelle Produktentwicklung und die virtuelle Produktion zunehmend an Bedeutung. Dies führt einerseits dazu, dass die diesem Konzept zu Grunde gelegten Methoden einer permanenten Weiterentwicklung unterliegen und damit auch das Konzept einer beständigen Anpassung bedarf. Andererseits gewinnt mit der Zunahme der durchgängigen Digitalisierung der Produktentwicklung und Produktion auch die Integration von relevanten semantischen Produktinformationen, insbesondere in Form des Wissens des Kunden, stark an Bedeutung. Daraus ergibt sich für Unternehmen die Notwendigkeit, Wege der Integration zu beschreiten, um zukünftigen Herausforderungen besser begegnen zu können. Das vorgestellte Konzept ist hierbei als ein möglicher Türöffner bei der Erschließung eines weiten Spektrums an bislang brachliegenden Potentialen zu verstehen.

Literaturverzeichnis

A

AAPOR (2006), Standard Definitions: Final Dispositions of Case Codes and Outcome Rates for Surveys, posted at http://www.aapor.org, Zugriff am 29.06.2007.

D. Abts und W. Mülder (2004), Grundkurs Wirtschaftsinformatik: Eine kompakte und praxisorientierte Einführung, 5., vollständig überarbeitete und aktualisierte Auflage, Friedr. Vieweg & Sohn Verlagsgesellschaft, Wiesbaden 2004.

Y. Akao (1992), QFD: quality function deployment; wie die Japaner Kundenwünsche in Qualität umsetzen, Verlag Moderne Industrie, Landsberg 1992.

D. Ahlert, K.-P. Franz und W. Kaefer (1991), Grundlagen und Grundbegriffe der Betriebswirtschaftslehre, 6. Auflage, in: H. Vormbaum (Hrsg.) Betriebswirtschaftslehre für Ingenieure, Reihe: Betriebswirtschaft und Betriebspraxis, VDI-Verlag, Düsseldorf 1991.

M. Amberg und J. Schumacher (2002a), CRM-Systeme und Basistechnologien, in: M. Meyer (Hrsg., 2002), CRM-Systeme mit EAI: Konzeption, Implementierung und Evaluation, Friedr. Vieweg & Sohn Verlagsgesellschaft, Braunschweig und Wiesbaden 2002, S.21-59.

M. Amberg und J. Schumacher (2002b), CRM für multiple Anbieter-Abnehmer-Beziehungen bei B2B-Internetmarktplätzen, in: M. Meyer (Hrsg., 2002), CRM-Systeme mit EAI: Konzeption, Implementierung und Evaluation, Friedr. Vieweg & Sohn Verlagsgesellschaft, Braunschweig und Wiesbaden 2002, S.313-344.

R. Anderl, K. Melk, U. Pfeifer-Silberbach und F. Schöfer (2004), Digital-Mock-Up in der verteilten Produktentwicklung, in: CAD-CAM-Report (2004), Nr.6/2004, S.28-31.

P. Atteslander (2003), Methoden der empirischen Sozialforschung, 10., neu bearbeitete und erweiterte Auflage, Walter de Gruyter Verlag, Berlin und New York 2003.

B

K. Backhaus, T. Bonus und T. Sabel (2004), Industriegütermarketing im Spiegel der internationalen Lehrbuchliteratur, in: K. Backhaus und M. Voeth (Hrsg., 2004), Handbuch Industriegütermarketing: Strategien, Instrumente, Anwendungen, Gabler Verlag, Wiesbaden 2004, S.23-46.

K. Backhaus und M. Voeth (2004), Besonderheiten des Industriegütermarketing, in: K. Backhaus und M. Voeth (Hrsg., 2004), Handbuch Industriegütermarketing: Strategien, Instrumente, Anwendungen, Gabler Verlag, Wiesbaden 2004, S.3-22.

K. Backhaus und M. Voeth (2007), Industriegütermarketing, 8., vollständig neu bearbeitete Auflage, Franz Vahlen Verlag, München 2007.

R. P. Bagozzi und C. Fornell (1982), Theoretical Concepts, Measurements and Meaning, in: C. Fornell (Hrsg., 1982), A Second Generation of Multivariate Analysis: Volume 2, Measurement and Evaluation, Praeger Scientific, New York 1982, S.24-38.

H. Balzert (2001), Lehrbuch der Software-Technik: Software-Entwicklung, 2. Auflage, Spektrum Akademischer Verlag, Heidelberg und Berlin 2001.

C. Bange und S. Schwalm (2005), XML-Einsatz in Business-Intelligence-Systemen: Eine systematische Übersicht, in: J. Shelp und R. Winter (Hrsg., 2005), Auf dem Weg zur Integration Factory: Proceedings der DW

2004 – Data Warehousing und EAI, Physica-Verlag, Heidelberg 2005, S.205-230.

B. Batinic, B. Puhle und K. Moser (1999), Der WWW-Fragebogengenerator (WFG), in: B. Batinic, A. Werner, L. Gräf und W. Bandilla (Hrsg., 1999), Online Research: Methoden, Anwendungen und Ergebnisse, Hogrefe-Verlag, Göttingen u.a. 1999, S.93-102.

B. Batinic und M. Bosnjak (2000), Fragebogenuntersuchungen im Internet, in: B. Batinic (Hrsg., 2000), Internet für Psychologen, 2., überarbeitete und erweiterte Auflage, Hogrefe-Verlag, Göttingen, Bern, Toronto und Seattle 2000, S.287-318.

A. Bauer und H. Günzel (Hrsg., 2004), Data Warehouse Systeme: Architektur, Entwicklung, Anwendung, 2., überarbeitete und aktualisierte Auflage, dpunkt Verlag, Heidelberg 2004.

R. A. Baumann (2004), Structure-Oriented Exchange of Product Model Data, Fraunhofer IRB Verlag, Berlin 2004.

F. X. Bea, B. Friedl und M. Schweitzer (2006), Leistungsprozess, in: F. X. Bea, B. Friedl und M. Schweitzer (Hrsg., 2006), Allgemeine Betriebswirtschaftslehre, Band 3: Leistungsprozess, 9., neu bearbeitete und erweiterte Auflage, Lucius & Lucius Verlagsgesellschaft mbH, Stuttgart 2006, S.1-7.

F. X. Bea und E. Göbel (2002), Organisation: Theorie und Gestaltung, 2., neu bearbeitete Auflage, Lucius & Lucius Verlagsgesellschaft mbH, Stuttgart 2002.

F. Beekmann und P. Chamoni (2006), Verfahren des Data Mining, in: P. Chamoni und P. Gluchowski (Hrsg., 2006), Analytische Informationssysteme: Business Intelligence-Technologien und -Anwendungen, 3., vollständig überarbeitete Auflage, Springer Verlag, Berlin u.a. 2006, S.263-282.

M. Beise (2006), Die Lead-Markt-Strategie: Das Geheimnis weltweit erfolgreicher Innovationen, Springer Verlag, Berlin, Heidelberg und New York 2006.

M. Benantar (2006), Access Control Systems: Security, Identity Management and Trust Models, Springer Cience+Business Media Inc., New York 2006.

F. L. Bennett (1996), The Management of Engineering: Human, Quality, Organizational, Legal and Ethical Aspects of Professional Practice, John Wiley & Sons Inc., New York u.a. 1996.

R. Berndt und A. Cansier (2007), Produktion und Absatz, 2., aktualisierte und erweiterte Auflage, Springer Verlag, Berlin, Heidelberg und New York 2007.

R. Bernhardt (1988), CAD/CAM: Technik, Methode, Praxis, 2., verbesserte Auflage, Expert Verlag, Ehningen 1988.

L. v. Bertalanffy (1972), Vorläufer und Begründer der Systemtheorie, in: R. Kurzrock (Hrsg., 1972), Forschung und Information, Band 12: Systemtheorie, Colloquium Verlag, Berlin 1972, S.17-28.

U. R. Biegel (1986), Kooperation zwischen Anwender und Hersteller im Forschungs- und Entwicklungsbereich, Verlag Peter Lang, Frankfurt am Main, Bern, New York und Paris 1986.

S. Bierschenk, T. Kuhlmann und A. Ritter (2005), Stand der Digitalen Fabrik bei kleinen und mittelständischen Unternehmen: Auswertung einer Befragung, Fraunhofer IRB Verlag, Stuttgart 2005.

J. Biethahn, H. Mucksch und W. Ruf (1992), Ganzheitliches Informationsmanagement: Band 1: Grundlagen, 2. Auflage, R. Oldenbourg Verlag, München und Wien 1992.

D. Birch (2007), The Identity Vision, in: D. Birch (Hrsg., 2007), Digital Identity Management: Technological, Business and Social Implications, Ashgate Publishing, Burlington, VT 2007, S.3-9.

D. Birch und N. McEvoy (2007), A Model for Digital Identity, in: D. Birch (Hrsg., 2007), Digital Identity Management: Technological, Business and Social Implications, Ashgate Publishing, Burlington, VT, 2007, S.95-104.

J. Bleymüller, G. Gehlert und H. Gülicher (2002), Statistik für Wirtschaftswissenschaftler, 13., überarbeitete Auflage, Verlag Franz Vahlen, München 2002.

J. Bloech und W. Lücke (2006), Produktionswirtschaft, in: F. X. Bea, B. Friedl und M. Schweitzer (Hrsg., 2006), Allgemeine Betriebswirtschaftslehre, Band 3: Leistungsprozess, 9., neu bearbeitete und erweiterte Auflage, Lucius & Lucius Verlagsgesellschaft mbH, Stuttgart 2006, S.183-252.

BMWI (2007), Der Mittelstand in der Bundesrepublik Deutschland, Eine Volkswirtschaftliche Bestandsaufnahme, Bundesministerium für Wirtschaft und Technologie, Dokumentation Nr.561, Berlin 2007.

M. Bock (1992), Das halbstrukturierte-leitfadenorientierte Tiefeninterview: Theorie und Praxis der Methode am Beispiel von Paarinterviews, in: J. H. P. Hoffmeyer-Zlotnik (Hrsg., 1992), Analyse verbaler Daten: Über den Umgang mit qualitativen Daten, Westdeutscher Verlag, Opladen 1992.

G. Booch, J. Rumbaugh und I. Jacobson (2006), Das UML Benutzerhandbuch, Addison-Wesley Verlag, München 2006.

R. Bopp (1997), Design for X-Methoden, in: H.-J. Bullinger und J. Warschat (Hrsg., 1997), Forschungs- und Entwicklungsmanagement: Simultaneous Engineering, Projektmanagement, Produktplanung, Rapid Product Development, Teubner Verlag, Stuttgart 1997, S.195-204.

J. Bortz und N. Döring (2003), Forschungsmethoden und Evaluation für Human- und Sozialwissenschaftler, 3., überarbeitete Auflage, Springer Verlag, Berlin u.a. 2003.

J. Bortz (2005), Statistik für Human- und Sozialwissenschaftler, 6., vollständig überarbeitete und aktualisierte Auflage, Springer Medizin Verlag, Heidelberg 2005.

E. Braß (2005), Konstruieren mit CATIA V5: Methodik der parametrisch-assoziativen Flächenmodellierung, 3., vollständig neu bearbeitete und erweiterte Auflage, Carl Hanser Verlag, München und Wien 2005.

K. Brockhoff (1999), Forschung und Entwicklung: Planung und Kontrolle, 5., ergänzte und erweiterte Auflage, Oldenbourg Verlag, München und Wien 1999.

F. Brosius (2004), SPSS 12, mitp-Verlag, Bonn 2004.

G. Brunetti (2003), Feature-based Virtual Engeneering, in: R. Soenen und G. J. Olling (Hrsg., 2003), Feature based Life-Cycle Modeling, Kluwer Academic Publishers, Boston MA, u.a. 2003, S.19-40.

E. Bucherer (2004), Entwicklung eines Modells für die Erschließung von Kundenwissen in Business Communities, in: H. Nohr und A. W. Roos (Hrsg., 2004), Customer Knowledge Management: Erschließung von Kundenwissen, Logos Verlag, Berlin 2004, S.103-193.

R. Bücker (2003), Statistik für Wirtschaftswissenschaftler, 5., unwesentlich veränderte Auflage, R. Oldenbourg Verlag, München und Wien 2003.

A. Bühl und P. Zöfel (2005), SPSS 12: Einführung in die moderne Datenanalyse unter Windows, 9., überarbeitete und erweiterte Auflage, Pearson Studium, München 2005.

H. D. Bürgel, C. Haller und M. Binder (1996), F&E-Management, Verlag Franz Vahlen, München 1996.

H.-J. Bullinger, A. Bröcker und F. Wagner (1999), Die verteilte Produktentwicklung im Zusammenhang von DMU, VR und EDMS, in: VDI (Hrsg., 1999), Informationsverarbeitung in der Konstruktion ´99: Beschleunigung der Produktentwicklung durch EDM/PDM- und Feature-Technologie, VDI Verlag, Düsseldorf 1999, S.3-24.

W. Busse von Colbe und G. Lassmann (1991), Betriebswirtschaftstheorie, Band 1: Grundlagen, Produktions- und Kostentheorie, 5., durchgesehene Auflage, Springer Verlag, Berlin, Heidelberg u.a. 1991.

BVerfG (2001), 1 BvR 1806/98 vom 7.12.2001, zu beziehen über http://www.bundesverfassungsgericht.de/Entscheidungen, Zugriff am 21.05.2007.

C

J. O. Canciglieri und R. I. Young (2003), Product Model Based Multiple Viewpoint Information Sharing Using Features Technology, in: R. Soenen und G. J. Olling (Hrsg., 2003), Feature based Life-Cycle Modelling, Kluwer Academic Publishers, Boston MA, u.a. 2003, S.109-128.

CAS (2005a), CAS genesisWorld: Administrator Handbuch, CAS Software AG, Karlsruhe 2005.

CAS (2005b), CAS Lösungswelt, Effizienz im täglichen Geschäft durch integrierte Lösungen, CAS Software AG, Karlsruhe 2005.

CAS (2005c), CAS genesisWorld: Funktionen, Zusatzmodule, Anbindungen, CAS Software AG, Karlsruhe 2005.

O. Christ und P. Waser (2000), Realisierung eines Customer Interaction Center bei der Swisscom AG, in: V. Bach und H. Österle (Hrsg., 2000), Customer

Relationship Management in der Praxis: Erfolgreiche Wege zu kundenzentrierten Lösungen, Springer Verlag, Berlin u.a. 2000, S.213-226.

P. Coad und E. Yourdon (1991), Object-Oriented Analysis, Second Edition, 8. print, Englewood Cliffs, NJ, Prentice Hall 1991.

J. Cohen (1995), Quality Function Deployment: How to make QFD work for you, Addison-Wesley Publishing Company, Reading MA, u.a. 1995.

F. Cohen (2007), Fast SOA: The way to use native XML technology to achieve Service Oriented Architecture governance, scalability and performance, Elsevier Inc., San Francisco, CA, 2007.

S. Conrad, W. Hasselbring, A. Koschel und R. Tritsch (2006), Enterprise Application Integration: Grundlagen, Konzepte, Entwurfsmuster und Praxisbeispiele, Spektrum Akademischer Verlag, München 2006.

M. P. Couper, R. Tourangeau und K. Kenyon (2004), Picture This – Exploring Visual Effects in Web Surveys, in: Public Opinion Quarterly, Vol. 68, Nr. 2 (2004), S.255-266.

J. Cornelsen (2000), Kundenwertanalysen im Beziehungsmarketing: Theoretische Grundlegung und Ergebnisse einer empirischen Studie im Automobilbereich, GIM, Nürnberg 2000.

H. Corsten (2007), Produktionswirtschaft: Einführung in das industrielle Produktionsmanagement, 11., vollständig überarbeitete Auflage, Oldenbourg Wissenschaftsverlag GmbH, München 2007.

J. W. Creswell (2003), Research Design: Qualitative, Quantitative and Mixed Methods Approaches, Second Edition, Sage Publications, London u.a. 2003.

D

K.-F. Daemisch (1999), Der Konstrukteur taucht in virtuelle Welten ein, in: Industrieanzeiger (1999), Nr. 36/1999, S.48-49.

E. Dahan und J. R. Hauser (2002), Product Development: Managing a Dispersed Process, in: B. Weitz und R. Wensley (Hrsg., 2002), Handbook of Marketing, Sage Publication Ltd., Thousand Oaks, CA, 2002, S.179-222.

W. Dangelmaier, L. Buhl, J. Christ, U. Pape und M. Rüther (2002), Systementscheidung Enterprise Application Integration, in: M. Meyer (Hrsg., 2002), CRM-Systeme mit EAI: Konzeption, Implementierung und Evaluation, Friedr. Vieweg & Sohn Verlagsgesellschaft, Braunschweig und Wiesbaden 2002, S.231-254.

D. J. Dalrymple und L. J. Parsons (1980), Marketing Management: Text and Cases, Second Edition, John Wiley & Sons Inc., New York, Chichester u.a. 1980.

N. K. Denzin (1989), The Research Act in Sociology: a Theoretical Introduction to Sociological Methods, 3. print, Prentice Hall, Englewood Cliffs 1989.

Deron (2006), Identity Management Studie 2006/2007, Deron, Stuttgart 2006.

H. A. Dethlefsen (2000), Instrumente zur Erfassung von Kundenwünschen, in: A. Herrmann, G. Hertel, W. Virt und F. Huber (Hrsg., 2000), Kundenorientierte Produktgestaltung, Franz Vahlen Verlag, München 2000, S.317-332.

E. Dichtl und O. Issing (Hrsg. 1993), Vahlens großes Wirtschaftslexikon, 2., überarbeitete und erweiterte Auflage, Beck Juristischer Verlag, München 1993.

H. Diller (2006), Die Bedeutung des Beziehungsmarketing für den Unternehmenserfolg, in: H. Hippner und K. D. Wilde (Hrsg., 2006), Grundlagen des

CRM: Konzepte und Gestaltung, 2., überarbeitete Auflage, Gabler Verlag, Wiesbaden 2006, S.97-120.

D. A. Dillman (2000), Mail and Internet Surveys: The Tailored Design Method, Second Edition, John Wiley & Sons Inc., New York u.a. 2000.

DIN (1976), DIN 868: Allgemeine Begriffe und Bestimmungsgrößen für Zahnräder, Zahnradpaare und Zahnradgetriebe, Beuth Verlag, Berlin 1976.

DIN (1978), DIN 3961: Toleranzen für Stirnradverzahnungen, Grundlagen, Beuth Verlag, Berlin 1978.

DIN (1979), DIN 2330: Begriffe und Benennungen, Beuth Verlag, Berlin 1979.

DIN (1985), DIN 45635 Teil 8: Geräuschmessung an Maschinen: Luftschallmessung, Körperschallmessung, Rahmenverfahren, Beuth Verlag, Berlin 1985.

DIN (1993), DIN 1345: Thermodynamik, Grundbegriffe, Beuth Verlag, Berlin 1993.

DIN (2000a), DIN EN ISO 9001:2000: Qualitätsmanagementsysteme - Anforderungen, Beuth Verlag, Berlin 2000.

DIN (2000b), DIN 1311-1: Schwingungen und schwingungsfähige Systeme, Teil 1: Grundbegriffe, Einteilung, Beuth Verlag, Berlin 2000.

DIN (2002), DIN 199-1: CAD-Modelle, Zeichnungen und Stücklisten, Teil 1: Begriffe, Beuth Verlag, Berlin 2002.

DIN (2003), DIN 31051: Grundlagen der Instandhaltung, Beuth Verlag, Berlin 2003.

DIN (2004), DIN ISO 15312: Wälzlager: Thermische Bezugsdrehzahl, Beuth Verlag, Berlin 2004.

DIN (2006), Analysetechniken für die Funktionsfähigkeit von Systemen: Verfahren für die Fehlzustandsart- und -auswirkungsanalyse (FMEA); DIN EN 60812, Beuth Verlag, Berlin 2006.

W. Doberenz und T. Gewinnus (2007), Borland Delphi 7: Grundlagen, Profiwissen, Kochbuch, Carl Hanser Verlag, München 2007.

A. Duffner und H. Henn (2001), CRM verstehen, nutzen, anwenden: Ein Leitfaden für kundenorientierte Unternehmen, Max Schimmel Verlag, Würzburg 2001.

E

G. Ebert (1994), Unternehmensführung, in: U. Bestmann (Hrsg., 1994), Kompendium der Betriebswirtschaftslehre, 7.,durchgesehene Auflage, R. Oldenbourg Verlag, München, Wien und Oldenbourg 1994, S.73-156.

eDM Report (2005), PDM im Mittelstand, o. Jg., Dressler Verlag, Darmstadt 2005.

J. Eggensperger (2005), Analyse von Erfolgsfaktoren für den Einsatz von Customer Relationship Management im industriellen Mittelstand – eine qualitative Exploration, Stuttgart 2005.

K. Ehrlenspiel, A. Kiewert und U. Lindemann (2005), Kostengünstig Entwickeln und Konstruieren: Kostenmanagement bei der integrierten Produktentwicklung, 5., bearbeitete Auflage, Springer Verlag, Heidelberg und Berlin 2005.

K. Ehrlenspiel (2007), Integrierte Produktentwicklung: Denkabläufe, Methodeneinsatz, Zusammenarbeit, 3., aktualisierte Auflage, Carl Hanser Verlag, München und Wien 2007.

M. Eigner und R. Stelzer (2001), Produktdatenmanagement-Systeme: Ein Leitfaden für Product Development und Life Cycle Management, Springer Verlag, Berlin, Heidelberg u.a. 2001.

EN ISO 9000:2005 (2005), Qualitätsmanagementsysteme – Grundlagen und Begriffe, Brüssel 2005.

A. Englbrecht, H. Hippner und K. D. Wilde (2004a), Marketing Automation: Grundlagen des Kampagnenmanagements, in: H. Hippner und K. D. Wilde (Hrsg., 2004), IT-Systeme im CRM: Aufbau und Potenziale, Gabler Verlag, Wiesbaden 2004, S.333-372.

A. Englbrecht, H. Hippner und K. D. Wilde (2004b), Kundenorientierung im Web: Eine Analyse der Internet-Auftritte deutscher Unternehmen, in: H. Hippner und K. D. Wilde (Hrsg., 2004), IT-Systeme im CRM: Aufbau und Potenziale, Gabler Verlag, Wiesbaden 2004, S.511-542.

EU-Kommission (2003), The new SME definition: User guide and model declaration, EU Publications Office, 2003.

N. Evbuomwan (1999), Design for time to market, in: U. Roy, J. M. Usher und H. R. Parsaei (1999), Simultaneous Engineering: Methodologies and Applications, Gordon and Breach Science Publishers, Australia u.a. 1999, S.31-66.

F

G. Fandel, P. Francois und K.-M. Gubitz (2002), CAD-Marktstudie: Grundlagen, Methoden, Software, Marktanalyse, 2., völlig neu bearbeitete und erweiterte Auflage, AIP-Institut, Hagen 2002.

H.-U. Fehr (1999), Total-Quality-Management, in: W. Masing (Hrsg., 1999), Handbuch Qualitätsmanagement, 4., überarbeitete und erweiterte Auflage, Hanser Verlag, München und Wien 1999, S.31-48.

O. K. Ferstl und E. J. Sinz (2001), Grundlagen der Wirtschaftsinformatik, Band 1, 4., überarbeitete und erweiterte Auflage, R. Oldenburg Verlag, München und Wien 2001.

A. Fink, G. Schneidereit und S. Voß (2005), Grundlagen der Wirtschaftsinformatik, 2., überarbeitete Auflage, Physica-Verlag, Heidelberg 2005.

J. O. Fischer (2008), Praxisbewährte Methoden und Informationssysteme für den Konstruktionsprozess, Springer Verlag, Berlin, Heidelberg und New York 2008.

J. Fleischer und S. Klinkel (2003), Kundenorientierte Innovation und Management von Kundenwissen, in: W. Bungard, J. Fleischer, H. Nohr, D. Spath und E. Zahn (Hrsg., 2003), Customer Knowledge Management: Erste Ergebnisse des Projektes Customer Knowledge Management, Integration und Nutzung von Kundenwissen zur Steigerung der Innovationskraft, Fraunhofer IRB Verlag, Stuttgart 2003, S.89-104.

U. Flick (2002), Qualitative Sozialforschung: Eine Einführung, 6., vollständig überarbeitete und erweiterte Neuausgabe, Rowohlt Taschenbuchverlag, Reinbeck/Hamburg 2002.

P. Forbig (2007), Objektorientierte Softwareentwicklung mit UML, 3., völlig neu bearbeitete und erweiterte Auflage, Carl Hanser Verlag, München und Wien 2007.

F. J. Fowler (2002), Survey Research Methods, Third Edition, Sage Publications, Thousand Oaks, London und Neu Dehli, 2002.

M. Fowler (2004), UML konzentriert, 3. Auflage, Addison-Wesley Verlag, München 2004.

G. Friederici (2006), CAD-Mechanik-Systeme: Marktbetrachtung, in: CAD-CAM Report (2006), 25. Jg., Nr.11/2006, S.66-69 (Teil 1) und Nr.12/2006, S.55-59 (Teil 2), Dressler Verlag, Heidelberg 2006.

E. Frieling, P. Gall und D. Henniges (1994), Bedarfsgerechte Gestaltung von Informations- und CAD-Datenflüssen in Produktentwicklungsprozeßketten, VDI-Verlag, Düsseldorf 1994.

H.-P. Fröschle (2001), CRM – Unterstützungspotenziale, in: H.-P. Fröschle und M. Mörike (Hrsg., 2001), HMD 221: Customer Relationship Management, dpunkt Verlag, Heidelberg 2001, S.5-12.

U. Froschauer und M. Lueger (2003), Das qualitative Interview: Zur Praxis interpretativer Analyse sozialer Systeme, WUV-Universitätsverlag, Wien 2003.

G

Gabler (2004), Gabler-Wirtschaftslexikon, 15., vollständig überarbeitete Auflage, Gabler Verlag, Wiesbaden 2004.

R. Gabriel, F. Knittel, H. Taday und A.-K. Reif-Mosel (2002), Computergestützte Informations- und Kommunikationssysteme in der Unternehmung: Technologien, Anwendungen, Gestaltungskonzepte, 2., vollständig überarbeitete und erweiterte Auflage, Springer Verlag, Berlin, Heidelberg u.a. 2002.

A. Gadeib (1999), Ansprüche und Entwicklung eines Systems zur Befragung über das World Wide Web, in: B. Batinic, A. Werner, L. Gräf und W. Bandilla (Hrsg., 1999), Online Research: Methoden, Anwendungen und Ergebnisse, Hogrefe-Verlag, Göttingen u.a. 1999, S.103-112.

T. Gawlik, J. Kellner und D. Seiffert (2002), Effiziente Kundenbindung mit CRM: Wie Procter & Gamble, Henkel und Kraft mit ihren Marken Kundenbeziehungen gestalten, Galileo Business Press, Bonn 2002.

K. A. Geißler und M. Hege (2007), Konzepte sozialpädagogischen Handelns: Ein Leitfaden für soziale Berufe, 11. Auflage, Juventa Verlag, Weinheim und Basel 2007.

M. Gibbert, M. Leibold und G. Probst (2002), Five Styles of Customer Knowledge Management, and how smart companies use them to create value, in: M. Leibold, G. Probst und M. Gibbert (Hrsg., 2002), Strategic Management in the Knowledge Economy: New approaches and Business Applications, Willey VCH Verlag, Erlangen 2002, S.271-285.

H. Glaser, W. Geiger und V. Rohde (1992), Produktionsplanung und -steuerung: Grundlagen, Konzepte und Anwendungen, 2., überarbeitete Auflage, Gabler Verlag, Wiesbaden 1992.

P. Gluchowski und P. Chamoni (2006), Entwicklungslinien und Architekturkonzepte des On-Line Analytical Processing, in: P. Chamoni und P. Gluchowski (Hrsg., 2006), Analytische Informationssysteme: Business Intelligence-Technologien und –Anwendungen, 3., vollständig überarbeitete Auflage, Springer Verlag, Berlin u.a. 2006, S.143-176.

H. Grabowski, R.-S. Lossack und J. Weißkopf (2002), Datenmanagement in der Produktentwicklung: Automatische Klassifikation von Produktdaten aus 3D-CAD-Systemen, PDM- und ERP-Systemen, XML- und Office-Dokumenten, Carl Hanser Verlag, München und Wien 2002.

L. Gräf (1999), Optimierung von WWW-Umfragen: Das Online Pretest-Studio, in: B. Batinic, A. Werner, L. Gräf und W. Bandilla (Hrsg., 1999), Online Research: Methoden, Anwendungen und Ergebnisse, Hogrefe-Verlag, Göttingen u.a. 1999, S.159-178.

S. Grimm und J. Röhricht (2003), Die Multichannel Company: Strategien und Instrumente für die integrierte Kundenkommunikation, Galileo Business Press, Bonn 2003.

H. Grimm-Curtius (1994), Betriebswirtschaftlicher Gesamtprozeß, in: U. Bestmann (Hrsg., 1994), Kompendium der Betriebswirtschaftslehre, 7., durchgesehene Auflage, R. Oldenbourg Verlag, München und Wien 1994, S.7-72.

I. Graham (1994), Object Oriented Methods, Second Edition, Addison-Wesley Publishing Company, Wokingham, Reading MA, Menlo Park, CA, u.a. 1993.

W. Greska (1995), Wissensbasierte Analyse und Klassifizierung von Blechteilen, Carl Hanser Verlag, München und Wien 1995.

T. Gurzki und N. Özcan (2003), Unternehmensportale: Kunden-, Lieferanten- und Mitarbeiterportale in der betrieblichen Praxis, Fraunhofer IRB Verlag, Stuttgart 2003.

R. Gust (1995), Moderne Qualitätsmanagementmethoden: Verbreitung und Einsatzprobleme, Artec-paper Nr. 37, Bremen 1995.

A. Gustafsson, A. Herrmann und F. Huber (2007), Conjoint Analysis as an Instrument of Market, in: A. Gustafsson, A. Herrmann und F. Huber (Hrsg., 2007), Conjoint Measurement: Methods and Applications, Fourth Edition, Springer Verlag, Berlin, Heidelberg und New York 2007, S.3-30.

E. Gutenberg (1983), Grundlagen der Betriebswirtschaftslehre, Band 1: Die Produktion, 24., unveränderte Auflage, Springer Verlag, Berlin, Heidelberg u.a. 1983.

E. Gutenberg (1984), Grundlagen der Betriebswirtschaftslehre, Band 2: Der Absatz, Springer Verlag, Berlin, Heidelberg u.a. 1984.

H

S. Haasis (1995), Wissens- und featurebasierte Unterstützung der Konstruktion von Stirnradgetrieben unter besonderer Berücksichtigung des Gußgehäuses, VDI-Verlag, Düsseldorf 1995.

S. Haasis, D. Frank, B. Rommel und M. Weyrich (2003), Feature-based Integration of Product, Process and Ressources, in: R. Soenen und G. J. Olling (Hrsg., 2003), Feature based Life-Cycle Modeling, Kluwer Academic Publishers, Boston u.a. 2003, S.93-108.

H. Haberhauer und F. Bodenstein (2007), Maschinenelemente: Gestaltung, Berechnung und Anwendung, 14., bearbeitete Auflage, Springer Verlag, Heidelberg und Berlin 2007.

A. Haffner (2005), Ein Modell zur Bestimmung der monetären Einsparungspotenziale bei der Durchführung einer Fehlermöglichkeits- und Einflussanalyse (FMEA), Jost-Jetter Verlag, Heimsheim 2005.

R. Hafner (2000), Statistik für Sozial- und Wirtschaftswissenschaftler: Band 1, 2., verbesserte Auflage, Springer Verlag, Wien und New York 2000.

M. Hammer und J. Champy (1994), Business Reengineering: Die Radikalkur für das Unternehmen, 2. Auflage, Campus Verlag, Frankfurt am Main und New York 1994.

U. Hammerschall (2005), Verteilte Systeme und Anwendungen: Architekturkonzepte, Standards und Middleware-Technologien, Pearson Studium, München 2005.

U. Hannig (2002), Knowledge Management + Business Intelligence = Decision Intelligence, in: U. Hannig (Hrsg., 2002), Knowledge Management und Business Intelligence, Springer Verlag, Berlin, Heidelberg und New York 2002, S.3-25.

H. R. Hansen und G. Neumann (2001), Wirtschaftsinformatik I, Grundlagen der betrieblichen Informationsverarbeitung, 8., völlig neubearbeitete und erweiterte Auflage, Lucius & Lucius Verlagsgesellschaft mbH, Stuttgart 2001.

K.-W. Hansmann (2001), Industrielles Management, 7., völlig überarbeitete und erweiterte Auflage, R. Oldenbourg Verlag, München und Wien 2001.

E. R. Harold und W. S. Means (2005), XML in a Nutshell, O'Reilly Media, Bejing, Cambridge, Farnham u.a. 2005.

B. Hassenstein (1972), Element und System – geschlossene und offene Systeme, in: R. Kurzrock (Hrsg., 1972), Forschung und Information, Band 12: Systemtheorie, Colloquium Verlag, Berlin 1972, S.29-38.

P. Hauptmanns (1999), Grenzen und Chancen von quantitativen Befragungen mit Hilfe des Internet, in: B. Batinic, A. Werner, L. Gräf und W. Bandilla (Hrsg., 1999), Online Research: Methoden, Anwendungen und Ergebnisse, Hogrefe-Verlag, Göttingen u.a. 1999, S.21-38.

K. Heck (2000), Ganzheitliches Customer Relationship bei der Direkt Anlage Bank AG, in: V. Bach und H. Österle (Hrsg., 2000), Customer Relationship Management in der Praxis: Erfolgreiche Wege zu kundenzentrierten Lösungen, Springer Verlag, Berlin u.a. 2000, S.135-152.

F. Heckmann (1992), Interpretationsregeln zur Auswertung qualitativer Interviews und sozialwissenschaftlich relevanter ‚Texte': Anwendung der Hermeneutik für die empirische Sozialforschung, in: J. H. P. Hoffmeyer-Zlotnik (Hrsg., 1992), Analyse verbaler Daten: Über den Umgang mit qualitativen Daten, Westdeutscher Verlag, Opladen 1992.

L. J. Heinrich (2001), Wirtschaftsinformatik: Einführung und Grundlegung, 2., vollständig überarbeitete und ergänzte Auflage, R. Oldenbourg Verlag, München und Wien 2001.

R. Helm (2004), Vertrieb im Systemgütergeschäft: Gestaltungsparameter für eine Vertriebskonzeption, Deutscher Universitäts-Verlag, Wiesbaden 2004.

R. Helm (2006), Marketing, in: F. X. Bea, B. Friedl und M. Schweitzer (Hrsg., 2006), Allgemeine Betriebswirtschaftslehre, Band 3: Leistungsprozess, 9. neu bearbeitete und erweiterte Auflage, Lucius & Lucius Verlagsgesellschaft mbH, Stuttgart 2006, S.253-336.

A. Hemetsberger und J. Füller (2006), Qual der Wahl: Welche Methode führt zu kundenorientierten Innovationen?, in: H. H. Hinterhuber und K. Matzler (Hrsg., 2006), Kundenorientierte Unternehmensführung: Kundenorientierung, Kundenzufriedenheit und Kundenbindung, 5., überarbeitete und erweiterte Auflage, Verlag Dr. Th. Gabler, Wiesbaden 2006, S.399-434.

G. Hertel und W. Virt (2000), Qualitätsmanagement als Grundkonzept einer kundenorientierten Produktgestaltung, in: A. Herrmann, G. Hertel, W. Virt und F. Huber (Hrsg., 2000), Kundenorientierte Produktgestaltung, Verlag Franz Vahlen, München 2000, S.19-50.

G. Herzwurm, S. Schockert und W. Mellis (1997), Qualitätssoftware durch Kundenorientierung: Die Methode Quality Function Deployment (QFD), Vieweg Business Computing, Braunschweig 1997.

G. Herzwurm, S. Schockert und W. Mellis (2000), Joint Requirements Engineering: QFD for Rapid Customer-Focused Software and Internet-Development, Friedr. Vieweg & Sohn Verlagsgesellschaft, Braunschweig und Wiesbaden 2000.

G. Herzwurm (Hrsg., 2005), Was ist QFD, Sonderausgabe QFD-Forum, 4. Edition, QFD Institut Deutschland e.V., Aachen 2005.

H. A. Hinderer (2005), Eine Vorgehensweise zur Erstellung von Informationssystemen für die zwischenbetriebliche Zusammenarbeit im Vertrieb technischer Produkte, Jost-Jetter Verlag, Heimsheim 2005.

E. Hippel (2005), Democratizing Innovation, MIT Press, Cambridge MA, 2006.

H. Hippner, M. Leber und K. D. Wilde (2004), Kundeninformationen als Basis des CRM, in: H. Hippner und K. D. Wilde (Hrsg., 2004), IT-Systeme im CRM: Aufbau und Potenziale, Gabler Verlag, Wiesbaden 2004, S.151-182.

H. Hippner, R. Rentzmann und K. D. Wilde (2004), Aufbau und Funktionalitäten von CRM-Systemen, in: H. Hippner und K. D. Wilde (Hrsg., 2004), IT-Systeme im CRM: Aufbau und Potenziale, Gabler Verlag, Wiesbaden 2004, S.13-42.

H. Hippner, R. Rentzmann und K. D. Wilde (2006), Aufbau und Funktionalitäten von CRM-Systemen, in: H. Hippner und K. D. Wilde (Hrsg., 2006), Grundlagen des CRM: Konzepte und Gestaltung, 2., überarbeitete und erweiterte Auflage, Gabler Verlag, Wiesbaden 2006, S.45-74.

H. Hippner (2006), CRM – Grundlagen, Ziele und Konzepte, in: H. Hippner und K. D. Wilde (Hrsg., 2006), Grundlagen des CRM: Konzepte und Gestaltung, 2., überarbeitete Auflage, Gabler Verlag, Wiesbaden 2006, S.15-44.

M. Hoch (1989), Strategische Planung in mittelständischen Unternehmen, Centaurus Verlags-Gesellschaft, Mannheim 1989.

J. H. P. Hoffmeyer-Zlotnik (1992), Handhabung verbaler Daten in der Sozialforschung, in: J. H. P. Hoffmeyer-Zlotnik (Hrsg., 1992), Analyse verbaler Daten: Über den Umgang mit qualitativen Daten, Westdeutscher Verlag, Opladen 1992.

C. Homburg und A. Giering (1998), Konzeptualisierung und Operationalisierung komplexer Konstrukte: Ein Leitfaden für die Marketingforschung, in: L. Hildebrandt und C. Homburg (Hrsg., 1998), Die Kausalanalyse: Ein Instrument der empirischen betriebswirtschaftlichen Forschung, Schäffer-Poeschel Verlag, Stuttgart 1998, S.111-146.

C. Homburg und J. Schneider (2001), Industriegütermarketing, in: D. K. Tscheulin und B. Helmig (Hrsg., 2001), Branchenspezifisches Marketing, Grundlagen, Besonderheiten, Gemeinsamkeiten, Gabler Verlag, Wiesbaden 2001, S.587-614.

R. Huetschi (2007), Serviceorientierte Architektur: Architekturprinzipien und Umsetzung in der Praxis, Springer-Verlag, Berlin und Heidelberg 2007.

M. Hunsicker (2002), Anforderungen an eine Integrationsplattform am Beispiel Union Investment, in: M. Meyer (Hrsg., 2002), CRM-Systeme mit EAI: Konzeption, Implementierung und Evaluation, Friedr. Vieweg & Sohn Verlagsgesellschaft, Braunschweig und Wiesbaden 2002, S.255-268.

W.-D. Huth (1998), Der interorganisationale Beschaffungsentscheidungsprozeß – ein operationales Modell, Univ. Diss. Mainz 1998.

I

IBM (2005), Mechanical Design Solutions, IBM Eurocoordination, Paris 2005.

IfM Bonn (2007), Mittelstand: Definition und Schlüsselzahlen, auf den Seiten des IfM Bonn, http://www.ifm.bonn.org/, Zugriff am 23.04.2007.

IHK Region Stuttgart (2007), Geschäftsbericht 2006/2007, Stuttgart 2007.

IHK Schwaben (2007), IHK-Mitgliedschaft, zu beziehen über http://www.schwaben.ihk.de, Zugriff am 21.05.2007.

IHKG (1956), Gesetz zur vorläufigen Regelung des Rechts der Industrie- und Handelskammern in der im Bundesgesetzblatt Teil III, Gliederungsnummer 701-1, veröffentlichten bereinigten Fassung, zuletzt geändert durch Artikel

130 der Verordnung vom 31. Oktober 2006 (BGBl. I S. 2407), zu beziehen über http://bundesrecht.juris.de/ihkg, Zugriff am 21.05.2007.

J

F. Jacob und M. Kleinaltenkamp (2004), Deutschsprachige Ansätze für eine Industriegütermarketing-Theorie, in: K. Backhaus und M. Voeth (Hrsg., 2004), Handbuch Industriegütermarketing: Strategien, Instrumente, Anwendungen, Gabler Verlag, Wiesbaden 2004, S.213-230.

G. Jaeger, E. Auer und Wolfgang Luef (2000), Customer Relationship Management bei der Credit Suisse, in: V. Bach und H. Österle (Hrsg., 2000), Customer Relationship Management in der Praxis: Erfolgreiche Wege zu kundenzentrierten Lösungen, Springer Verlag, Berlin u.a. 2000, S.87-108.

A. Janocha u.a. (1998), Digital Mock-up und CAx-Systemintegration, in: CAD-CAM-Report (1998), Nr.6/1998, S.62-66.

K

R. Kämpf (2007), Fehlermöglichkeits- und Einfluss-Analyse (FMEA), in: H. Gienke und R. Kämpf (Hrsg., 2007), Handbuch Produktion: Innovatives Produktionsmanagement: Organisation, Konzepte, Controlling, Carl Hanser Verlag, München 2007, S.1110-1122.

M. Kaib (2002), Enterprise Application Integration: Grundlagen, Integrationsprodukte und Anwendungsbeispiele, Deutscher Universitäts-Verlag, Wiesbaden 2002.

M. Kaib (2004), Enterprise Application Integration: Grundlagen, Integrationsprodukte und Anwendungsbeispiele, Deutscher Universitäts-Verlag, Wiesbaden 2004.

G. F. Kamiske und J.-P. Brauer (1999), Qualitätsmanagement von A bis Z: Erläuterungen moderner Begriffe das Qualitätsmanagements, 3., vollständig überarbeitete und erweiterte Auflage, Carl Hanser Verlag, München und Wien 1999.

G. F. Kamiske (2006), Qualitätswissenschaft für Manager, 2. Auflage, Books on Demand, Norderstedt 2006.

M. A. Kaplan (1972), Über systemorientiertes Forschen, in: R. Kurzrock (Hrsg., 1972), Forschung und Information, Band 12: Systemtheorie, Colloquium Verlag, Berlin 1972, S.9-16.

M. D. Kaplowitz, T. D. Hadlock und R. Levine (2004), A Comparison of Web and Mail Survey Response Rates, in: Public Opinion Quarterly, Vol. 65, No. 1 (2004), S.94-101.

H.-G. Kemper (1999), Architektur und Gestaltung von Management-Unterstützungs-Systemen: Von isolierten Einzelsystemen zum integrierten Gesamtansatz, B.G. Teubner, Stuttgart und Leipzig 1999.

H.-G. Kemper, W. Mehanna und C. Unger (2006), Business Intelligence: Grundlagen und praktische Anwendungen, 2., ergänzte Auflage, Friedr. Vieweg & Sohn Verlagsgesellschaft, Wiesbaden 2006.

M. Ketting (1999), Geschichte des Qualitätsmanagement, in: W. Masing (Hrsg., 1999), Handbuch Qualitätsmanagement, 4., überarbeitete und erweiterte Auflage, Hanser Verlag, München und Wien 1999, S.17-30.

W. Klepzig und L. Weißbach (2005), 3D-Konstruktion mit CATIA V5: Parametrisch-assoziatives Konstruieren von Teilen und Baugruppen in 3D, 2., aktualisierte und überarbeitete Auflage, Carl Hanser Verlag, Leipzig, München und Wien 2005.

B. Knobloch (2002), Ein Bezugsrahmen für integrierte Managementunterstützungssysteme: Einordnung und funktionale Anforderungen an Business-Intelligence-Systeme aus managementtheoretischer Sicht, in: E. von Maur und R. Winter (Hrsg., 2002), Vom Data Warehouse zum Knowledge Center: Proceedings der Data Warehousing 2002, Physica-Verlag, Heidelberg 2002, S.335-358.

W. Kölscheid (1999), Methodik zur lebenszyklusorientierten Produktgestaltung: Ein Beitrag zum Life Cycle Design, Shaker Verlag, Aachen 1999.

M. Korell und D. Spath (2003a), Customer Knowledge Management – ein neues Thema für Forschung und Praxis, in: W. Bungard, J. Fleischer, H. Nohr, D. Spath und E. Zahn (Hrsg., 2003), Customer Knowledge Management: Erste Ergebnisse des Projektes Customer Knowledge Management, Integration und Nutzung von Kundenwissen zur Steigerung der Innovationskraft, Fraunhofer IRB Verlag, Stuttgart 2003, S.8-9.

M. Korell und D. Spath (2003b), Das Projekt „Customer Knowledge Management“, in: W. Bungard, J. Fleischer, H. Nohr, D. Spath und E. Zahn (Hrsg., 2003), Customer Knowledge Management: Erste Ergebnisse des Projektes Customer Knowledge Management, Integration und Nutzung von Kundenwissen zur Steigerung der Innovationskraft, Fraunhofer IRB Verlag, Stuttgart 2003, S.10-12.

M. Korell und D. Spath (2003c), Customer Knowledge Management: Überblick über ein neues Forschungsfeld, in: W. Bungard, J. Fleischer, H. Nohr, D. Spath und E. Zahn (Hrsg., 2003), Customer Knowledge Management: Erste Ergebnisse des Projektes Customer Knowledge Management, Integration und Nutzung von Kundenwissen zur Steigerung der Innovationskraft, Fraunhofer IRB Verlag, Stuttgart 2003, S.13-36.

M. Korell (2007), Customer Knowledge Management: Ein Überblick, in: M. Korell und M. Schaschke (Hrsg., 2007), Customer Knowledge Management: Durch systematische Integration von Kundenwissen die Innovationskraft steigern, Fraunhofer IRB Verlag, Stuttgart 2007, S.1-48.

P. Kotler, G. Armstrong, J. Saunders und V. Wong (2003), Grundlagen des Marketing, 3., überarbeitete Auflage, Pearson Studium, München 2003.

M. Krafft (2002), Kundenbindung und Kundenwert, Physica-Verlag, Heidelberg 2002.

F.-L. Krause, A. Ulbrich und R. Woll (1994), Methoden des Qualitätsmanagements in der rechnerintegrierten Produktentwicklung, in: VDI (Hrsg., 1994), Wege zum erfolgreichen Qualitätsmanagement in der Produktentwicklung, VDI-Verlag, Düsseldorf 1994, S.121-146.

F. L. Krause, R. Baumann und K. Martini (1999), Normung, Datenaustausch und ausgewählte Anwendungsbeispiele im Bereich Feature-Technologie, in: VDI (Hrsg., 1999), Beschleunigung der Produktentwicklung durch EDM/PDM- und Feature-Technologie, VDI Verlag, Düsseldorf 1999, S.411-430.

H. Krcmar (2004), Informationsmanagement, 4., überarbeitete und erweiterte Auflage, Springer Verlag, Berlin, Heidelberg und New York 2004.

J. Kretschmann (1990), Die Diffusion des kritischen Rationalismus in der Betriebswirtschaftslehre, Poeschel Verlag, Stuttgart 1990.

W. Kroeber-Riel und P. Weinberg (2003), Konsumentenverhalten, 8., aktualisierte und ergänzte Auflage, Verlag Franz Vahlen, München 2003.

H. Kromrey (2002), Empirische Sozialforschung: Modelle und Methoden der standardisierten Datenerhebung und Datenauswertung, 10., vollständig überarbeitete Auflage, Verlag Leske + Budrich, Opladen 2002.

A. Kronz (2003), Verteiltes Workflow-Management: Konzepte und Architektur, Eul Verlag, Lohmar 2003.

W. Krüger (2005), Organisation, in: F. X. Bea, B. Friedl und M. Schweitzer (Hrsg., 2005), Allgemeine Betriebswirtschaftslehre, Band 2: Führung, 9., neu bearbeitete und erweiterte Auflage, Lucius & Lucius Verlagsgesellschaft mbH, Stuttgart 2005, S.140-234.

H. Kubicek (1977), Heuristische Bezugsrahmen und heuristisch angelegte Forschungsdesigns als Elemente einer Konstruktionsstrategie empirischer Forschung, in: R. Köhler (Hrsg., 1977), Empirische und handlungsorientierte Forschungskonzeption in der Betriebswirtschaftslehre, Poeschel Verlag, Stuttgart 1977.

W. Kühn (2006), Digitale Fabrik: Fabriksimulation für Produktionsplaner, Hanser Verlag, München und Wien 2006.

V. Kumar und W. J. Reinartz (2006), Customer Relationship Management: A Databased Approach, John Wiley & Sons Inc., Hoboken 2006.

L

W. Laatz (1993), Empirische Methoden: Ein Lehrbuch für Sozialwissenschaftler, Verlag Harry Deutsch, Thun und Frankfurt am Main 1993.

S. Lamnek (2002), Qualitative Interviews, in: E. König und P. Zedler (Hrsg., 2002), Qualitative Sozialforschung: Grundlagen und Methoden, 2., völlig überarbeitete Auflage, Beltz Verlag, Weinheim und Basel 2002, S.157-194.

M. Lehnen (2002), Wettbewerbsstrategien und regionale Reichweite: Internationalisierung mittelständischer Maschinenbauunternehmen, Deutscher Universitäts-Verlag, Wiesbaden 2002.

M. Leibold, G. Probst und M. Gibbert, (2002), Fundamental Impacts of the Global Knowledge Economy on Strategic Management, in: M. Leibold, G. Probst und M. Gibbert (Hrsg., 2002), Strategic Management in the Knowledge Economy: New approaches and Business Applications, Willey VCH Verlag, Erlangen 2002, S.12-23.

K. Liebstückel (Hrsg., 2006), Product Lifecycle Management, HMD 249, Jg. 43, dpunkt Verlag, Heidelberg 2006.

H. Linß (1995), Integrationsabhängige Nutzeneffekte der Informationsverarbeitung: Vorgehensmodell und Empirische Ergebnisse, Deutscher Universitäts-Verlag, Wiesbaden 1995.

P. Loos und P. Fettke (2007), Zum Beitrag empirischer Forschung in der Informationsmodellierung, in: P. Loos und H. Krcmar (Hrsg., 2007), Architekturen und Prozesse: Strukturen und Dynamik in Forschung und Unternehmen, Springer Verlag, Berlin, Heidelberg und New York 2007, S.33-50.

S. Lunau (Hrsg., 2007), Design for Six Sigma + Lean Toolset: Innovationen erfolgreich realisieren, Springer Verlag, Berlin, Heidelberg und New York 2007.

T. Lutz (2006), Technischer Vertrieb, Organisation, Notwendige Instrumente, Praxishilfen, Cornelson Verlag, Berlin 2006.

M

C. Mai (1997), Effiziente Produktplanung mit Quality Function Deployment, Springer Verlag, Berlin u.a. 1997.

R. Maier (2004), Knowledge Management Systems: Information and Communication Technologies for Knowledge Management, Second Edition, Springer Verlag, Berlin, Heidelberg und New York 2004.

R. Maier, T. Hädrich und R. Peinl (2005), Enterprise Knowledge Infrastructures, Springer Verlag, Berlin, Heidelberg und New York 2005.

A. Martin (1989), Die empirische Forschung in der Betriebswirtschaftslehre: Eine Untersuchung über die Logik der Hypothesenprüfung, die empirische Forschungspraxis und die Möglichkeit einer theoretischen Fundierung realwissenschaftlicher Untersuchungen, Poeschel Verlag, Stuttgart 1989.

W. Masing (1999), Das Unternehmen im Wettbewerb, in: W. Masing (Hrsg., 1999), Handbuch Qualitätsmanagement, 4., überarbeitete und erweiterte Auflage, Hanser Verlag, München und Wien 1999, S.3-16.

L.-G. Mattsson (2004), Industrial Marketing – The Network Perspektive, in: K. Backhaus und M. Voeth (Hrsg., 2004), Handbuch Industriegütermarketing: Strategien, Instrumente, Anwendungen, Gabler Verlag, Wiesbaden 2004, S.175-202.

P. Mayring (2001), Kombination und Integration qualitativer und quantitativer Analyse, in: Forum Qualitative Sozialforschung (2001), Online Journal, Volume 2, Nr. 1, Februar 2001, verfügbar über http://qualitativeresearch.net/fqs/fqs.htm, Zugriff am 01.03.2007.

H. Meffert (2005), Marketing, Grundlagen marktorientierter Unternehmensführung, Konzepte – Instrumente – Praxisbeispiele, 9., überarbeitete und erweiterte Auflage, Gabler Verlag, Wiesbaden 2005.

P. Mertens, F. Bodendorf, W. König, A. Picot, M. Schumann und T. Hess (2005), Grundzüge der Wirtschaftsinformatik, 9., überarbeitete Auflage, Springer Verlag, Berlin, Heidelberg und New York 2005.

P. Mertens (2005), Integrierte Informationsverarbeitung 1: Operative Systeme in der Industrie, 15., überarbeitete Auflage, Gabler Verlag, Wiesbaden 2005.

M. Merzenich (2005), Prozessmanagement im Customer Relationship Management: Gestaltung und Implementierung kundenorientierter Geschäftsprozesse, Logos Verlag, Berlin 2005.

Meyer (2001), Meyers Großes Taschenlexikon in 25 Bänden, 8., durchgesehene und aktualisierte Auflage, Band 10, B.I. Taschenbuchverlag, Mannheim 2001.

M. Meyer (2002), CRM und CRM-Systeme: Grundlagen und Überblick, in: M. Meyer (Hrsg., 2002), CRM-Systeme mit EAI: Konzeption, Implementierung und Evaluation, Friedr. Vieweg & Sohn Verlagsgesellschaft, Braunschweig und Wiesbaden 2002, S.3-20.

M. Meyer und S. Weingärtner (2002), Enterprise Application Integration: Grundlagen, in: M. Meyer (Hrsg., 2002), CRM-Systeme mit EAI: Konzeption, Implementierung und Evaluation, Friedr. Vieweg & Sohn Verlagsgesellschaft, Braunschweig und Wiesbaden 2002, S.199-229.

M. Meyer (2004), Implementierung von CRM-Systemen: Integrationsebenen und –technologien, in: H. Hippner und K. D. Wilde (Hrsg., 2004), IT-Systeme im CRM: Aufbau und Potentiale, Gabler Verlag, Wiesbaden 2004, S.121-150.

S. Meyer (2007), Wandlungsfähigkeit durch Wissensmanagement: Konzept zum Management wissensbasierter Wandlungsfähigkeit in Unternehmen, Peter Lang Verlag, Frankfurt am Main, Berlin, Bern u.a. 2007.

Microsoft Corporation (2004), Microsoft .Net Framework Basisbibliothek, Microsoft Press Deutschland, Unterschleißheim 2004.

M. B. Miles und A. M. Hubermann (1994), Qualitative Data Analysis: An Expand Sourcebook, Second Edition, Sage Publications, Thousand Oaks, London und Neu Dehli 1994.

O. Molloy, S. Tilley und E. Warman (1998), Design for Manufacturing and Assembly: Concepts, architectures and implementation, Chapman and Hall, London u.a. 1998.

J. Moormann und P. Rossbach (Hrsg., 2001), Customer Relationship Management in Banken, Bankakademie-Verlag, Frankfurt am Main 2001.

M. Muth (1994), Repräsentation von Konstruktionswissen unter Verwendung des objektorientierten Paradigmas, LKT, Saarbrücken 1994.

A. Muther (2001), Electronic Customer Care: Die Anbieter-Kunden-Beziehung im Informationszeitalter, 3., überarbeitete Auflage, Springer Verlag, Berlin u.a. 2001.

N

W. Neubauer (1994), Statistische Methoden: Ausgewählte Kapitel für Wirtschaftswissenschaftler, Verlag Franz Vahlen, München 1994.

G. Niemann und H. Winter (1989), Maschinenelemente Band 2: Getriebe allgemein, Zahnradgetriebe Grundlagen und Stirnradgetriebe, 2., völlig neubearbeitete Auflage, Springer Verlag, Berlin, Heidelberg, New York u.a. 1989.

R. Nieschlag, E. Dichtl und H. Höschgen (2002), Marketing, 19., überarbeitete und ergänzte Auflage, Duncker und Humblot, Berlin 2002.

H. Nohr (2003), Wissensmanagement, in: W. Bungard, J. Fleischer, H. Nohr, D. Spath und E. Zahn (Hrsg., 2003), Customer Knowledge Management: Erste Ergebnisse des Projektes Customer Knowledge Management, Integration und Nutzung von Kundenwissen zur Steigerung der Innovationskraft, Fraunhofer IRB Verlag, Stuttgart 2003, S.37-51.

H. Nohr (2004), Strategie- und Geschäftsprozessorientiertes Kundenwissensmanagement, in: H. Nohr und A. W. Roos (Hrsg., 2004), Customer Knowledge Management: Erschließung von Kundenwissen, Logos Verlag, Berlin 2004, S.11-24.

I. Nonaka und H. Takeuchi (1997), Die Organisation des Wissens: Wie japanische Unternehmen eine brachliegende Ressource nutzbar machen, Campus Verlag, Frankfurt 1997.

K. North (2002), Wissensorientierte Unternehmensführung: Wertschöpfung durch Wissen, 3., aktualisierte und erweiterte Auflage, Gabler Verlag, Wiesbaden 2002.

O

A. Oberweis, O. Paulzen und H. J. Sexauer (2002), Integration des Wissensmanagement in den Entwicklungsprozess von CRM-Systemen, in: M. Meyer (Hrsg., 2002), CRM-Systeme mit EAI: Konzeption, Implementierung und Evaluation, Friedr. Vieweg & Sohn Verlagsgesellschaft, Braunschweig und Wiesbaden 2002, S.117-136.

A. Oberweis, O. Paulzen und H. J. Sexauer (2004), Wissensmanagement im CRM, in: H. Hippner und K. D. Wilde (Hrsg., 2004), IT-Systeme im CRM: Aufbau und Potentiale, Gabler Verlag, Wiesbaden 2004.

B. Oestereich, C. Weiss, C. Schröder, T. Weilkiens und A. Lenhard (2003), Objektorientierte Geschäftsprozessmodellierung mit der UML, dpunkt Verlag, Heidelberg 2003.

B. Oestereich (2006), Analyse und Design mit UML 2.1: Objektorientierte Softwareentwicklung, 8., aktualisierte Auflage, Oldenbourg Wissenschaftsverlag GmbH, München und Wien 2006.

L. Ophey (2005), Entwicklungsmanagement: Methoden in der Produktentwicklung, Springer Verlag, Berlin und Heidelberg 2005.

A. Ostertag (2004), Management von Kundenwissen: Grundlagen, Ansätze und Modelle, in: H. Nohr und A. W. Roos (Hrsg., 2004), Customer Knowledge Management: Erschließung und Anwendung von Kundenwissen, Logos Verlag, Berlin 2004, S.25-102.

J. Ovtcharova (1997), A Framework for Feature-Based Product Design: Fundamental Principles, System concepts, Applications, VDI Verlag GmbH, Düsseldorf 1997.

P

G. Pawellek (2007), Produktionslogistik: Planung, Steuerung, Controlling, Carl Hanser Verlag, München 2007.

A. Payne (2006), Handbook of CRM: Achieving Excellence in Customer Management, Elsevier, Amsterdam u.a. 2006.

T. Pfeifer (2002), Qualität in produzierenden Unternehmen 2002: Eine Untersuchung zum Zusammenhang zwischen Unternehmenserfolg und Qualitätsmanagement, Fraunhofer IPT, Aachen 2002.

P. Pflaumer, B. Heine und J. Hartung (1999), Statistik für Wirtschafts- und Sozialwissenschaften: Deskriptive Statistik, R. Oldenbourg Verlag, München und Wien 1999.

P. Pflaumer, B. Heine und J. Hartung (2001), Statistik für Wirtschafts- und Sozialwissenschaften: Induktive Statistik, R. Oldenbourg Verlag, München und Wien 2001.

A. Picot, R. Reichwald und R. T. Wigand (2003), Die grenzenlose Unternehmung: Information, Organisation und Management, 5., aktualisierte Auflage, Gabler Verlag, Wiesbaden 2003.

F. T. Piller (2006), Mass Customization: Ein wettbewerbsstrategisches Konzept im Informationszeitalter, 4., überarbeitete Auflage, Deutscher Universitäts-Verlag, Wiesbaden 2006.

D. Pilone und N. Pitman (2005), UML 2.0 in a Nutshell, O'Reilly Media, Sebastopol, CA und Bejing, 2005.

U. Prengemann (1994), Fertigungsinformationen im Konstruktionsprozess: Ein Konzept zur Sammlung, Dokumentation und Nutzung von Fertigungsinformationen, VDI-Verlag, Düsseldorf 1994.

G. Probst, S. Raub und K. Romhardt (2006), Wissen managen: Wie unternehmen ihre wertvollste Ressource optimal nutzen, 5., überarbeitete Auflage, Gabler Verlag, Wiesbaden 2006.

R

G. Raab und N. Werner (2005), Customer Relationship Management: Aufbau dauerhafter und profitabler Kundenbeziehungen, 2., überarbeitete Auflage, Verlag Recht und Wissenschaft, Frankfurt am Main 2005.

H. K. Rampersad (2001), Total Quality Management: An Executive Guide to Continuous Improvement, Springer Verlag, Berlin u.a. 2001.

M. Recknagel (2005), Integriertes Qualitätsinformations- und Recherchesystem für die dokumentierte Prüfung von Bauteilen, Jost Jetter Verlag, Heimsheim 2005.

H. Reichardt und Á. Reichardt (2002), Statistische Methodenlehre für Wirtschaftswissenschaftler, 11., durchgesehene Auflage, Gabler Verlag, Wiesbaden 2002.

R. Reinhardt (2002), Wissen als Ressource: Theoretische Grundlagen, Methoden und Instrumente zur Erfassung von Wissen, Peter Lang Verlag, Frankfurt am Main, Berlin, Bern u.a. 2002.

J. Richter (2002), Microsoft .Net Framework Programmierung, Microsoft Press Deutschland, Unterschleißheim 2002.

E. Rieger (1995), Semantikorientierte Features zur kontinuierlichen Unterstützung der Produktgestaltung, Carl Hanser Verlag, München und Wien 1995.

G. Riempp (2003), Von den Grundlagen zu einer Architektur für Customer Knowledge Management, in: L. M. Kolbe, H. Österle und W. Brenner (Hrsg., 2003), Customer Knowledge Management: Kundenwissen erfolgreich einsetzen, Springer Verlag, Berlin u.a. 2003, S.23-56.

P. J. Robinson, C. W. Faris und Y. Wind (1967), Industrial Buying and Creative Marketing, Allyn and Bacon, Boston MA, 1967.

R. Roesgen und C. Schmidt (2006), Auswahl und Einführung von ERP-/PPS-Systemen, in: G. Schuh (Hrsg., 2006), Produktionsplanung und -steuerung: Grundlagen, Gestaltung und Konzepte, 3., völlig neu bearbeitete Auflage, Springer Verlag, Berlin und Heidelberg 2006, S.330-376.

F.-N. Rudolph und J. R. Dietrich (2003), Marktstudie: Praktischer Einsatz von CAD- und EDM/PDM-Systemen, in: CAD-CAM Report (2003), 22. Jg., Nr.3/2003, S.58-63 (Teil 1), Nr.5/2003, S.58-61 (Teil 2) und Nr.6/2003, S.52-55 (Teil 3), Dressler Verlag, Heidelberg 2003.

B. Rüger (1996), Induktive Statistik: Einführung für Wirtschafts- und Sozialwissenschaftler, 3., überarbeitete Auflage, R. Oldenbourg Verlag, München und Wien 1996.

S

J. Saatweber (1997), Kundenorientierung durch Quality Function Deployment: Systematisches Entwickeln von Produkten und Dienstleistungen, Hanser Verlag, München und Wien 1997.

J. Saatweber (2001), QFD – Quality Function Deployment, in: H.-D. Zollondz (Hrsg., 2001), Lexikon Qualitätsmanagement: Handbuch des Modernen

Managements auf der Basis des Qualitätsmanagements, Oldenbourg Verlag, München und Wien 2001, S.782-798.

K. Samaschke (2006), XML.NET: XML und Web Services mit dem .NET Framework, entwickler.press, Unterhaching 2006.

M. Saschke (2007), Transparenz schaffen: Kundenwissen identifizieren, Wissenslücken erkennen, in: M. Korell und M. Schaschke (Hrsg., 2007), Customer Knowledge Management: Durch systematische Integration von Kundenwissen die Innovationskraft steigern, Fraunhofer IRB Verlag, Stuttgart 2007, S.1-48.

S. Schaal (1992), Integrierte Wissensverarbeitung mit CAD am Beispiel der konstruktionsbegleitenden Kalkulation, Carl Hanser Verlag, München und Wien 1992.

A.-W. Scheer (1988), Wirtschaftsinformatik: Informationssysteme im Industriebetrieb, 2., verbesserte Auflage, Springer Verlag, Berlin und Heidelberg 1988.

A.-W. Scheer (1990), Computer Integrated Manufacturing: Der computergesteuerte Industriebetrieb, 4., neu bearbeitete und erweiterte Auflage, Springer Verlag, Berlin, Heidelberg und New York 1990.

A.-W. Scheer (1995), Wirtschaftsinformatik: Referenzmodelle für industrielle Geschäftsprozesse, Studienausgabe, Springer Verlag, Berlin, Heidelberg und New York 1995.

A.-W. Scheer (1998), ARIS: Modellierungsmethoden, Metamodelle, Anwendungen, 3., völlig neubearbeitete und erweiterte Auflage, Springer Verlag, Berlin, Heidelberg und New York 1998.

A.-W. Scheer, M. Boczanski, M. Muth, W.-G. Schmitz und U. Segelbacher (2006), Prozessorientiertes Product Lifecycle Management, Springer Verlag, Berlin und Heidelberg 2006.

M. Schichtel (2002), Produktdatenmodellierung in der Praxis, Carl Hanser Verlag, München und Wien 2002.

H. Schierenbeck (2003), Grundzüge der Betriebswirtschaftslehre, 16., vollständig überarbeitete und erweiterte Auflage, R. Oldenbourg Verlag, München und Wien 2003.

A. Schill und T. Springer (2007), Verteilte Systeme: Grundlagen und Basistechnologien, Springer-Verlag, Berlin und Heidelberg 2007.

J. Schilling (1997), Soziale Arbeit, Reinhardt Verlag, München 1997.

B. Schmid (1993), Elektronische Märkte, in: Wirtschaftsinformatik (1993), Vol. 35, Nr. 5, Friedr. Vieweg & Sohn Verlagsgesellschaft, 1993, S. 465-480.

R. E. Schmid, V. Bach und H. Österle (2000), Mit Customer Relationship Management zum Prozessportal, in: V. Bach und H. Österle (Hrsg., 2000), Customer Relationship Management in der Praxis: Erfolgreiche Wege zu kundenzentrierten Lösungen, Springer Verlag, Berlin, Heidelberg und New York 2000, S.3-56.

R. Schmid (2001), Eine Architektur für Customer Relationship Management und Prozessportale bei Banken, Difo-Druck, Bamberg 2001.

R. Schnell, P. B. Hill und E. Esser (2005), Methoden der empirischen Sozialforschung, 7., völlig überarbeitete und erweiterte Auflage, R. Oldenbourg Verlag, München und Wien 2005.

J. Schöttner (1999), Produktdatenmanagement in der Fertigungsindustrie: Prinzip, Konzepte, Strategien, Carl Hanser Verlag, München und Wien 1999.

A. Schöler (2004), Service Automation: Unterstützung der Serviceprozesse im Front- und Back-Office, in: H. Hippner und K. D. Wilde (Hrsg., 2004), IT-Systeme im CRM: Aufbau und Potenziale, Gabler Verlag, Wiesbaden 2004, S.373-392.

A. Scholl (2003), Die Befragung: Sozialwissenschaftliche Methode und kommunikationswissenschaftliche Anwendung, UVK Verlagsgesellschaft mbH, Konstanz 2003.

U. Schüler (Hrsg., 1994): CIM-Lehrbuch: Grundlagen der rechnerintegrierten Produktion, Friedr. Vieweg & Sohn Verlagsgesellschaft, Braunschweig und Wiesbaden 1994.

M. Schüttengruber (2006), Objektorientierte Programmierung mit Visual Basic 2005, Redline GmbH, Heidelberg 2006.

G. Schuh (Hrsg., 2006), Produktionsplanung und –steuerung: Grundlagen, Gestaltung und Konzepte, 3., völlig neu bearbeitete Auflage, Springer Verlag, Berlin, Heidelberg und New York 2006.

J. Schulze (2002), CRM erfolgreich einführen, Springer Verlag, Berlin u.a. 2002.

M. Schweitzer (2004), Gegenstand und Methoden der Betriebswirtschaftslehre, in: F. X. Bea, B. Friedl und M. Schweitzer (Hrsg., 2004), Allgemeine Betriebswirtschaftslehre, Band 1: Grundfragen, 9., überarbeitete Auflage, Lucius & Lucius Verlagsgesellschaft mbH, Stuttgart 2004, S.23-82.

M. Schweitzer (2006), Einleitung: Leistungsprozess, in: F. X. Bea, B. Friedl und M. Schweitzer (Hrsg., 2006), Allgemeine Betriebswirtschaftslehre, Band 3: Leistungsprozess, 9., neu bearbeitete und erweiterte Auflage, Lucius & Lucius Verlagsgesellschaft mbH, Stuttgart 2006, S.1-7.

A. Scorer (2007), Identity Directories and Databases, in: D. Birch (Hrsg., 2007), Digital Identity Management: Technological, Business and Social Implications, Ashgate Publishing, Burlington, VT 2007, S.41-52.

J. Seemann und J. W. von Gudenberg (2006), Software-Entwurf mit UML 2, Objektorientierte Modellierung mit Beispielen in Java, 2. Auflage, Springer Verlag, Berlin, Heidelberg und New York 2006.

U. Sendler und V. Wawer (2005), CAD und PDM: Prozessoptimierung durch Integration, Carl Hanser Verlag, München und Wien 2005.

H. J. Sexauer und M. Wellner (2004), Kundenbeziehungs-Management mit Database Marketing-Systemen: Ergebnisse einer aktuellen Studie, in: H. Hippner und K. D. Wilde (Hrsg., 2004), IT-Systeme im CRM: Aufbau und Potentiale, Gabler Verlag, Wiesbaden 2004, S.473-490.

J. J. Shah und M. Mäntylä (1995), Parametric and Feature-Based CAD/CAM: Concepts, Techniques, and Applications, John Wiley & Sons Inc., New York u.a. 1995.

J. D. Smyth, D. A. Dillman, L. M. Christian und M. J. Stern (2005), Comparing Check-All and Forced-Choice Question Formats in Web Surveys: The Role of Satisficing, Depth of Processing, and Acquiescence in Explaining Differences. Technical Report 05-029 des Social and Economic Science Research Center der Washington State University.

D. Spath (2003), Qualitätsmanagement im Zeichen von Six-Sigma – auch für den Mittelstand?, Fraunhofer IRB Verlag, Stuttgart 2003.

P. Stahlknecht und U. Hasenkamp (2005), Einführung in die Wirtschaftsinformatik, 11., vollständig überarbeitete Auflage, Springer Verlag, Berlin, Heidelberg, New York u.a. 2005.

A. Stanke und B. Ulbricht (1997), Methoden und Modelle der Neuproduktplanung, in: H.-J. Bullinger und J. Warschat (Hrsg., 1997), Forschungs- und Entwicklungsmanagement: Simoultaneous Engineering, Projektmanagement, Produktplanung, Rapid Product Development, Teubner Verlag, Stuttgart 1997, S.134-174.

Statistische Ämter des Bundes und der Länder (2006), Volkswirtschaftliche Gesamtrechnung der Länder: Bruttowertschöpfung, online: http://www.statistik-portal.de/Statistik-Portal/de_jb27_jahrtab66.asp, Zugriff am 18.07.2006.

Statistisches Bundesamt (2002), Klassifikation der Wirtschaftszweige, Ausgabe WZ 2003, destatis, Wiesbaden 2002.

Statistisches Bundesamt (2007), Produzierendes Gewerbe, Handwerk, auf den Seiten des Statistischen Bundesamtes in Deutschland, http://www.destatis.de/themen/d/thm_prodgew.php, Zugriff am 23.04.2007.

Statistisches Landesamt Baden-Württemberg (2006), Produzierendes Gewerbe: Verarbeitendes Gewerbe, Bergbau und Gewinnung von Steinen und Erden in Baden Württemberg 2005, Artikel-Nr. 3522 05001, Stuttgart 2006.

Statistisches Landesamt Baden-Württemberg (2007), Industrie in Baden-Württemberg, Statistisches Landesamt Baden-Württemberg, Stuttgart 2007.

B. Stauss (2002), Kundenwissens-Management, in: H. Böhler (Hrsg., 2002), Marketing-Management und Unternehmensführung, Kohlhammer Verlag, Stuttgart 2002, S.273-295.

M. Stephan (1996), Fehlersensitive Produktgestaltung in integrierten Systemarchitekturen, IPK, Berlin 1996.

P. Stevens und R. Pooley (2000), UML: Softwareentwicklung mit Objekten und Komponenten, Pearson Studium, München 2000.

G. Stokburger und M. Pufahl (2002), Kosten senken mit CRM: Strategien, Methoden und Kennzahlen, Gabler Verlag, Wiesbaden 2002.

A. Syska (2006), Produktionsmanagement: Das A-Z wichtiger Methoden und Konzepte für die Produktion von heute, Gabler Verlag, Wiesbaden 2006.

T

A. S. Tanenbaum (2000), Computernetzwerke, 3., revidierte Auflage, Pearson Studium, München 2000.

E. J. Tassi (2005), Knowledge-Features für die Produkt- und Technologieentwicklung in umformtechnischen Prozessen, Verlag Wissenschaftliche Scripte, Zwickau 2005.

G. Theile (2004), Internationale Interaktionsprozesse im Industriegütermarketing, Verlag Dr. Kovac, Hamburg 2004.

H. K. Tönshoff, G. Zahn und P.-O. Woelk (1999), Datenmodell zum systemneutralen Informationsaustausch auf der Basis Technischer Elemente, in: VDI (Hrsg., 1999), Beschleunigung der Produktentwicklung durch EDM/PDM- und Feature-Technologie, VDI Verlag, Düsseldorf 1999, S.431-448.

A. Töpfer (Hrsg., 2007), Six Sigma: Konzeption und Erfolgsbeispiele für praktizierte Null-Fehler-Qualität, 4., aktualisierte und erweiterte Auflage, Springer Verlag, Berlin, Heidelberg und New York 2007.

A. Töpfer und S. Günther (2007), Steigerung des Unternehmenswertes durch Null-Fehler-Qualität als strategisches Ziel, in: A. Töpfer (Hrsg., 2007), Six Sigma: Konzeption und Erfolgsbeispiele für praktizierte Null-Fehler-Qualität, 4., aktualisierte und erweiterte Auflage, Springer Verlag, Berlin, Heidelberg und New York 2007, S.3-40.

H. Toutenburg und P. Knöfel (2008), Six Sigma: Methoden und Statistik für die Praxis, Springer Verlag, Berlin, Heidelberg und New York 2008.

T. L. Tuten, D. J. Urban und M. Bosnjak (2002), Internet Surveys and Data Quality: A Review, in: B. Batinic, U.-D. Reips und M. Bosnjak (Hrsg., 2002), Online Social Science, Hogrefe & Huber Publishers, Seattle, Toronto, Bern und Göttingen 2002.

U

H. Ulrich (1970), Die Unternehmung als produktives soziales System: Grundlagen der allgemeinen Unternehmenslehre, 2., überarbeitete Auflage, Haupt Verlag, Bern und Stuttgart 1970.

V

S. Vajna (1999), Die neue Richtlinie VDI 2219: Praxiserprobte Hinweise zu Einführungsstrategien und Wirtschaftlichkeit von EDM/PDM-Systemen, in: VDI (Hrsg., 1999), Informationsverarbeitung in der Konstruktion ´99: Beschleunigung der Produktentwicklung durch EDM/PDM- und Feature-Technologie, VDI-Verlag, Düsseldorf 1999, S.25-42.

S. Vajna und C. Weber (2006), Einführung und Einsatz von CAD-Systemen, in: CAD-CAM-Report (2006), o.J., Nr. 7, Dressler Verlag 2006, S.14-21.

VDI (1982), VDI-Richtlinie 2222 Blatt 2: Konstruktionsmethodik, Düsseldorf 1982.

VDI (1993), VDI-Richtlinie 2221: Methodik zum Entwickeln und Konstruieren technischer Systeme und Produkte, Düsseldorf 1993.

VDI (1997), VDI-Richtlinie 2222 Blatt 1: Konstruktionsmethodik, Düsseldorf 1997.

VDI (Hrsg., 1999), Informationsverarbeitung in der Konstruktion ´99: Beschleunigung der Produktentwicklung durch EDM/PDM- und Feature-Technologie, VDI-Verlag, Düsseldorf 1999.

VDI (2003), VDI-Richtlinie 2218: Informationsverarbeitung in der Produktentwicklung: Feature-Technologie, Düsseldorf 2003.

VDI (2006), Entwurf VDI-Richtlinie 4499: Digitale Fabrik, Düsseldorf 2006.

R. Völker, S. Sauer und M. Simon (2007), Wissensmanagement im Innovationsprozess, Physica-Verlag, Heidelberg 2007.

A. Vogt (2004), Wissensbasiertes Qualitätsmanagement: Ansatz für ein ‚Quality Knowledge Management', in: H. Nohr und A. W. Roos (Hrsg., 2004), Customer Knowledge Management: Erschließung von Kundenwissen, Logos Verlag, Berlin 2004, S.195-297.

W

K. Walser (2006), Auswirkungen des CRM auf die IT-Integration, Josef Eul Verlag, Lohmar-Köln 2006.

H.-J. Warnecke (1995a), Der Produktionsbetrieb, Band 1: Organisation, Produkt und Planung, 3., unveränderte Auflage, Springer Verlag, Berlin, Heidelberg und New York 1995.

H.-J. Warnecke (1995b), Der Produktionsbetrieb: Band 2: Produktion und Produktionssicherung, 3., unveränderte Auflage, Springer Verlag, Berlin, Heidelberg und New York 1995.

J. Warschat, T. Potinecke und A. Slama (2003), Digitale Produktentstehung: Einsatz digitaler Systeme und deren Auswirkung, Fraunhofer IAO, Stuttgart 2003

C. Weber (1996), What is a Feature and What is its Use?: Results of FEMEX Working Group I. 29th International Symposium on Automotive Technology and Automation 1996 (ISATA 96), Florenz/Italien 03.–06.06.1996, Tagungsband S.109-116.

C. Weber und F.-L. Krause (1999), Features mit System: die neue Richtlinie VDI 2218, in: VDI (Hrsg., 1999), Informationsverarbeitung in der Konstruktion ´99: Beschleunigung der Produktentwicklung durch EDM/PDM- und Feature-Technologie, VDI-Verlag, Düsseldorf 1999, S.43-76.

P. Weber (2003), Digital Mock-up im Maschinenbau, Shaker Verlag, Aachen 2003.

D. Wehrmeister (2001), Customer Relationship Management: Kunden gewinnen und an das Unternehmen binden, Fachverlag Deutscher Wirtschaftsdienst, Köln 2001.

R. Weißbach (2002), Einführung von CRM-Systemen – Erfahrungen aus der Gründung einer Vertriebsbank, in: M. Meyer (Hrsg., 2002), CRM-Systeme mit EAI: Konzeption, Implementierung und Evaluation, Friedr. Vieweg & Sohn Verlagsgesellschaft, Braunschweig und Wiesbaden 2002, S.183-198.

M. Welker, A. Werner und J. Scholz (2005), Online-Research: Markt- und Sozialforschung mit dem Internet, dpunkt Verlag, Heidelberg 2005.

M. Wermke, K. Kunkel-Razum und W. Scholze-Stubenrecht (Hrsg., 2007), Duden: Das Fremdwörterbuch, Band 5, 9., aktualisierte Auflage, Mannheim u.a. 2007.

E. Westkämper (2006), Einführung in die Organisation der Produktion, Springer Verlag, Berlin und Heidelberg 2006.

E. Westkämper (2007), Nachhaltige Strategien der Produktion am Standort Deutschland, in: E. Zahn (Hrsg., 2007), Erfolgreich produzieren am Standort Deutschland: Eine strategische Herausforderung, Lemmens Medien GmbH, Bonn 2007, S.25-52.

H. Weule (2002), Integriertes Forschungs- und Entwicklungsmanagement: Grundlagen, Strategien, Umsetzung, Hanser Verlag, München und Wien 2002.

W. Wiater (2007), Wissensmanagement: Eine Einführung für Pädagogen, GWV Fachverlage GmbH, Wiesbaden 2007.

P. J. Windley (2005), Digital Identity, O'Reilly Media, Inc., Bejing, Cambridge, Farnham u.a. 2005.

P. Winkelmann (2004), Sales Automation: Grundlagen des Computer Aided Selling, in: H. Hippner und K. D. Wilde (Hrsg., 2004), IT-Systeme im CRM: Aufbau und Potentiale, Gabler Verlag, Wiesbaden 2004, S.301-332.

P. Winkelmann (2005), Marketing und Vertrieb, 5., überarbeitete und erweiterte Auflage, R. Oldenbourg Verlag, München und Wien 2005.

E. Witte (1972), Das Informationsverhalten in Entscheidungsprozessen, Mohr Verlag, Tübingen 1972.

G. Wöhe und U. Döring (2002), Einführung in die Allgemeine Betriebswirtschaftslehre, 21., neu bearbeitete Auflage, Franz Vahlen Verlag, München 2002.

M. Wollnik (1977), Die explorative Verwendung systematischen Erfahrungswissens: Plädoyer für einen aufgeklärten Empirismus in der Betriebswirtschaftslehre, in: R. Köhler (Hrsg., 1977), Empirische und handlungsorientierte Forschungskonzeption in der Betriebswirtschaftslehre, Poeschel Verlag, Stuttgart 1977.

H.-J. Wolter und H.-E. Hauser (2001), Die Bedeutung des Eigentümerunternehmens in Deutschland: Eine Auseinandersetzung mit der qualitativen und quantitativen Definition des Mittelstands, in: IfM Bonn (2001), Jahrbuch zur Mittelstandsforschung 1/2001, Deutscher Universitäts-Verlag, Wiesbaden 2001, S.24-77.

S. Wygant und K. Feld (2000), E-interviewers add human touch to Web-based research, in: Quirk's Marketing Research Review, July 2000, zu beziehen über http://www.quirks.com/, Zugriff am 07.05.2007.

Z

E. Zahn (2005), in: F. X. Bea, B. Friedl und M. Schweitzer (Hrsg., 2005), Allgemeine Betriebswirtschaftslehre, Band 2: Führung, 9., neu bearbeitete und erweiterte Auflage, Lucius & Lucius Verlagsgesellschaft mbH, Stuttgart 2005, S.394-449.

J. Zentes (1998), Marketing, in: M. Bitz, K. Dellmann, M. Domsch und F. W. Wagner (Hrsg., 1998), Vahlens Kompendium der Betriebswirtschaftslehre, Band 1, 4., völlig überarbeitete und erweiterte Auflage, Franz Vahlen Verlag, München 1998.

D. R. Ziethen (2004), CATIA V5: Konstruktionsmethodik zur Modellierung von Volumenkörpern, Carl Hanser Verlag, München und Wien 2004.

V. Zimmermann (1995), Quality Function Deployment (QFD) im Entwicklungsprozess: Konzepte, Modelle, Methoden und Hilfsmittel, ZBT, Kaiserslautern 1995.

H.-D. Zollondz (2002), Grundlagen Qualitätsmanagement: Einführung in Geschichte, Begriffe, Systeme und Konzepte, Oldenbourg Wissenschaftsverlag, München und Wien 2002.

Anhang

Voruntersuchung: Gesprächsleitfaden für Interviews mit CRM-Anbietern

Universität Stuttgart - BWI, Abt. VII; Breitscheidstr. 2c; 70174 Stuttgart

Universität Stuttgart

Betriebswirtschaftliches Institut
Abt VII - Wirtschaftsinformatik

Dipl.-Kfm. Heiner Lasi

Breitscheidstraße 2c
70174 Stuttgart

Telefon (0711) 121-4185
Telefax (0711) 121-3197
E-Mail heiner.lasi@wi.uni-stuttgart.de
Internet www.wi.uni-stuttgart.de

Gesprächsleitfaden ANBIETER

Anbieter: **[Anbieter]** □ Consulting
Produkt: *[Produktname]*

____

Zielgruppe:

□ Handwerk	□ Kleinunternehmen
□ Industrie	□ Mittelstand
□ Handel	□ Großbetrieb
□ ________	□ ________

Anzahl Installationen: ________________

Referenzen (Ansprechpartner): ________________

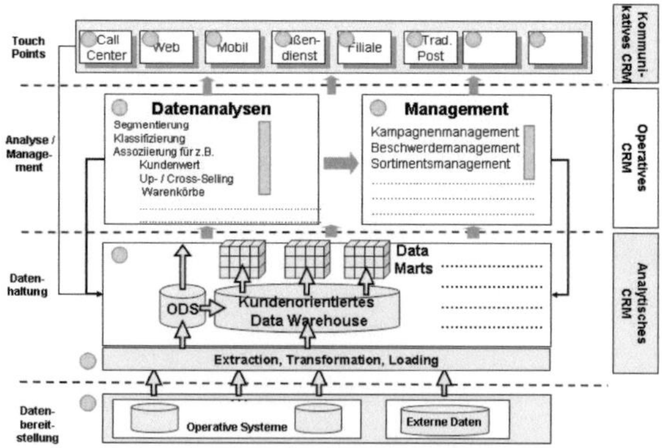

Konto: Baden-Württembergische Bank (BLZ 600 200 30) 1054 611 700

-2-

Unterstützung des Außendienstes:

Funktionen:

- ☐ ____________ ☐ ____________
- ☐ ____________ ☐ ____________
- ☐ ____________ ☐ ____________
- ☐ ____________ ☐ ____________

Unterstützte Mobile Endgeräte:

- ☐ Notebook
- ☐ PDA
- ☐ Handy
- ☐ ____________

Technologien:

- ☐ ____________
- ☐ ____________
- ☐ ____________
- ☐ ____________

Bemerkungen:

____

Voruntersuchung: Gesprächsleitfaden für Interviews mit CRM-Anwendern

Universität Stuttgart - BWI, Abt. VII, Breitscheidstr. 2c, 70174 Stuttgart

Universität Stuttgart

Betriebswirtschaftliches Institut
Abt VII - Wirtschaftsinformatik

Dipl.-Kfm. Heiner Lasi

Breitscheidstraße 2c
70174 Stuttgart

Telefon (0711) 121 -4185
Telefax (0711) 121 -3197
E-Mail heiner.lasi@wi.uni-stuttgart.de
Internet www.wi.uni-stuttgart.de

Gesprächsleitfaden ANWENDER

Unternehmen: ____________
Branche: ____________
Anzahl Beschäftigte: ____________
Umsatz: ________

Kunden-/Vertriebsstruktur:

- ☐ Consumer (%): ________
- ☐ B2B (%): ________
- ☐ Vertriebskanäle: ________
- ☐ Vertriebssufen: ________
- ☐ Kundensegmentierung (Methode): ________
- ☐ Anzahl A-Kunden: ________
- ☐ Anzahl Kunden ges.: ________
- ☐ Anbindung Aussendienst ________

Motivation CRM-Einführung:

- ☐ Motivation: ________
- ☐ Zielvorgaben: ________
- ☐ Promotoren: ________
- ☐ Vorgehensweise: ________
- ☐ Umfang CRM (s.u.): ________
- ☐ Probleme: ________

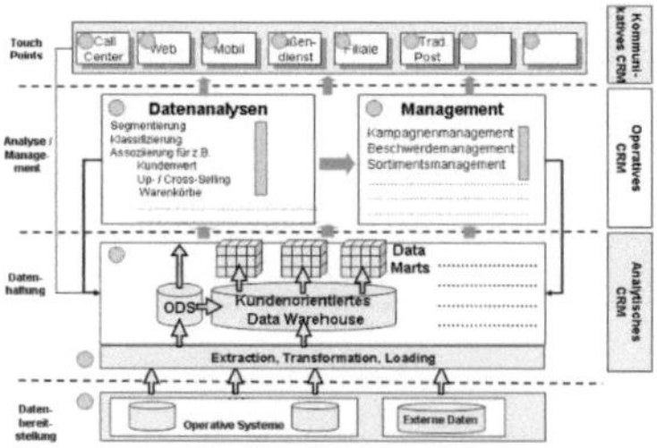

Forschungsfragen:

Konto: Baden-Württembergische Bank (BLZ 600 200 30) 1054 611 700

Qualitative Empirie: Gesprächsleitfaden für Interviews mit TÜV-Auditoren

Sekundäranalyse von Zertifizierungsaudits nach DIN EN ISO 9004-1

Basierend auf:

Qualitätsmanagementsysteme
Leitfaden zur Leistungsverbesserung
(ISO 9004:2000)

ISO 9001:2000 — Qualitätsmanagementsysteme — Anforderungen

7 Produktrealisierung

7.2 Kundenbezogene Prozesse

7.2.1 Ermittlung der Anforderungen in Bezug auf das Produkt

....
....
....

7.2.2 Bewertung der Anforderungen in Bezug auf das Produkt

....
....
....

7.2.3 Kommunikation mit den Kunden

....
....
....

7.3 Entwicklung

7.3.2 Entwicklungseingaben

....
....
....

8 Messung, Analyse und Verbesserung

8.2 Überwachung und Messung

8.2.1 Kundenzufriedenheit

....
....
....

8.2.4 Überwachung und Messung des Produkts

....
....
....

8.4 Datenanalyse

....
....
....

Bemerkungen:

....
....
....
....
....
....
....
....
....
....
....
....

Quantitative empirische Erhebung: Struktur des Online-Fragebogens

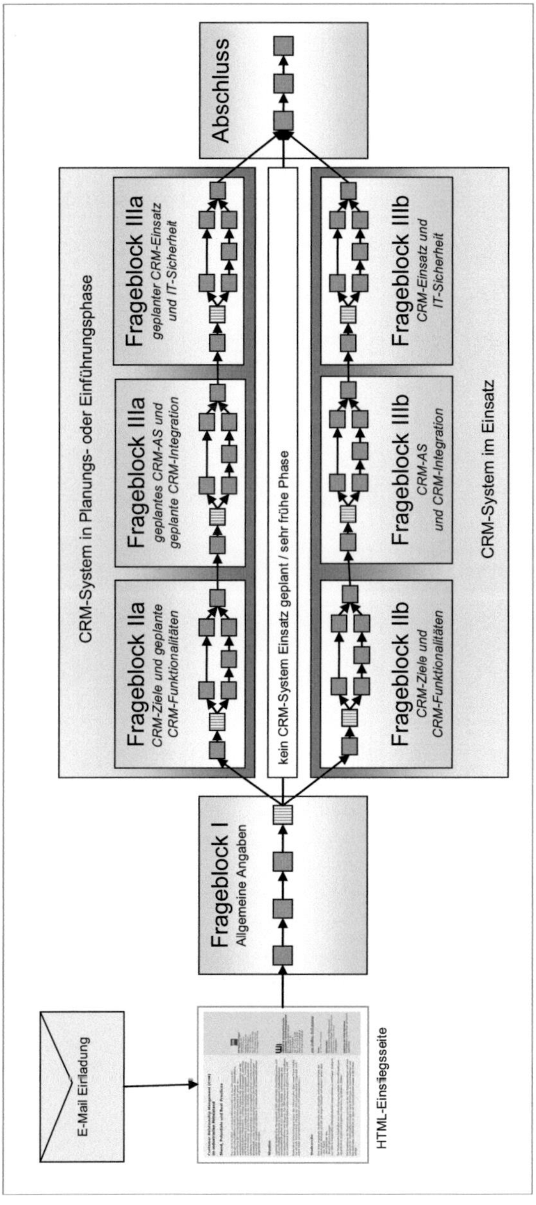

WIRTSCHAFTSINFORMATIK

Herausgegeben von Prof. Dr. Dietrich Seibt, Köln, Prof. Dr. Hans-Georg Kemper, Stuttgart, Prof. Dr. Georg Herzwurm, Stuttgart, Prof. Dr. Dirk Stelzer, Ilmenau, und Prof. Dr. Detlef Schoder, Köln

Band 57
Patrick Bartels
Echtzeit-Bewertung von Optionen mit Marktpreisen durch Web-Mining und Neurosimulation
Lohmar – Köln 2008 ◆ 492 S. ◆ € 63,- (D) ◆ ISBN 978-3-89936-689-1

Band 58
Jörg Schellhase
Recherche wissenschaftlicher Publikationen
Lohmar – Köln 2008 ◆ 378 S. ◆ € 55,- (D) ◆ ISBN 978-3-89936-691-4

Band 59
Martin Lüthi
Information System Security in Health Information Systems – Exploratory Research in US and Swiss Acute-Care Hospitals
Lohmar – Köln 2008 ◆ 400 S. ◆ € 56,- (D) ◆ ISBN 978-3-89936-694-5

Band 60
Bettina Fricke
Flexible B2B-Integrationsarchitekturen – Gestaltung modularer Integrationssysteme zur Implementierung zwischenbetrieblicher Geschäftsprozesse
Lohmar – Köln 2008 ◆ 276 S. ◆ € 58,- (D) ◆ ISBN 978-3-89936-734-8

Band 61
Birte Autzen
Qualität der Nutzung von Informationstechnologie in Unternehmen – Konzeptualisierung und Aufdeckung von Einflussfaktoren
Lohmar – Köln 2008 ◆ 308 S. ◆ € 59,- (D) ◆ ISBN 978-3-89936-745-4

Band 62
Heiner Lasi
Aufbau eines IT-basierten Integrationskonzepts zur Unterstützung von Produktentwicklungs- und Produktionsprozessen
Lohmar – Köln 2009 ◆ 328 S. ◆ € 62,- (D) ◆ ISBN 978-3-89936-766-9

JOSEF EUL VERLAG